2024年版

# 初級アマチュア無線

## 予想問題集

# 完全丸暗記

誠文堂新光社

## 一般社団法人　日本アマチュア無線連盟（JARL）

https://www.jarl.org/

日本アマチュア無線連盟（JARL：ジャール）では、ホームページにJARLの入会案内、D-STAR（アマチュア無線の最新デジタル通信システム）や各種申請書、グッズなどの販売品案内、充実した資料コーナーなど、いろいろな情報を掲載しています。アマチュア無線の楽しみ方、QSLカード転送サービス、全国各地の行事予定、各種催事記念局情報、コンテスト情報、Eメール転送サービス、メールマガジン、ホテル割引、地方クラブニュースなど、役立つ情報が満載です。

## 一般財団法人　日本アマチュア無線振興協会（JARD）

http://www.jard.or.jp/

無線従事者免許証を得るには、国家試験に合格する方法と、「養成課程講習会」の修了試験に合格する方法があります。この講習会を開いているのが日本アマチュア無線振興協会（JARD：ジャード）です。第4級標準コースは2日間で工学4時間、法規6時間、修了試験1時間の授業で、受講料は23,150円（18歳以下は9,850円※2023年10月時点）です（養成部・電話03-3910-7210）。このほかJARDでは、無線機を審査（技術基準適合証明の発行）をする業務も行っています。

# ☆本書の効果的な利用法

本書は、第４(3)級・電波法規12(16)問、無線工学12(14)問、(カッコ内は第３級）の問題中、効果的な学習ができるように、試験ナンバー〔1〕に出る問題は、“この中から出ますヨ”という形で編集してあります。各問題のはじめには、正解をいち早く見つけ出すための「キー・ポイント」をまとめました。また、本の名がいくら“丸暗記”だからといって、何番目が正解といった覚え方はいけません。それは、同一の質問であっても、四肢（４つの答）の並び順を替えて出題されている場合もあるからです。必ず、「正解の文」を丸暗記してください。出題頻度の多いものには★印を付けてありますが、どの問題が出題されてもOKという実力を付けてください。

### 《共通問題(第３級・第４級)》

本書は，第３級と第４級の問題を掲載してありますが，第４級の問題のところに，“共”のマークのあるものは，第３級にも出題されている共通問題です．第３級を受験される方は，共 問題をマスターしておいてください。

表紙、中扉デザイン：楢崎裕実

# 目　次

# 第4級・無線工学



# 第3級・法規と無線工学



# 直前仕上げ・第4級実力模擬試験

# 合格の手引き

# 第1章　インターネット申請

（公財）日本無線協会では、第３級・第４級アマチュア無線技士試験を受験される方の利便性向上を目的に、2022 年４月から従来の PBT（Paper Based Testing）方式による国家試験から CBT（Computer Based Testing）による国家試験を実施しています。これによって試験日時や試験会場が大幅に拡大しており、受験者の方の都合の良い日時や会場で受験することができます。また、受験申請はインターネット申請のみで随時受け付けています。

インターネットでの受験申請の流れは、次のとおりです。

**【お断り】以下、解説用のインターネット画面表示や文言は令和５年８月現在のものです。表示が変更される場合がありますので、ご了承ください。**

## ［1］顔写真ファイルの準備

インターネット申請する前に、まず、顔写真ファイル（データ）を準備しておきます。インターネット申請では顔写真ファイルを登録するようになりましたので、インターネット申請にアクセスする前に、デジタルカメラやスマートフォンなどで撮影した顔写真ファイルを準備しましょう。写真の規格は次の①から⑤を満足するものが指定されています。**第１図**を参考にしてください。

<顔写真の規格>

①写真の図像比率：一般証明用または履歴書用サイズで画像の比率が縦5：横4

②写真の構図などについて：上三分身

**［第1図］顔写真の準備**

（胸から上）の構図であること／申請者本人のみが映っていること／正面を向いていること／影が映っていないこと／頭の上に空間があること／無背景・無帽であること／4か月以内に撮影された写真であることなどです。詳しくは、https://www.nichimu.or.jp/kshiken/tetsuzuki/vcmsFolder_715/index.html を参照してください。

③画像ファイル形式：jpeg または jpg 形式のみ

④画像サイズの目安：600 ピクセル程度× 480 ピクセル程度

⑤ファイル容量の目安：300 ～ 150KB

### (a) 顔写真ファイルの作成方法

①証明写真機で作成：駅前などに設置されている「証明写真機」のダウンロードサービスを利用して作成。

②カメラ店、写真館で作成：カメラ店や写真館による、プリント（紙）ではなく写真ファイルをダウンロードや CD などで受け取ることができるサービスを利用して作成。

③デジタルカメラ、スマートフォンで撮影：手持ちのスマートフォンなどを用いて、顔写真ファイルの規格に合致した写真を撮影して作成。ただし、証明写真機などのように撮影環境が整っていない状況で撮影することから、前述の＜顔写真の規格＞を読み、背景、構図などが規格に合うように照明、レイアウトなどを調整してください。

### (b) 写真ファイルの保存

①パソコンで申請を行う場合：顔写真ファイルをパソコンに取り込み、デスクトップなどわかりやすいところに保存します。

②スマートフォンで申請を行う場合：スマートフォンで撮影し、スマートフォンで受験申請を行う場合には、そのまま保存してください。

## ［2］「無線従事者国家試験申請システム」での申請

日本無線協会のホームページにアクセスし、［無線従事者国家試験の電子申請（インターネットからの申請はこちらから）］の四角い枠をクリックすると、「申請を始める前にさらにご確認ください」の案内ページになります。インターネット申請の際に顔写真の登録やCBT（コンピュータ利用試験）方式の案内があります。

CBT方式の試験会場・システムの運営などは、日本無線協会から（株）シー・ビー・ティ（CBT）ソリューションズに委託して実施されています。「国家試験の申請（CBT方式の試験）」の角丸枠をクリックして受験申請に進みます。

ここでは、「CBT方式無線従事者国家試験のページ」の青文字部をクリックします。すると、CBTソリューションズの無線従事者国家試験（公式サイト）に移行します。「受験の流れ」をクリックすると、「受験までの流れ」と「受験当日の流れ」の説明があります。ここでは、「受験までの流れ」を見てみましょう。

**(a) 受験者登録**

初めてCBTソリューションズで受験する方は、まずユーザIDとパスワードを取得するが必要があります。スマートフォンからの申込も可能です。「新規登録（初めての方）」の四角枠をクリックすると、「マイアカウント作成」のページが表示され、「□同意する」にチェックマーク（レ点）を入れて「次へ」をクリックすると、メールアドレス、メールアドレス（確認用）の入力画面になります。正しく入力したら「登録する」をクリックします。

**(b) 仮登録完了**

登録したメールアドレスあてに　マイページ事前登録の完了メールが届いたら、記載された本登録用の専用URLをクリックして24時間以内に基本情報登録を完了させます。

基本情報登録入力画面（**第2図**）では、まずログインIDとパスワードを設定します。ログインIDは、好きな文字列（半角英数字記号4文字以上20文字以内）を入力します。パスワードは、好きな文字列（半角英数字記号6文字以上20文字以内）を確認用を含めて2回入力します。ログインIDとパスワードは、マイページのログインに必要になりますので、必ずメモを取って保管しておきます。

さらに、「氏名」「氏名（カナ）」「生年月日」「性別」「電話番号」「電話番号（予備）」を入力します。すべての入力が済んでいると右側にレ点が表示されるので、正しければ「確認画面へ」をクリックします。確認が済んだら「登録する」をクリックすればマイページ登録の完了です。

### (c) いよいよ受験の申請

「マイページ登録の完了」に続いて「ログイン画面へ」をクリックするとログイン画面になるので、基本情報で登録したログインIDとパスワードを入力して「ログイン」をクリックします。「マイページメニュー」から「CBT申込」をクリックして、第四級アマチュア無線技士または第三級アマチュア無線技士の受験申請をしましょう。

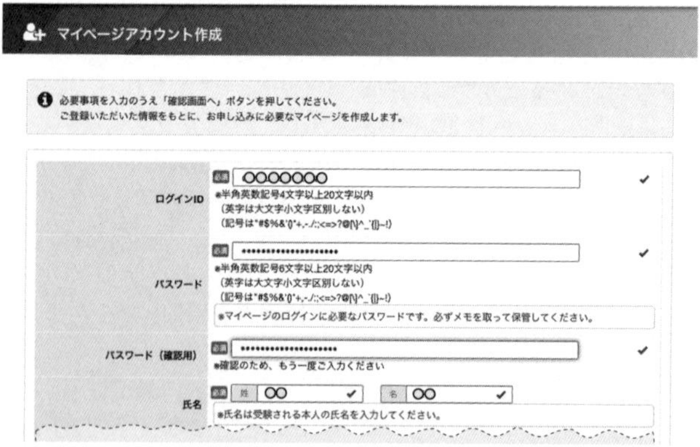


［第2図］マイページアカウント基本情報登録入力画面（一部）

### 1．試験を選択してください

第４級受験料 5,100 円＋手数料 297 円、計 5,397 円、第３級受験料 5,400 円＋手数料 308 円、計 5,708 円です。ほかの資格も表示されていますので、選択を間違えないようにして、受験する資格の右側にある「次へ」をクリックしましょう。

### 2．申込条件を確認してください

受験する資格が表示されていることを確認します。前述した＜顔写真の規格＞のところで、事前に準備しておいた顔写真ファイルの撮影月を入力（例：2023 年 11 月の場合、202311）します。

次に、顔写真アップロードの画面の下側にある「ファイル選択」をクリックして、事前に準備した顔写真ファイルを選択し、「次へ」をクリックすると、**第３図**のように左側に準備したファイル（「あなたがアップロードしたファイル」）が表示されます。

構図調整トリミング用のツールを使用して、上三分身（胸から上）にします。５：４の構図比率は自動的に保たれていますので、調整は楽にできます。

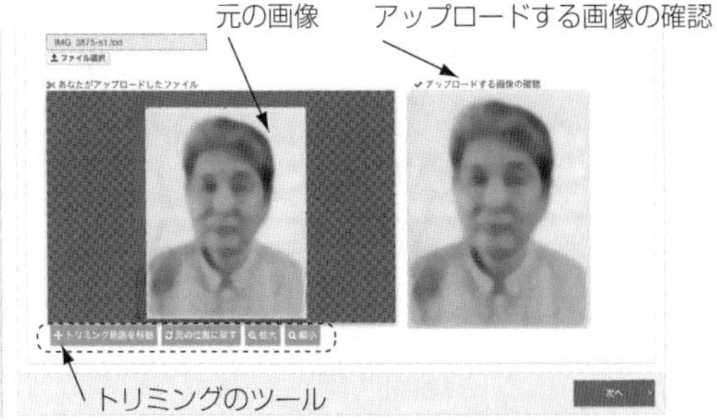


（＊写真は、ぼかし処理加工している）

［第3図］アップロード顔写真のトリミング

### ３．月日・会場を選択してください

①エリア・日程選択

地域：北海道から東北、関東、北陸・甲信越、中部、関西、中国・四国、九州・沖縄から希望の受験地を選択します。

都道府県：上の地域に該当する都道府県が表示されますので、希望の都道府県を選択します。

月：受験希望月を選択します。／日：受験希望日を選択します。

各項を選択したら、「検索」をクリックして次に進みます。

②試験会場

試験会場の一覧が表示されますので、希望する会場欄の受験可能日（時計マーク（◷）のある日）を選択します。自宅や会社の近くなど都合の良い会場を選択すると良いでしょう。「満」印は、満席を表しています。また、会場の「MAP」をクリックすると、地図が表示されますので、都合の良い会場なのか確認できます。

③試験時間の選択

希望会場の時計マークをクリックすると、試験時間の選択ができます。会場により異なりますが、10：00、15、30、45、11：00、15 分……など、15 分ごとに設定されているようです。会場・時間の選択が OK でしたら「確定」をクリックします。

### ４．申込内容の入力

以下の内容を確認します。

①「試験を選択してください」

すでに入力した「第４級アマチュア無線技士・手数料……顔写真アップロードなど」が表示されていますので確認します。

②「住所を入力してください」

郵便物送付先住所の入力では、エンピツマークの「入力する」をクリックして、郵便番号を入力したあと「検索」をクリックすると、都道府県・市町村がある程度、自動で住所が入力されるので、残りの番地、建物名を入力します。

③「登録情報を確認してください」

すでに入力した「氏名」「氏名（カナ)」「生年月日」「メールアドレス」「電話番号」が表示されます。

以上の入力を確認したら、「支払方法の選択」をクリックします。

## 5．支払い方法の選択

①クレジットカードでの支払い：「こちらで」をクリックして、クレジットカード情報（カード番号、有効期限、セキュリティコード、名義人）を入力します。取扱カードは、VISA、JCB、MasterCard、AmericanExpress、DinersClubです。

②コンビニ／銀行ATM（Pay-easy、ペイジー）での支払い：下部に注意事項が表示されているので、確認します。

③受験チケットでの支払い：受験チケット情報入力フォームが表示されるので、必要事項を入力します。

①～③のどれかを入力確定したら「申込完了」をクリックします。なお、受験の都合が悪くなったときの「変更」「キャンセル」は、受験日の３日前（受験日が2023年12月６日の場合、予約の変更は2023年12月３日23時59分）までです。それ以降は予約変更は一切できず、返金などもされません。また、キャンセルの場合、クレジットカードまたはコンビニ／銀行ATM（Pay-easy）での支払いではキャンセル手数料が発生します。受験チケットの場合は、キャンセル手数料は発生しません。注意しましょう。

## 6．申込完了

申込の内容が表示されます。そこに、「IJKJRI」で始まる「受付番号」や試験会場の地図が表示されますので、プリントアウトしておきましょう。

予約の試験日の１日前になると、日本無線協会から申込内容のお知らせがメールで届きます。試験当日は必ず「本人確認証」を持って行きます。

# 第2章　受験体験記

試験日の前日に、受験申請時に登録したメールアドレスに日本無線協会より４アマ「受験日直前のお知らせ」が届きました。そこには、受験日時、テストセンター名（試験場所・会場）、テストセンター地図（マップのURL）、当日の持ち物などのお知らせがありました。当日の持ち物は、「必ず本人確認証を忘れずにお持ちください」とありました。

来場時間・受験時刻の30～５分前までに来るように書かれていました。電車乗り継ぎなどの遅延も考えて早めに行き、約20分前に着きましたので、『2023年版完マル』の復習をして７、８分前に受付に行きました。なお、５分前までに会場に行かないと受験できません。

受付では５分ほどの受験の手順説明が始まり、本人確認書（１点で確認：運転免許証、パスポート、マイナンバーカード、国家資格免状・資格者証など、いずれも顔写真付き。２点の組み合わせで確認：健康保険証、年金手帳、年金証書、マイナンバー通知カードなど。詳しくは、faq.cbt-s.com（「本人確認書は何を用意すればよいですか」）で確認してください）。本人確認書の提示を言われたので、私は運転免許証を見せました。受験時の注意事項について「受験ログイン情報シート」の内容を確認してくださいと言われましたので、一読後、同意欄に署名しました。受験申請時に登録した顔写真の照合も行われます。

私物のスマートフォン、『完マル』、飲み物、バッグなどはロッカーにしまうように言われ、持ち込めたものは本人確認書、それと試験会場で用意してくれた「受験ログイン情報シート」「メモ用紙（工学の計算問題用でしょうか？）」「ボールペン」「ロッカーの鍵」で、厳重な管理がなされていることがうかがえました。

試験の部屋案内を受けて席に着くと、パソコンのモニターにはすでに試験開始画面が立ち上がっていました。渡された「受験ログイン情報シート」に記載されているIDとパスワードを入力すると、試験スタートとなります。まず、説明用の「受験者向けチュートリアル」画面（**第4図**）があり、「受験する」をクリックすると画面操作の説明が始まりました。このチュートリアル画面は試験時間には含まれませんので、ゆっくり確認できます。チュートリアル画面が終わると本試験の画面に戻りましたので、「受験する」をクリックして本試験をスタートしました。

パソコン画面には問1が表示され、設問の下に、○印の付いた選択肢が4つあり、解答を1つクリックする形式です。○印をクリックする形式はパソコンでよく使用されていて、1つだけ選択できるラジオボタンというもので、2つ以上を選択することはでない仕組み（択一選択式）です。なお本書の選択肢は、ラジオボ

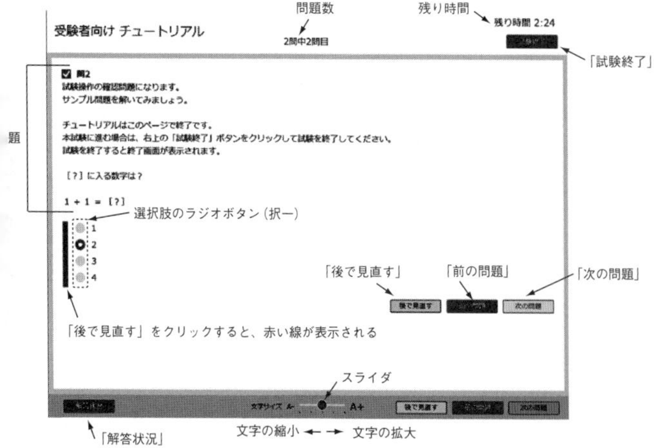


（＊CBTソリーションズ提供の画面画像に説明文を追加）

［第4図］チュートリアル画面の説明

タンを表現できませんので、従来通り「1．○○……」～「4．○○……」の形式になっています。

問1はすぐにわかりましたので、解答のラジオボタンをクリックしました。ここで、表示されている問題の文字の大きさを変更することができると書かれていましたので試してみました。画面の下にある「A －」と「A ＋」の部分で、左側をクリックすると文字が小さくなり、右側をクリックすると大きくなります。

次に、画面右下にある「次の問題」をクリックすると問2が表示されました。問2もすぐにわかりましたので、こんな調子で試験を解いていくのだと理解でき、少し余裕ができました。さらに「次の問題」をクリックすると問3が表示されました。問3の問題は、4つの選択肢のうち、2つは正答ではないことはわかりましたが、残りの2つのうちどちらか迷い始めてしまいました。画面の「後で見直す」をクリックすると、4つの選択肢の左側にチェックフラグ（赤色の太い縦の棒線）が引かれ、後で見直しできることがわかるようになっていました。見直しの問題を残していましたが、問12の法規の解答を一通り終え一区切りです。

次は、無線工学の問13からで、私の場合、電力$P$と抵抗値$R$が示され、加えられる電圧$E$を求める問題でした。受付でいただいたメモ用紙に、電力$P$と抵抗値$R$の公式（$P = E^2 \div R$）をメモして、設問$P$と$R$の値を代入して、電圧$E$の計算を進めました。

工学の問24まで終わり、残り時間は30分くらいありました。少しほっとしたところで、「後で見直す」をクリックすると左側に問1～24の解答状況が表示され、後で見直す問題は赤枠で囲まれているのですぐにわかりました。「後で見直す」の問題は、何度も設問を読み返しているうちに、なんとか解答することができました。

試験時間10分くらいを残して「試験終了」をクリックしました。なお、無解答では点数が加算されませんので、わからない問題でもこれかなというラジオボタンをクリックしておきましょう。

試験終了後、受付時に説明のあった「試験結果レポート」は、自身でプリントアウトの操作をすることになっています。これで、国家試験は終了です。受付に戻ると、ロッカーに入れた私物を出してくださいと言われ、忘れ物のないように取り出しました。そして、試験会場で用意してくれた「受験ログイン情報シート」などを返却して、最後に係の人がプリントアウトした試験結果レポートを渡してくれました。試験結果レポートを見ると、総合スコアは○○点と書かれていましたので、合格と思いました。

合格点の基準は旧来のマークシート方式と同じで、第4級では法規の配点60点／合格40点以上、工学の配点60点／合格40点以上で、両科目とも合格点に達していないといけません。第4級では最低、法規40点、工学40点で合格となります。合格基準の問題数は、法規／工学とも12問中8問以上となります。また、第三級は法規の配点80点／合格55点以上、工学の配点70点／合格45点以上です。合格基準の問題数は、法規16問中11問以上／工学は14問中9問以上の正答で合格になります。

3週間くらい経った日に、試験結果通知書が電子メールで届きました。ドキドキしながらメールを見ると合格と言う2文字でほっとしました。電子メールの指示に従い、試験結果通知書をダウンロードします。その際、試験直前に送られてきたメールに記載されている「IJKJRI」で始まる受付番号が必要になるので、プリントアウトしておきます。そして、合格した場合の総務大臣への免許申請には、試験結果通知書に記載された番号が必要になります。なお、受験の流れは、CBTソリューションズの最新ホームページ(https://cbt-s.com/examinee/examination/nichimu.html)を確認してください。

# 第3章　無線従事者免許証申請

合格後の無線従事者免許証申請は、総務省の https://www.tele.soumu.go.jp/j/download/radioope/ からアマチュア無線従事者免許申請書のダウンロードから始めます。

第4級または第3級アマチュア無線技士用の無線従事者免許申請書を選択してダウンロード(pdf)して、白色の A4 用紙にプリントの上、必要事項を記入し、1,750 円の収入印紙と顔写真を貼付した免許申請書、添付書類、免許証返信用封筒（切手貼付）を管轄の総合通信局等に提出（郵送可）します。また、「申請にあたっての注意事項（記入例）」や総合通信局等の所在地記載の pdf がありますので、ダウンロードして記入例を参考にミスのないようにしましょう。

顔写真は縦 30 × 24mm の大きさで、正面・無帽・無背景・上三分身で6 か月以内に撮影されたものを貼付します。添付書類は、氏名および生年月日を証する書類で、住民票の写し、戸籍抄本、印鑑登録証明書、住民票記載事項証明書、公の機関が発行した資格証明書などです（住民票の写し、住民票記載事項証明書を提出する際は「個人番号」が印字されていないもの）。また、免許証の郵送を希望される方は返信用封筒（定型サイズ、必要な料金の郵便切手を貼付）に住所・氏名を記入したものを必ず同封します。郵送を希望する場合は、「簡易書留」等の利用を勧めています。この場合、返信用封筒に「簡易書留」等の料金相当を含んだ切手を貼付の上、「簡易書留」等を明記します。

<総合通信局等の所在地>

無線従事者免許申請書等の書類は、前述の URL に記載されている住所地を管轄する総合通信局などに提出します。

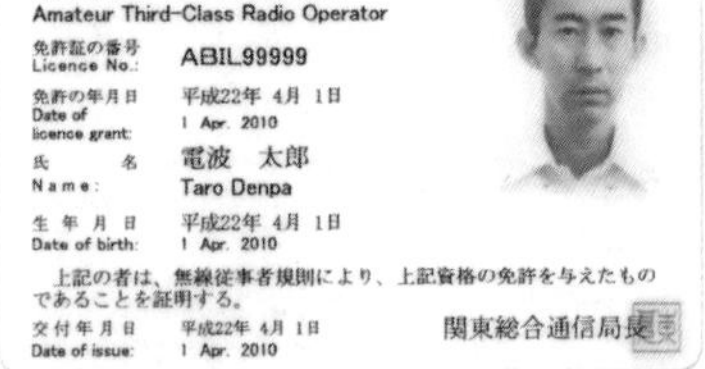


無線従事者免許証も自動車の運転免許証と同じ形をしている。

法規

# 〔1〕《ナンバー》の試験問題

★試験問題番号〔1〕のキー・ポイント

アマチュア局の免許に関する問題です。

①「無線局」は、「無線設備とそれを操作する者の総体をいう。受信のみは含まない」

②「アマチュア業務」の定義は、「金銭上の利益のためでなく、もっぱら個人的な無線技術の興味によって行う自己訓練、通信及び技術的研究その他総務大臣が別に告示する業務を行う無線通信業務をいう」

③免許状の記載事項

(1) 免許の年月日及び免許の番号、(2) 免許人の氏名又は名称及び住所、(3) 無線局の種別、(4) 無線局の目的、(5) 通信の相手方及び通信事項、(6) 無線設備の設置(常置)場所、(7) 移動範囲、(8) 免許の有効期間、(9) 呼出符号(識別信号)、(10) 電波の型式及び周波数、(11) 空中線電力、(12) 運用許容時間。

④再免許申請は、満了の6か月前から1か月前までの期間。

⑤再免許の指定事項は、(1) 電波の型式及び周波数、(2) 呼出符号、(3) 空中線電力、(4) 運用許容時間。

⑥局免 (無線局免許状) 5年、従免 (無線従事者免許証) 一生。

⑦無線設備の設置場所の変更は、あらかじめ総合通信局長の許可を受けなければならない。

⑧局免許、効力を失ったら、遅滞なく空中線を撤去。

⑨再免許、指定事項でないのは空中線の型式及び構成。空中線電力の方は指定事項。間違えないように。

出題頻度：★★★★★★★★★★

共〔1－1〕　電波法に規定する「無線局」の定義は、次のどれか。

1．無線設備及び無線設備の操作を行う者の総体をいう。ただし、受信のみを目的とするものを含まない。

2．送信装置及び受信装置の総体をいう。

3．送受信装置及び空中線系の総体をいう。

4．無線通信を行うためのすべての設備をいう。

出題頻度：★★★★★★

〔1－2〕　電波法施行規則に規定する「アマチュア業務」の定義は、次のどれか。

1．金銭上の利益のためでなく、もっぱら個人的な無線技術の興味によって行う自己訓練、通信及び技術的研究その他総務大臣が別に告示する業務を行う無線通信業務をいう。

2．金銭上の利益のためでなく、無線技術の興味によって行う技術的研究の業務をいう。

3．金銭上の利益のためでなく、もっぱら個人的な無線技術の興味によって行う業務をいう。

4．金銭上の利益のためでなく、科学又は技術の発達のために行う無線通信業務をいう。

出題頻度：★★★★

共〔1－3〕　次の文は、電波法施行規則に規定する「アマチュア業務」の定義であるが、［　］内に入れるべき字句を下の番号から選べ。

「金銭上の利益のためでなく、もっぱら個人的な［　］の興味によって行う自己訓練、通信及び技術的研究その他総務大臣が別に告示する業務を行う無線通信業務をいう。」

1．無線技術

2．通信技術

3．電波科学

4．無線通信

**出題頻度：★★★**

〔1－4〕　次の文は、電波法施行規則に規定する「アマチュア業務」の定義であるが、［　］内に入れるべき字句を下の番号から選べ。

「金銭上の利益のためでなく、もっぱら個人的な無線技術の興味によって行う［　］及び技術的研究その他総務大臣が別に告示する業務を行う無線通信業務をいう。」

1．無線通信

2．通信操作

3．自己訓練、通信

4．通信訓練、運用

**出題頻度：★★**

〔1－5〕　無線局の免許状に記載される事項でないものは、次のどれか。

1．免許人の住所　　3．空中線の型式

2．無線局の種別　　4．無線設備の設置場所

**出題頻度：★★**

共〔1－6〕　無線局の免許状に記載される事項でないものは、次のどれか。

1．免許人の住所　　3．無線局の目的

2．免許の有効期間　　4．無線従事者の資格

**出題頻度：★★★★★★★★★★**

共〔1－7〕　日本の国籍を有する人が開設するアマチュア局の免許の有効期間は、次のどれか。

1．無期限
2．無線設備が使用できなくなるまで
3．免許の日から起算して５年
4．免許の日から起算して10年

**出題頻度：★★★★★★★★★★**

〔1－8〕　アマチュア局（人工衛星等のアマチュア局を除く。）の再免許の申請の期間は、免許の有効期間満了前いつからいつまでか。次のうちから選べ。

1．　６か月前から１か月前までの期間
2．　６か月前から２か月前までの期間
3．　６か月前から３か月前までの期間
4．　１年前から６か月前までの期間

**出題頻度：★★★**

〔1－9〕　アマチュア局（人工衛星等のアマチュア局を除く。）の再免許の申請の期間として、正しいものは次のどれか。

1．免許の有効期間満了６か月前から３か月前までの期間
2．運用開始後１年から３年までの間
3．無線設備を更新したときから１年までの間
4．免許の有効期間満了６か月前から１か月前までの期間

**出題頻度：★★★**

共〔1－10〕　無線局の再免許が与えられるときに指定される事項は、次のどれか。

1．通信の相手方
2．無線設備の設置場所
3．空中線の型式及び構成
4．電波の型式及び周波数

**出題頻度：★★★**

〔1－11〕　無線局の再免許が与えられるときに指定される事項は、次のどれか。

1．通信事項
2．無線設備の設置場所
3．呼出符号又は呼出名称
4．空中線の型式及び構成

**出題頻度：★**

共〔1－12〕　無線局の再免許が与えられるときに指定される事項は、次のどれか。

1．空中線電力
2．発振及び変調の方式
3．無線設備の設置場所
4．空中線の型式及び構成

**出題頻度：★★**

〔1－13〕　無線局の再免許が与えられるときに指定される事項でないのは、次のどれか。

1．空中線電力
2．電波の型式及び周波数
3．空中線の型式及び構成
4．呼出符号又は呼出名称

**出題頻度：★★★★★★★★★★★★★★**

共〔1－14〕　アマチュア局の免許人が、あらかじめ総合通信局長（沖縄総合通信事務所長を含む。）の許可を受けなければならない場合は、次のどれか。

1．免許状の訂正を受けようとするとき。
2．無線局の運用を休止しようとするとき。
3．無線設備の設置場所を変更しようとするとき。

4．無線局を廃止しようとするとき。

**出題頻度：★★★★★**

共〔1 − 15〕　免許人が無線設備の設置場所を変更しようとするときの手続は、次のどれか。

1．あらかじめ指示を受ける。
2．あらかじめ許可を受ける。
3．直ちにその旨を報告する。
4．直ちにその旨を届け出る。

**出題頻度：★★★★**

共〔1 − 16〕　免許人が周波数の指定の変更を受けようとするときは、どうしなければならないか、次のうちから選べ。

1．その旨を届け出る。
2．その旨を申請する。
3．あらかじめ指示を受ける。
4．あらかじめ免許状の訂正を受ける。

**出題頻度：★★★**

〔1 − 17〕　電波法の規定により、遅滞なく空中線を撤去しなければならない場合は、次のどれか。

1．無線局の免許がその効力を失ったとき。
2．無線局の運用を休止したとき。
3．無線局の運用の停止を命ぜられたとき。
4．無線局が臨時に電波の発射の停止を命ぜられたとき。

**出題頻度：★★**

共〔1 − 18〕　次の文は、空中線の撤去に関する電波法の規定であるが、［　］内に入れるべき字句を下の番号から選べ。

「無線局の免許等がその効力を失ったときは、免許人等であった者は、［　］空中線を撤去しなければならない。」

1．遅滞なく
2．1週間以内に
3．10日以内に
4．1か月以内に

**出題頻度：★★**

〔1－19〕　無線局の免許がその効力を失ったとき、免許人であった者が遅滞なく撤去しなければならないと定められているものは何か、正しいものを次のうちから選べ。

1．送信装置
2．受信装置
3．保護装置
4．空中線

**出題頻度：★**

共〔1－20〕　無線局の免許がその効力を失ったとき、免許人であった者が遅滞なくとらなければならないことになっている措置は、次のどれか。

1．空中線を撤去する。
2．無線設備を撤去する。
3．送信装置を撤去する。
4．受信装置を撤去する。

**出題頻度：★★★★★★**

〔1－21〕　無線局を開設しようとする者は、電波法の規定によりどのような手続をしなければならないか、次のうちから選べ。

1．あらかじめ呼出符号の指定を受けておかなければならない。
2．無線従事者の免許の申請書を提出しなければならない。
3．無線局の免許の申請書を提出しなければならない。
4．あらかじめ運用開始の予定期日を届け出なければならない。

**出題頻度：★★**

〔1－22〕 次の文は、電波法施行規則に規定する「アマチュア業務」の定義であるが、［　］内に入れるべき字句を下の番号から選べ。

「金銭上の利益のためでなく、もっぱら個人的な無線技術の興味によって行う自己訓練、通信及び［　］その他総務大臣が別に告示する業務を行う無線通信業務をいう。」

1．技術的研究
2．公共の福祉
3．災害の救援
4．社会福祉

**出題頻度：★★**

〔1－23〕 次の文は、電波法施行規則に規定する「アマチュア業務」の定義であるが、［　］内に入れるべき字句を下の番号から選べ。

「金銭上の利益のためでなく、もっぱら個人的な無線技術の興味によって行う［　］、通信及び技術的研究その他総務大臣が別に告示する業務を行う無線通信業務をいう。」

1．自己形成
2．自己啓発
3．自己訓練
4．自主管理

**出題頻度：★★★**

〔1－24〕 電波法施行規則に規定する「アマチュア業務」の定義は、次のどれか。

1. 金銭上の利益のためでなく、もっぱら個人的な無線技術の興味によって行う自己訓練、通信及び技術的研究その他総務大臣が別に告示する業務を行う無線通信業務をいう。
2. 金銭上の利益のためでなく、もっぱら無線通信の自己訓練のために行う業務をいう。
3. 金銭上の利益のためでなく、もっぱら個人的な無線技術の興味によって行う技術的研究の業務をいう。
4. 金銭上の利益のためでなく、科学又は技術の発達のために行う個人的な技術的研究の無線通信の業務をいう。

**出題頻度：★★★★★★★★★★★★★**

〔1－25〕 アマチュア局の免許人が、総務省令で定める場合を除き、あらかじめ総合通信局長（沖縄総合通信事務所長を含む。）の許可を受けなければならない場合は、次のどれか。

1. 無線設備の変更の工事をしようとするとき。
2. 無線局の運用を休止しようとするとき。
3. 免許状の訂正を受けようとするとき。
4. 無線局を廃止しようとするとき。

**出題頻度：★**

〔1－26〕 免許人が無線設備の設置場所を変更しようとするときは、どうしなければならないか、次のうちから選べ。

1. あらかじめ免許状の訂正を受けた後、無線設備の設置場所を変更する。
2. 無線設備の設置場所を変更した後、総務大臣に届け出る。
3. あらかじめ総務大臣に届け出て、その指示を受ける。
4. あらかじめ総務大臣に申請し、その許可を受ける。

出題頻度：★★★★★★★★★★★

〔1 — 27〕　日本の国籍を有する人が開設するアマチュア局の免許の有効期間は、次のどれか。

1．無期限
2．無線設備が使用できなくなるまで
3．免許の日から起算して５年
4．免許の日から起算して 10 年

出題頻度：★★★★

〔1 — 28〕　総務大臣又は総合通信局長（沖縄総合通信事務所長を含む。）が無線局の再免許の申請を行った者に対して、免許を与えるときに指定する事項はどれか。次のうちから選べ。

1．通信の相手方
2．無線設備の設置場所
3．空中線の型式及び構成
4．電波の型式及び周波数

出題頻度：★

〔1 — 29〕　総務大臣又は総合通信局長（沖縄総合通信事務所長を含む。）が無線局の再免許の申請を行った者に対して、免許を与えるときに指定する事項はどれか。次のうちから選べ。

1．空中線の型式及び構成
2．呼出符号又は呼出名称
3．無線設備の設置場所
4．通信事項

# ナンバー〔2〕の試験問題

★試験問題番号〔2〕のキー・ポイント

アマチュア局の免許(状)に関する出題です。無線設備の設置場所の変更などが多く出題されます。

①「無線局」とは、「無線設備とそれを操作する者の総体をいう。受信のみは含まない」

②アマチュア業務は、興味によって行う「自己訓練、通信」

③再免許の指定事項は、(1) 電波の型式及び周波数、(2) 呼出符号(呼出名称)、(3) 空中線電力、(4) 運用許容時間。

④再免許時、指定事項でないのは「無線設備の設置場所」

⑤設置場所の変更は、「あらかじめ許可を受ける」

⑥通信事項の変更は、「あらかじめ許可を受ける」

⑦無線設備の変更の工事は、「あらかじめ許可を受ける」

⑧呼出符号の指定変更は、「その旨を申請する」(指定事項の変更ときたら、「その旨を申請する」)。

⑨周波数の指定変更は、「その旨を申請する」

⑩空中線電力の指定変更は、「その旨を申請する」

⑪電波の型式の指定変更は、「その旨を申請する」

⑫無線局の効力がなくなったら(廃局したとき)、免許状を1か月以内に返す。そして、空中線は遅滞なく撤去。

⑬無線局を廃止するときは、その旨を届け出る(廃止は届出)。

**出題頻度：★★★★★★★★★**

共〔2－1〕　電波法に規定する「無線局」の定義は、次のどれか。

1．無線設備及び無線設備の操作を行う者の総体をいう。ただし、受信のみを目的とするものを含まない。
2．送信装置及び受信装置の総体をいう。
3．送受信装置及び空中線系の総体をいう。
4．無線通信を行うためのすべての設備をいう。

**出題頻度：★★★**

〔2－2〕　次の文は、電波法施行規則に規定する「アマチュア業務」の定義であるが、［　］内に入れるべき字句を下の番号から選べ。

「金銭上の利益のためでなく、もっぱら個人的な無線技術の興味によって行う［　］及び技術的研究その他総務大臣が別に告示する業務を行う無線通信業務をいう。」

1．無線通信
2．通信操作
3．自己訓練、通信
4．通信訓練、運用

**出題頻度：★★★★★★★★★★★★**

共〔2－3〕　日本の国籍を有する人が開設するアマチュア局の免許の有効期間は、次のどれか。

1．無期限
2．無線設備が使用できなくなるまで
3．免許の日から起算して５年
4．免許の日から起算して 10 年

**出題頻度：★★★★**

共〔2－4〕　総務大臣又は総合通信局長（沖縄総合通信事務所長を含む。）が無線局の再免許の申請を行った者に対して、免許を与えられるときに指定する事項はどれか。次のうちから選べ。

1．電波の型式及び周波数
2．空中線の型式及び構成
3．無線設備の設置場所
4．通信の相手方

**出題頻度：★★★**

〔2－5〕　無線局の再免許が与えられるときに指定される事項は、次のどれか。

1．通信事項
2．無線設備の設置場所
3．呼出符号又は呼出名称
4．空中線の型式及び構成

**出題頻度：★**

共〔2－6〕　総務大臣又は総合通信局長（沖縄総合通信事務所長を含む。）が無線局の再免許の申請を行った者に対して、免許を与えるときに指定する事項でないものはどれか。次のうちから選べ。

1．運用許容時間
2．電波の型式及び周波数
3．空中線電力
4．無線設備の設置場所

**出題頻度：★★★★★**

共〔2－7〕　免許人が無線設備の設置場所を変更しようとするときの手続は、次のどれか。

1．あらかじめ指示を受ける。
2．あらかじめ許可を受ける。
3．直ちにその旨を報告する。
4．直ちにその旨を届け出る。

出題頻度：★★★★★★★★★★★★★

共〔2－8〕　アマチュア局の免許人が、あらかじめ総合通信局長(沖縄総合通信事務所長を含む。)の許可を受けなければならない場合は、次のどれか。

1．免許状の訂正を受けようとするとき。
2．無線局の運用を休止しようとするとき。
3．無線設備の設置場所を変更しようとするとき。
4．無線局を廃止しようとするとき。

出題頻度：★★★★★★★★★★★★★

共〔2－9〕　アマチュア局の免許人が、総務省令で定める場合を除き、あらかじめ総合通信局長(沖縄総合通信事務所長を含む。)の許可を受けなければならない場合は、次のどれか。

1．無線局を廃止しようとするとき。
2．免許状の訂正を受けようとするとき。
3．無線局の運用を休止しようとするとき。
4．無線設備の変更の工事をしようとするとき。

出題頻度：★★★★★

〔2－10〕　アマチュア局の免許人が、あらかじめ総合通信局長(沖縄総合通信事務所長を含む。)の許可を受けなければならない場合は、次のどれか。

1．無線局を廃止しようとするとき。
2．免許状の訂正を受けようとするとき。
3．無線局の運用を休止しようとするとき。
4．通信事項を変更しようとするとき。

出題頻度：★★

共〔2－11〕　免許人が無線設備の変更の工事(総務省令で定める軽微な事項を除く。)をしようとするときの手続は、次のどれか。

1．直ちにその旨を報告する。

2．直ちにその旨を届け出る。
3．あらかじめ許可を受ける。
4．あらかじめ指示を受ける。

**出題頻度：★★**

〔2－12〕 次の文は、無線局の通信の相手方の変更等について述べたものである。［　］内に入れるべき字句を下の番号から選べ。

「免許人は、通信の相手方、通信事項若しくは無線設備の設置場所を変更し、又は無線設備の［　］をしようとするときは、あらかじめ総務大臣の許可を受けなければならない。」

1．機器の型式の変更
2．通信方式の変更
3．工事設計の変更
4．変更の工事

**出題頻度：★★★★★★**

〔2－13〕 免許人が呼出符号の指定の変更を受けようとするときの手続は、次のどれか。

1．あらかじめ指示を受ける。
2．免許状の訂正を受ける。
3．その旨を届け出る。
4．その旨を申請する。

**出題頻度：★★★★**

共〔2－14〕 免許人が周波数の指定の変更を受けようとするときは、どうしなければならないか、次のうちから選べ。

1．その旨を届け出る。
2．その旨を申請する。
3．あらかじめ指示を受ける。
4．あらかじめ免許状の訂正を受ける。

出題頻度：★★★★★

〔2－15〕　免許人が空中線電力の指定の変更を受けようとするときの手続は、次のどれか。

1．その旨を申請する。
2．その旨を届け出る。
3．免許状の訂正を受ける。
4．あらかじめ指示を受ける。

出題頻度：★

〔2－16〕　免許人が電波の型式の指定の変更を受けようとするときの手続は、次のどれか。

1．免許状の訂正を受ける。
2．その旨を届け出る。
3．その旨を申請する。
4．あらかじめ指示を受ける。

出題頻度：★★★

〔2－17〕　電波法の規定により、遅滞なく空中線を撤去しなければならない場合は、次のどれか。

1．無線局の免許がその効力を失ったとき。
2．無線局の運用を休止したとき。
3．無線局の運用の停止を命ぜられたとき。
4．無線局が臨時に電波の発射の停止を命ぜられたとき。

出題頻度：★★

〔2－18〕　次の文は、空中線の撤去に関する電波法の規定であるが、［　］内に入れるべき字句を下の番号から選べ。

「無線局の免許等がその効力を失ったときは、免許人等であった者は、［　］空中線を撤去しなければならない。」

1．1か月以内に　　　3．10日以内に
2．1週間以内に　　　4．遅滞なく

**出題頻度：★★**

〔2－19〕 無線局の免許がその効力を失ったとき、免許人であった者が遅滞なく撤去しなければならないと定められているものは何か、正しいものを次のうちから選べ。

1．送信装置　　3．保護装置
2．受信装置　　4．空中線

**出題頻度：★★**

〔2－20〕 免許人は、その無線局を廃止するときは、どのようにしなければならないか、次のうちから選べ。

1．申請して許可を受ける。
2．無線局免許申請書の写しを提出する。
3．その旨を届け出る。
4．その旨を連絡して指示を受ける。

**出題頻度：★★★★★**

〔2－21〕 アマチュア局の免許人は、無線局の免許を受けた日から起算してどれほどの期間内に、またその後毎年その免許の日に応当する日（応当する日がない場合は、その翌日）から起算してどれほどの期間内に電波法の規定により電波利用料を納めなければならないか、次のうちから選べ。

1．10日　　3．2か月
2．30日　　4．3か月

**出題頻度：★**

〔2－22〕 免許人は、その無線局を廃止するときは、どうしなければならないか、次のうちから選べ。

1．その旨を連絡して指示を受ける。
2．申請して許可を受ける。
3．その旨を届け出る。
4．送信装置を撤去する。

# 〔3〕《ナンバー》の試験問題

★試験問題番号〔3〕のキー・ポイント

①「無線設備」とは、「無線電信、無線電話その他電波を送り、又は受けるための電気的設備をいう」

②「送信設備」とは、「送信装置と送信空中線系のコンビ」

③「送信空中線系」は、「高周波エネルギーを空間へふく射する」

④「無線電話」とは、「電波を利用して、音声その他の音響を送り、又は受けるための通信設備をいう」

⑤電波の質は、「周波数の偏差及び幅、高調波の強度等」

⑥ J3E は、振幅変調の電話で単側波帯の抑圧搬送波のもの（SSB のこと）。

⑦ A3E は、振幅変調の電話で両側波帯のもの（AM のこと）。

⑧ F3E は、周波数変調の電話（FM のこと）。

⑨発振回路の方式は、できる限り「外囲の温度若しくは湿度の変化」によって影響を受けないものでなければならない。

⑩送信装置は、電源電圧又は負荷の変動によって「発振周波数」に影響を与えないものでなければならない。

⑪移動局の送信装置は、「振動又は衝撃によっても周波数が許容偏差内に維持すること」

⑫無線局に要求される送信空中線の条件は、「空中線の利得及び能率がなるべく大であること」、「満足な指向特性が得られること」、「整合が十分であること」の３つ。

⑬空中線の問題で間違い探しは、「空中線電力をその偏差内に維持できるものであること」

⑭送信装置は、「秘匿性」を与える機能を有してはならない。

**出題頻度：★★**

〔3－1〕 電波法に規定する「無線設備」の定義は、次のどれか。

1．無線電信、無線電話その他電波を送るための通信設備をいう。
2．無線電信、無線電話その他電波を送り、又は受けるための電気的設備をいう。
3．無線電信、無線電話その他の設備をいう。
4．電波を送るための電気的設備をいう。

**出題頻度：★★**

〔3－2〕 次の文は、電波法施行規則に規定する「送信設備」の定義であるが、［ ］内に入れるべき字句を下の番号から選べ。

「送信設備とは、［ ］と送信空中線系とから成る電波を送る設備をいう。」

1．高周波発生装置　　3．発振器
2．送信装置　　4．送信機

**出題頻度：★★**

〔3－3〕 次の文は、電波法施行規則に規定された定義の一つであるが、何についてのものか、下の番号から選べ。

「送信装置と送信空中線系とから成る電波を送る設備をいう。」

1．電気的設備　　3．無線設備
2．送信設備　　4．通信設備

**出題頻度：★**

共〔3－4〕 次の文は、電波法施行規則に規定する「送信空中線系」の定義であるが、［ ］内に入れるべき字句を下の番号から選べ。

「送信空中線系とは、送信装置の発生する［ ］を空間へふく射する装置をいう。」

１．電磁波　　　　　　　３．寄生発射
２．高周波エネルギー　　４．変調周波数

**出題頻度：★★★**

〔3－5〕　次の文は、電波法の規定であるが、［　］内に入れるべき字句を下の番号から選べ。

「無線電話とは、電波を利用して、［　］を送り、又は受けるための通信設備をいう。」

１．音声又は映像　　　　３．信号
２．符号　　　　　　　　４．音声その他の音響

**出題頻度：★★★★★★★**

〔3－6〕　次の文は、電波の質に関する電波法の規定であるが、［　］内に入れるべき字句を下の番号から選べ。

「送信設備に使用する電波の周波数の偏差及び幅、［　］等電波の質は、総務省令で定めるところに適合するものでなければならない。」

１．変調度　　　　　　３．高調波の強度
２．空中線電力　　　　４．信号対雑音比

**出題頻度：★★★★★★**

〔3－7〕　次の文は、電波の質に関する電波法の規定であるが、［　］内に入れるべき字句を下の番号から選べ。

「送信設備に使用する電波の［　］、高調波の強度等電波の質は、総務省令で定めるところに適合するものでなければならない。」

１．周波数の偏差及び幅
２．周波数偏移
３．変調度
４．型式

**出題頻度：★★★**

〔3－8〕　電波の質を表すものとして、電波法に規定されているものは、次のどれか。

1．変調度　　　　3．信号対雑音比
2．電波の型式　　4．周波数の偏差及び幅

**出題頻度：★**

共〔3－9〕　電波の質を表すものとして、電波法に規定されているものは、次のどれか。

1．電波の型式　　3．変調度
2．信号対雑音比　4．周波数の偏差

**出題頻度：★★**

共〔3－10〕　電波の質を表すもののうち、電波法に規定されているものは、次のどれか。

1．電波の型式　　　3．信号対雑音比
2．高調波の強度等　4．変調度

**出題頻度：★★★**

〔3－11〕「J3E」の記号をもって表示する電波の型式は、次のどれか。

1．振幅変調の電話で両側波帯のもの
2．振幅変調の電話で単側波帯の全搬送波のもの
3．振幅変調の電話で単側波帯の抑圧搬送波のもの
4．振幅変調の電話で単側波帯の低減搬送波のもの

**出題頻度：★**

〔3－12〕　振幅変調の電話で単側波帯の抑圧搬送波のものの電波の型式を表示する記号は、次のどれか。

1．A3E　3．J3E
2．H3E　4．R3E

出題頻度：★

〔3 － 13〕「A3E」の記号をもって表示する電波の型式は、次のどれか。

1．振幅変調の電話で単側波帯の低減搬送波のもの
2．振幅変調の電話で単側波帯の抑圧搬送波のもの
3．振幅変調の電話で単側波帯の全搬送波のもの
4．振幅変調の電話で両側波帯のもの

出題頻度：★★

〔3 － 14〕周波数変調の電話の電波の型式を表示する記号は、次のどれか。

1．J3E　　3．F3E
2．A3E　　4．F3F

出題頻度：★

〔3 － 15〕アマチュア局において、周波数変調の電話の電波の型式を表示する記号は、次のどれか。

1．J3E　　3．F3E
2．A3E　　4．F2A

出題頻度：★

〔3 － 16〕周波数変調の電話の電波の型式を表示する記号は、次のどれか。

1．F3E　　3．J3E
2．A3E　　4．F2A

出題頻度：★★★

〔3 － 17〕次の文は、周波数の安定のための条件に関する無線設備規則の規定であるが、［　］内に入れるべき字句を下の番号から選べ。

「周波数をその許容偏差内に維持するため、発振回路の方式

は、できる限り［　］によって影響を受けないものでなければならない。」

1．外囲の温度若しくは湿度の変化
2．電圧若しくは電流の変化
3．電源電圧又は負荷の変化
4．振動又は衝撃

**出題頻度★★**

〔3 － 18〕　次の文は、周波数の安定のための条件に関する無線設備規則の規定であるが、［　］内に入れるべき字句を下の番号から選べ。

「周波数をその許容偏差内に維持するため、発振回路の方式は、できる限り外囲の温度若しくは［　］によって影響を受けないものでなければならない。」

1．湿度の変化　　3．負荷の変化
2．電源電圧の変化　　4．振動

**出題頻度：★★**

〔3 － 19〕　次の文は、周波数の安定のための条件に関する無線設備規則の規定であるが、［　］内に入れるべき字句を下の番号から選べ。

「周波数をその許容偏差内に維持するため、送信装置は、できる限り電源電圧又は負荷の変化によって［　］に影響を与えないものでなければならない。」

1．空中線電力　　3．発振周波数
2．変調波　　4．電波の質

**出題頻度：★**

〔3 － 20〕　次の文は、周波数の安定のための条件に関する無線設備規則の規定であるが、［　］内に入れるべき字句を下の番号から選べ。

「移動するアマチュア局の送信装置は、実際上起こり得る［　］によっても周波数をその許容偏差内に維持するものでなければならない。」

1．振動又は衝撃
2．電圧又は電流の変化
3．電源電圧又は負荷の変化
4．外囲の温度又は湿度の変化

**出題頻度：★★**

共〔3－21〕　アマチュア局に適用される送信空中線の型式及び構成の条件として、無線設備規則に定められていないものは、次のどれか。

1．満足な指向特性が得られること。
2．整合が十分であること。
3．空中線電力をその許容偏差内に維持できるものであること。
4．空中線の利得及び能率がなるべく大であること。

**出題頻度：★★**

共〔3－22〕　すべての無線局に対して要求される送信空中線の型式及び構成の条件として、無線設備規則に定められているものは、次のどれか。

1．風圧及び氷結に耐えるものであること。
2．空中線の利得及び能率がなるべく大であること。
3．周波数をその許容偏差内に維持できるものであること。
4．できる限り外囲の温度の変化によって影響を受けないものであること。

**出題頻度：★★★★★★**

共〔3－23〕　アマチュア局の送信装置の条件として無線設備規則に規定されているものは、次のどれか。

1．空中線電力を低下させる機能を有してはならない。
2．通信に秘匿性を与える機能を有してはならない。
3．通信方式に変更を生じさせるものであってはならない。
4．変調特性に支障を与えるものであってはならない。

**出題頻度：★★★**

共〔3－24〕 電波の質を表すものとして、電波法に規定されているものは、次のどれか。

1．空中線電力の偏差
2．高調波の強度等
3．信号対雑音比
4．変調度

**出題頻度：★★**

〔3－25〕 単一チャネルのアナログ信号で振幅変調した両側波帯の電話の電波の型式を表示する記号は、次のどれか。

1．R3E　　3．H3E
2．J3E　　4．A3E

**出題頻度：★★★★★★**

〔3－26〕 単一チャネルのアナログ信号で振幅変調した抑圧搬送波による単側波帯の電話の電波の型式を表示する記号は、次のどれか。

1．A3E　　3．J3E
2．H3E　　4．R3E

**出題頻度：★★**

〔3－27〕 単一チャネルのアナログ信号で周波数変調した電話の電波の型式を表示する記号は、次のどれか。

1．F3E　　3．J3E
2．A3E　　4．F2D

**出題頻度：★★★**

〔3－28〕 単一チャネルのアナログ信号で周波数変調した電話の電波の型式を表示する記号は、次のどれか。

1．J3E　　3．F3E
2．A3E　　4．F3F

**出題頻度：★★**

共〔3－29〕 電波の質を表すものとして、電波法に規定されているものは、次のどれか。

1．空中線電力の偏差
2．信号対雑音比
3．変調度
4．周波数の偏差

**出題頻度：★★**

〔3－30〕 次の文は、電波法施行規則に規定する「送信設備」の定義であるが、［　］内に入れるべき字句を下の番号から選べ。

「送信設備とは、［　］と送信空中線系とから成る電波を送る設備をいう 。」

1．高周波発生装置
2．送信装置
3．発振器
4．増幅器

法　規

# 〔4〕《ナンバー》の試験問題

★試験問題番号〔4〕のキー・ポイント

無線従事者免許（証）に関する問題です。

①4アマの扱える周波数範囲は、21メガヘルツ以上、8メガヘルツ以下。

②4アマが操作できる空中線電力（パワー）は、下記の2つを覚えよう！

(1) 21メガヘルツから30メガヘルツまで又は8メガヘルツ以下の周波数では「10ワット以下」

(2) 30メガヘルツを超える周波数では「20ワット以下」

③4アマは空中線電力10ワット以下の無線設備で、21メガヘルツから30メガヘルツまで又は8メガヘルツ以下の周波数の電波を使用するものの操作（モールス符号による通信操作を除く）。

④4アマは空中線電力20ワット以下の無線設備で、30メガヘルツを超える周波数の電波を使用するものの操作（モールス符号による通信操作を除く）。

⑤無線従事者の免許を取り消され、取消しの日から2年を経過しない者は、免許を与えられないことがある。

⑥免許証は、業務中いつでも携帯する（車の運転免許証と同じ）。

⑦免許証の訂正は、氏名に変更を生じたとき。

⑧再交付（汚したため）は、申請書に免許証及び写真1枚（同一のもの）を添える。

⑨なくした免許証を発見したら、「10日以内」に免許証を返す。

⑩免許の取消し処分を受けたら、「10日以内」に免許証を返す。

出題頻度：★★★★★★★★★

〔4－1〕　第４級アマチュア無線技士が操作を行うことができる周波数の範囲は、次のどれか。

1．21 メガヘルツ以下
2．21 メガヘルツ以上又は８メガヘルツ以下
3．８メガヘルツ以上
4．８メガヘルツ以上 21 メガヘルツ以下

出題頻度：★★★

〔4－2〕　21 メガヘルツから 30 メガヘルツまでの周波数の電波を使用する無線設備では、第４級アマチュア無線技士が操作を行うことができる最大空中線電力は、次のどれか。

1．10 ワット
2．20 ワット
3．25 ワット
4．50 ワット

出題頻度：★★★★★★★

〔4－3〕　30 メガヘルツを超える周波数の電波を使用する無線設備では、第４級アマチュア無線技士が操作を行うことができる最大空中線電力は、次のどれか。

1．10 ワット
2．20 ワット
3．25 ワット
4．50 ワット

出題頻度：★★★

〔4－4〕　次の記述は、第４級アマチュア無線技士が行うことができる無線設備の操作について、電波法施行令の規定に沿って述べたものであるが、［　］内に入れるべき字句を下の番号から選べ。

「アマチュア無線局の空中線電力［　］の無線設備で30メガヘルツを超える周波数の電波を使用するものの操作（モールス符号による通信操作を除く。）」

1．10ワット以下
2．20ワット以下
3．25ワット以下
4．50ワット以下

**出題頻度：★★★★★★★**

〔4－5〕　次の文は、第4級アマチュア無線技士が行うことができる無線設備の操作について、電波法施行令の規定に沿って述べたものであるが、［　］内に入れるべき字句を下の番号から選べ。

「アマチュア無線局の空中線電力10ワット以下の［　］で21メガヘルツから30メガヘルツまで又は8メガヘルツ以下の周波数の電波を使用するものの操作（モールス符号による通信操作を除く。）」

1．無線電話
2．無線電信
3．テレビジョン
4．無線設備

**出題頻度：★★★**

〔4－6〕　無線従事者の免許を与えられないことがある者は、次のどれか。

1．刑法に規定する罪を犯し、罰金以上の刑に処せられ、その執行を終わった日から2年を経過しない者
2．住民票の住所と異なる所に居住している者
3．無線従事者の免許を取り消され、取消しの日から2年を経過しない者
4．外国の国籍を有する者

出題頻度：★★

〔4－7〕　無線従事者の免許を与えられないことがある者は、次のどれか。

1．刑法に規定する罪を犯し、罰金以上の刑に処せられ、その執行を終わった日から2年を経過しない者
2．　一定の期間内にアマチュア局を開設する計画のない者
3．住民票の住所と異なる所に居住している者
4．無線従事者の免許を取り消され、取消しの日から2年を経過しない者

出題頻度：★★★★★★

〔4－8〕　無線従事者は、その業務に従事しているときは、免許証をどのようにしていなければならないか。次のうちから選べ。

1．通信室内の見やすい箇所に掲げる。
2．通信室内に保管する。
3．無線局に備え付ける。
4．携帯する。

出題頻度：★★★★★★

共〔4－9〕　無線従事者は、その業務に従事しているときは、免許証をどのようにしていなければならないか。次のうちから選べ。

1．携帯する。
2．常置場所に掲げておく。
3．他の書類とともに保管する。
4．主たる送信装置のある場所の見やすい箇所に掲げておく。

**出題頻度：★★**

〔4－10〕　無線従事者は、その業務に従事しているときは、免許証をどのようにしていなければならないか。次のうちから選べ。

1．携帯する。
2．通信室に置く。
3．他の書類とともに保管する。
4．無線局に備え付ける。

**出題頻度：★★**

〔4－11〕　無線従事者は、その業務に従事しているときは、免許証をどのようにしていなければならないか、次のうちから選べ。

1．携帯する。
2．移動するときは、身元保証人に預ける。
3．紛失しないよう金庫等に保管する。
4．無線設備のある場所の見やすい箇所に掲げておく。

**出題頻度：★★**

〔4－12〕　次の文は、電波法施行規則の規定であるが、［　］内に入れるべき字句を下の番号から選べ。

「無線従事者は、その業務に従事しているときは、免許証を［　］していなければならない。」

1．送信装置のある場所に保管
2．無線局に保管
3．通信室に掲示
4．携帯

**出題頻度：★★**

共〔4－13〕　無線従事者が免許証の訂正を受けなければならないのは、どのような場合か、次のうちから選べ。

1．氏名に変更を生じたとき。
2．本籍地に変更を生じたとき。
3．現住所に変更を生じたとき。
4．他の無線従事者の資格を取得したとき。

出題頻度：★

〔4 − 14〕　無線従事者が、免許証を汚したために再交付の申請をしようとする場合、申請書に添えて提出しなければならない書類は、次のどれか。

1．免許証及び写真１枚
2．住民票の写し
3．医師の診断書
4．戸籍抄本

出題頻度：★★★★★★★★★★

共〔4 − 15〕　無線従事者が免許証を失って再交付を受けた後、失った免許証を発見したときは、発見した日からどれほどの期間内にその免許証を返納しなければならないか、次のうちから選べ。

1．７日　　　3．14日
2．10日　　　4．１か月

出題頻度：★

〔4 − 16〕　無線従事者は、免許の取消しの処分を受けたときは、その処分を受けた日からどれほどの期間内にその免許証を返さなければならないことになっているか、次のうちから選べ。

1．１か月　　　3．10日
2．14日　　　4．７日

出題頻度：★★★

共〔4 − 17〕　無線従事者免許証を返納しなければならない場合は、次のどれか。

1．無線設備の操作を５年以上行わなかったとき。
2．３か月間業務に従事することを停止されたとき。
3．無線従事者が失そうの宣言を受けたとき。
4．無線従事者の免許を受けた日から５年が経過したとき。

**出題頻度：★**

〔4 − 18〕 無線従事者免許証の再交付の申請理由に該当しないのは、次のどれか。

1．無線従事者の免許証を汚したとき。
2．無線従事者の免許を受けた日から５年が経過したとき。
3．無線従事者の免許証を破ったとき。
4．無線従事者の免許証を失ったとき。

法　規

# 〔5〕《ナンバー》の試験問題

★試験問題番号〔5〕のキー・ポイント

非常通信を含む運用と監督のところから出題されます。

①臨時に電波発射の停止を命じられるのは、「電波の質が総務省令で定めるものに適合していないと認められるとき」

②電波の発射のみの検査は、その無線局の発射する「電波の質又は空中線電力」を調べる。

③臨時検査では、「無線従事者の資格及び員数、書類の検査」

④電波法に違反したとき、「３月（３か月）以内の運用停止」、「運用許容時間」、「周波数又は空中線電力」の制限。

⑤無線従事者が「電波法に違反したとき」、３か月以内の業務従事の停止。

⑥不正な手段で「無線設備の設置場所」、「周波数」、「無線設備」を変更したら、又は不正な手段で「無線局の免許」を受けたら、免許の取消し（不正は取消し）。

⑦電波法に基づく処分に違反したとき、無線従事者免許の取消し。

⑧免許人が正当な理由がないのに無線局の運用を６月（６か月）以上休止したとき、免許を取り消されることがある。

⑨無線従事者の免許の取消し、又は３か月以内の業務停止。

(1) 電波法に違反したとき。

(2) 電波法に基づく命令又はこれに基づく処分に違反したとき。

(3) 不正な手段により免許を受けたとき。

(4) 著しく心身に欠陥があって、無線従事者たるに適しない者となったとき。

⑩非常通信を行ったら、総務大臣に報告する。

⑪違反して運用した無線局を認めたら「総務大臣に報告する（総務省令で定める手続により報告する）」

出題頻度：★★★★★★

共〔5－1〕　無線局が総務大臣から臨時に電波の発射の停止を命じられることがある場合は、次のどれか。

1．暗語を使用して通信を行ったとき。
2．発射する電波が他の無線局の通信に混信を与えたとき。
3．免許状に記載された空中線電力の範囲を超えて運用したとき。
4．発射する電波の質が総務省令で定めるものに適合していないと認められるとき。

出題頻度：★★★★★★

共〔5－2〕　無線局の発射する電波の質が総務省令で定めるものに適合していないと認められるときに、その無線局にとられることがある措置は、次のどれか。

1．免許を取り消される。
2．空中線の撤去を命じられる。
3．臨時に電波の発射の停止を命じられる。
4．周波数又は空中線電力の指定を変更される。

出題頻度：★★

共〔5－3〕　総務大臣は、電波法の施行を確保するため特に必要がある場合において、無線局に電波の発射のみを命じて行う検査では、何を検査するか、次のうちから選べ。

1．送信装置の電源電圧の変動率
2．発射する電波の質又は空中線電力
3．無線局の運用の実態
4．無線従事者の無線設備の操作の技能

出題頻度：★

共〔5－4〕　臨時検査（電波法第73条第4項及び第5項の検査）が行われる場合は、次のどれか。

1．無線局の再免許が与えられたとき。
2．無線従事者選解任届を提出したとき。
3．無線設備の工事設計の変更をしたとき。
4．臨時に電波の発射の停止を命ぜられたとき。

**出題頻度：★★**

共〔5－5〕　免許人が電波法の規定に違反したとき、その無線局について総務大臣から受けることがある処分は、次のどれか。

1．再免許の拒否
2．通信事項の制限
3．周波数の制限
4．電波の型式の制限

**出題頻度：★★**

〔5－6〕　免許人が電波法に違反して一定の期間その無線局の運用の停止を命じられることがあるが、その期間とは、次のどれか。

1．１か月以内　　3．６か月以内
2．３か月以内　　4．１年以内

**出題頻度：★**

共〔5－7〕　無線従事者が総務大臣から３か月以内の期間を定めてその業務に従事することを停止することがあるのは、次のどの場合か。

1．免許証を失ったとき。
2．電波法に違反したとき。
3．免許状を失ったとき。
4．無線局の運用を休止したとき。

**出題頻度：★**

〔5－8〕　無線従事者が総務大臣から３か月以内の期間を定めて

その業務に従事することを停止されることがあるのは、次のどの場合か。

1．免許証を失ったとき。
2．電波法に違反したとき。
3．従事する無線局が廃止されたとき。
4．無線局の運用を休止したとき。

**出題頻度：★★★**

〔5－9〕　免許人が不正な手段により無線設備の設置場所の変更の許可を受けたとき、その無線局についてどのような処分を受けることがあるか、次のうちから選べ。

1．運用の停止
2．免許の取消し
3．周波数の制限
4．運用許容時間の制限

**出題頻度：★**

〔5－10〕　免許人が不正な手段により無線設備の設置場所の変更の許可を受けたとき、その無線局について総務大臣から受けることがある処分は、次のどれか。

1．周波数又は空中線電力の制限
2．運用許容時間の制限
3．運用の停止
4．免許の取消し

**出題頻度：★**

〔5－11〕　アマチュア局の免許人が不正な手段により周波数の指定の変更を行わせたとき、総務大臣から受けることがある処分は、次のどれか。

1．運用の停止
2．免許の取消し

3．運用許容時間の制限
4．周波数又は空中線電力の制限

**出題頻度：★**

〔5－12〕　免許人が不正な手段により無線設備の変更の工事の許可を受けたとき、その無線局についてどのような処分を受けることがあるか、次のうちから選べ。

1．運用の停止
2．周波数の制限
3．免許の取消し
4．運用許容時間の制限

**出題頻度：★**

共〔5－13〕　免許人が不正な手段により無線局の免許を受けたとき、総務大臣から受けることがある処分は、次のどれか。

1．免許の取消し
2．運用の停止
3．運用許容時間の制限
4．周波数又は空中線電力の制限

**出題頻度：★★**

〔5－14〕　免許人が正当な理由がないのに無線局の運用を引き続き何月以上休止したときにその免許を取り消されることがあるか、次のうちから選べ。

1．6月　　3．2月
2．3月　　4．1月

**出題頻度：★★**

〔5－15〕　無線局の免許を取り消されることがあるのは、次のどのときか。

1．免許人が1年以上の期間日本を離れたとき。

2．免許状に記載された目的の範囲を超えて運用したとき。
3．不正な手段により無線局の免許を受けたとき。
4．免許人が免許人以外の者のために無線局を運用させたとき。

出題頻度：★★★

〔5－16〕　無線従事者の免許を取り消されることがある場合は、次のどれか。

1．引き続き6か月以上無線設備の操作を行わなかったとき。
2．日本の国籍を失ったとき。
3．電波法に基づく命令に違反したとき。
4．免許証を失ったとき。

出題頻度：★★★★★

共〔5－17〕　無線従事者の免許を取り消されることがある場合は、次のどれか。

1．引き続き6か月以上無線設備の操作を行わなかったとき。
2．日本の国籍を失ったとき。
3．電波法に違反したとき。
4．免許証を失ったとき。

出題頻度：★

〔5－18〕　無線従事者がその免許を取り消されることがある場合は、次のどれか。

1．引き続き6か月以上無線設備の操作を行わなかったとき。
2．不正な手段により免許を受けたとき。
3．免許証を失ったとき。
4．死亡したとき。

出題頻度：★★

〔5 － 19〕　無線従事者の免許を取り消されることがあるのは、次のどの場合か。

1．５年以上無線設備の操作を行わなかったとき。
2．日本の国籍を失ったとき。
3．電波法に基づく処分に違反したとき。
4．免許証を失ったとき。

出題頻度：★★★★★★★★★★★★★

共〔5 － 20〕　無線局の免許人が、非常通信を行ったとき、電波法の規定によりとらなければならない措置は、次のどれか。

1．中央防災会議会長に届け出る。
2．市長村長に連絡する。
3．都道府県知事に通知する。
4．総務大臣に報告する。

出題頻度：★★★★★★★★

共〔5 － 21〕　免許人は、電波法に違反して運用した無線局を認めたとき、電波法の規定により、どのようにしなければならないか。次のうちから選べ。

1．総務大臣に報告する。
2．その無線局の電波の発射を停止させる。
3．その無線局の免許人にその旨を通知する。
4．その無線局の免許人を告発する。

出題頻度：★★

〔5 － 22〕　免許人が総務大臣から３月以内の期間を定めて無線局の運用の停止を命ぜられることがあるのは、次のどの場合か。

1．免許人が日本の国籍を有しない者となったとき。
2．無線従事者がその免許証を失ったとき。
3．無線局の免許状を失ったとき。

4．電波法に基づく処分に違反したとき。

出題頻度：★★★★★★★

共〔5－23〕 アマチュア局の免許人は、無線局の免許を受けた日から起算してどれほどの期間内に、またその後毎年その免許の日に応当する日（応当する日がない場合は、その翌日）から起算してどれほどの期間内に電波法の規定により電波利用料を納めなければならないか、次のうちから選べ。

1．10日以内　　3．2か月以内
2．30日以内　　4．3か月以内

出題頻度：★

〔5－24〕 無線局が総務大臣から臨時に電波の発射の停止を命じられることがある場合は、次のどれか。

1．免許状に記載された空中線電力の範囲を超えて運用したとき。
2．発射する電波の質が総務省令で定めるものに適合していないと認められるとき。
3．発射する電波が他の無線局の通信に混信を与えたとき。
4．非常の場合の無線通信を行ったとき。

出題頻度：★★★

共〔5－25〕 免許人が電波法の規定に違反したときに、その無線局について総務大臣から受けることがある処分は、次のどれか。

1．再免許の拒否
2．空中線電力の制限
3．通信の相手方の制限
4．電波の型式の制限

**出題頻度：★★★★★**

〔5－26〕　無線局が総務大臣から臨時に電波の発射の停止を命じられることがある場合は、次のどれか。

1．必要のない無線通信を行っているとき。
2．発射する電波が他の無線局の通信に混信を与えたとき。
3．免許状に記載された空中線電力の範囲を超えて運用したとき。
4．発射する電波の質が総務省令で定めるものに適合していないと認めるとき。

**出題頻度：★**

〔5－27〕　無線従事者の免許が取り消されることがあるのは、次のどの場合か。

1．電波法若しくは電波法に基づく命令又はこれらに基づく処分に違反したとき。
2．引き続き６か月以上無線設備の操作を行わなかったとき。
3．日本の国籍を失ったとき。
4．免許証を失ったとき。

**出題頻度：★★**

〔5－28〕　免許人が電波法に基づく処分に違反したときに、その無線局について総務大臣から受けることがある処分は、次のどれか。

1．送信空中線の撤去命令
2．電波の型式の制限
3．空中線電力の制限
4．通信の相手方の制限

**出題頻度：★★★★**

〔5－29〕　免許人が電波法に違反したときに、その無線局につ

いて総務大臣から受けることがある処分は、次のどれか。

1．通信事項の制限
2．電波の型式の制限
3．周波数の制限
4．通信の相手方の制限

**出題頻度：★★**

〔5－30〕　無線従事者が電波法若しくは電波法に基づく命令又はこれらに基づく処分に違反したとき、総務大臣から受けることがある処分は、次のどれか。

1．3か月間の無線従事者の業務の従事停止
2．6か月間の無線従事者の業務の従事停止
3．6か月間の無線従事者国家試験の受験停止
4．3か月以内の期間を定めた無線設備の操作範囲の制限

**出題頻度：★★**

〔5－31〕　免許人が電波法に基づく処分に違反したときに、その無線局について総務大臣から受けることがある処分は、次のどれか。

1．電波の型式の制限
2．運用の停止
3．送信空中線の撤去命令
4．通信事項の制限

**出題頻度：★★**

〔5－32〕　免許人が電波法に基づく処分に違反したときに、その無線局について総務大臣から受けることがある処分は、次のどれか。

1．無線従事者の解任命令
2．通信の相手方の制限
3．電波の型式の制限
4．運用の停止

# ナンバー〔6〕の試験問題

★試験問題番号〔6〕のキー・ポイント

ナンバー〔6〕は、無線局の監督のところからよく出題されます。

①無線局が臨時に電波の発射停止を命じられるのは、「電波の質」が総務省令で定めるものに適合しないとき。

②電波の発射を命じて行う検査は、「発射する電波の質又は空中線電力の検査」

③臨時検査は、臨時に電波の発射停止を命じられたとき。

④免許人が電波法に基づく処分に違反したら、3月（3か月）以内の運用停止または空中線電力や周波数の制限。

⑤不正な手段で「呼出符号の指定変更」を行わせたときは、免許の取消し。

⑥不正な手段で「電波の型式の指定変更」を行わせたときは、免許の取消し。

⑦不正な手段で「空中線電力の指定変更」を行わせたときは、免許の取消し。

⑧「電波法に基づく処分に違反したとき」は、従免の取消し。

⑨従免の取消しは、「不正な手段により免許を受けたとき」

⑩従免の取消しは、「電波法若しくは電波法に基づく命令又はこれに基づく処分に違反したとき」

⑪非常通信を行ったら、「総務大臣に報告する」

⑫電波法違反局を見つけたら、「総務大臣へ報告する」

⑬違反運用局を認めたら、「総務省令で定める手続により報告する（総務大臣への報告と同じ意味）」

1 2 3 4 5 6 7 8 9 10 11 12

**出題頻度：★★★★★★**

共〔6－1〕　無線局が総務大臣から臨時に電波の発射の停止を命じられることがある場合は、次のどれか。

1．暗語を使用して通信を行ったとき。
2．発射する電波が他の無線局の通信に混信を与えたとき。
3．免許状に記載された空中線電力の範囲を超えて運用したとき。
4．発射する電波の質が総務省令で定めるものに適合していないと認められるとき。

**出題頻度：★★★★★**

共〔6－2〕　無線局の発射する電波の質が総務省令で定めるものに適合していないと認められるときに、その無線局に対してとられることがある措置は、次のどれか。

1．免許を取り消される。
2．空中線の撤去を命じられる。
3．臨時に電波の発射の停止を命じられる。
4．周波数又は空中線電力の指定を変更される。

**出題頻度：★★**

〔6－3〕　総務大臣は、電波法の施行を確保するため特に必要がある場合において、無線局に電波の発射を命じて行う検査では、何を検査するか、次のうちから選べ。

1．送信装置の電源電圧の変動率
2．発射する電波の質又は空中線電力
3．無線局の運用の実態
4．無線従事者の無線設備の操作の技能

**出題頻度：★★**

共〔6－4〕　臨時検査（電波法第73条第4項及び第5項の検査）が行われる場合は、次のどれか。

1．臨時に電波の発射の停止を命ぜられたとき。
2．無線設備の工事設計の変更をしたとき。
3．無線従事者選解任届を提出したとき。
4．無線局の再免許が与えられたとき。

**出題頻度：★★**

共〔6－5〕　免許人が電波法に基づく処分に違反したとき、その無線局について受けることがある処分は、次のどれか。

1．運用の停止
2．電波の型式の制限
3．通信の相手方の制限
4．無線従事者の業務の従事停止

**出題頻度：★**

共〔6－6〕　免許人が総務大臣から３月以内の期間を定めて無線局の運用の停止を命じられることがあるのは、次のどの場合か。

1．電波法に違反したとき。
2．無線従事者がその免許証を失ったとき。
3．無線局の免許状を失ったとき。
4．免許人が「日本の国籍を有しない者」となったとき。

**出題頻度：★★**

〔6－7〕　無線従事者が電波法若しくは電波法に基づく命令又はこれらに基づく処分に違反したとき、総務大臣から受けることがある処分は、次のどれか。

1．３か月以内の期間の業務の従事停止
2．６か月のアマチュア業務の従事停止
3．６か月の無線従事者国家試験の受験停止
4．３か月以内の期間の無線設備の操作範囲の制限

**出題頻度：★★★**

〔6－8〕　免許人が不正な手段により呼出符号の指定の変更を行わせたとき、総務大臣から受けることがある処分は、次のどれか。

1．運用の停止
2．免許の取消し
3．運用許容時間の制限
4．周波数又は空中線電力の制限

**出題頻度：★★**

〔6－9〕　免許人が不正な手段により電波の型式の指定の変更を行わせたとき、総務大臣から受けることがある処分は、次のどれか。

1．免許の取消し
2．運用の停止
3．運用許容時間の制限
4．周波数又は空中線電力の制限

**出題頻度：★**

〔6－10〕　免許人が不正な手段により空中線電力の指定の変更を行わせたとき、総務大臣から受けることがある処分は、次のどれか。

1．免許の取消し
2．運用の停止
3．運用許容時間の制限
4．周波数又は空中線電力の制限

**出題頻度：★★★**

〔6－11〕　無線従事者の免許を取り消されることがある場合は、次のどれか。

1．免許証を失ったとき。

2．電波法に基づく命令に違反したとき。
3．日本の国籍を有しない者となったとき。
4．引き続き６か月以上無線設備の操作を行わなかったとき。

**出題頻度：★★★**

〔6 － 12〕　無線従事者の免許が取り消されることがあるのは、次のどの場合か。

1．免許証を失ったとき。
2．不正な手段により免許を受けたとき。
3．氏名に変更を生じたのに免許証の再交付を受けなかったとき。
4．５年以上無線設備の操作を行わなかったとき。

**出題頻度：★★★★★**

共〔6 － 13〕　無線従事者が免許を取り消されることがある場合は、次のどれか。

1．日本の国籍を失ったとき。
2．不正な手段により免許を受けたとき。
3．無線従事者が死亡したとき。
4．免許証を失ったとき。

**出題頻度：★★**

〔6 － 14〕　無線従事者の免許を取り消されることがある場合は、次のどれか。

1．電波法若しくは電波法に基づく命令又はこれらに基づく処分に違反したとき。
2．５年以上無線設備の操作を行わなかったとき。
3．日本の国籍を失ったとき。
4．免許証を失ったとき。

**出題頻度：★★★★★★★★★★★★★★**

共〔6 − 15〕 無線局の免許人が非常通信を行ったとき、電波法の規定によりとらなければならない措置は、次のどれか。

1．中央防災会議会長に届け出る。
2．市町村長に連絡する。
3．都道府県知事に通知する。
4．総務大臣に報告する。

**出題頻度：★★**

〔6 − 16〕 アマチュア局の免許人が行った通信のうち総務大臣に報告しなければならないと電波法で規定されているものは、次のどれか。

1．宇宙無線通信
2．非常通信
3．無線設備の試験又は調整をするための通信
4．国際通信

**出題頻度：★★★★★★★**

共〔6 − 17〕 免許人は、電波法に違反して運用した無線局を認めたとき、電波法の規定により、どのようにしなければならないか。次のうちから選べ。

1．総務大臣に報告する。
2．その無線局の電波の発射を停止させる。
3．その無線局の免許人にその旨を通知する。
4．その無線局の免許人を告発する。

**出題頻度：★★★★★★★★★**

共〔6 − 18〕 電波法に基づく命令の規定に違反して運用した無線局を認めたとき、電波法の規定により免許人がとらなければならない措置は、次のどれか。

1．その無線局の免許人に告発する。

1
2
3
4
5
6
7
8
9
10
11
12

2．その無線局の電波の発射を停止させる。
3．総務省令で定める手続により報告する。
4．その無線局の免許人にその旨を通知する。

**出題頻度：★★★★★**

〔6－19〕　電波法又は電波法に基づく命令の規定に違反して運用した無線局を認めたとき、電波法の規定により免許人がとらなければならない措置は、次のどれか。

1．総務大臣に報告する。
2．その無線局の電波の発射を停止させる。
3．その無線局の免許人に注意を与える。
4．その無線局の免許人を告発する。

**出題頻度：★★**

共〔6－20〕　アマチュア局の免許を受けた者は、その免許を受けた日からどれほどの期間内に電波法の規定による電波利用料を納めなければならないか、正しいものを次のうちから選べ。

1．10日
2．30日
3．2か月
4．3か月

**出題頻度：★★★★★★★★★**

共〔6－21〕　アマチュア局の免許人は、無線局の免許を受けた日から起算してどれほどの期間内に、また、その後毎年その免許の日に応当する日（応当する日がない場合は、その翌日）から起算してどれほどの期間内に電波法の規定により電波利用料を納めなければならないか、次のうちから選べ。

1．10日
2．30日

3．2か月
4．3か月

**出題頻度：★★**

共〔6－22〕　免許人が電波法に基づく処分に違反したとき、その無線局について総務大臣から受けることがある処分は、次のどれか。

1．電波の型式の制限
2．周波数の制限
3．再免許の拒否
4．通信事項の制限

**出題頻度：★★**

共〔6－23〕　免許人が電波法に基づく処分に違反したときに、その無線局について総務大臣から受けることがある処分は、次のどれか。

1．無線従事者の解任命令
2．通信の相手方の制限
3．電波の型式の制限
4．運用の停止

**出題頻度：★**

〔6－24〕　免許人が電波法に基づく処分に違反したとき、その無線局について総務大臣から受けることがある処分は、次のどれか。

1．空中線電力の制限
2．電波の型式の制限
3．再免許の拒否
4．通信事項の制限

出題頻度：★★★★

〔6－25〕　免許人が電波法に違反したとき、その無線局について総務大臣から受けることがある処分は、次のどれか。

1．周波数の制限
2．送信空中線の撤去
3．再免許の拒否
4．通信事項の制限

出題頻度：★★★★★★

〔6－26〕　無線局が総務大臣から臨時に電波の発射の停止を命じられることがある場合は、次のどれか。

1．発射する電波の質が総務省令で定めるものに適合していないと認めるとき。
2．免許状に記載された空中線電力の範囲を超えて運用したとき。
3．発射する電波が他の無線局の通信に混信を与えたとき。
4．必要のない無線通信を行っているとき。

出題頻度：★★★★

〔6－27〕　免許人が電波法に違反したとき、その無線局について総務大臣から受けることがある処分は、次のどれか。

1．周波数の制限
2．電波の型式の制限
3．通信の相手方の制限
4．通信事項の制限

出題頻度：★★

〔6－28〕　免許人が電波法に基づく処分に違反したとき、その無線局について総務大臣から受けることがある処分は、次のどれか。

1．電波の型式の制限

2. 運用の停止
3. 送信空中線の撤去命令
4. 通信事項の制限

**出題頻度：★★**

〔6 − 29〕　免許人が電波法に基づく処分に違反したときに、その無線局について総務大臣から受けることがある処分は、次のどれか。

1. 空中線電力の制限
2. 電波の型式の制限
3. 通信の相手方の制限
4. 送信空中線の撤去命令

**出題頻度：★★**

〔6 − 30〕　免許人が電波法に基づく処分に違反したとき、その無線局について総務大臣から受けることがある処分は、次のどれか。

1. 運用の停止
2. 電波の型式の制限
3. 送信空中線の撤去命令
4. 通信の相手方の制限

法規

# ナンバー〔7〕の試験問題

★試験問題番号〔7〕のキー・ポイント

ナンバー〔7〕は、運用のところから出題されます。

①無線局は、免許状に記載された目的又は通信の相手方若しくは、通信事項の範囲を超えて運用してはならない。

②無線局の運用は、遭難通信を行う場合を除き、無線局の設置場所、移動範囲、呼出符号、電波の型式及び周波数は無線局免許状に記載されたところによらなければならない（記載事項の遵守）。

③出題で、「次のどれに記載されたところによらなければならないか。」という出題での答は、すべて「免許状」。ただし、空中線電力だけは、「免許状に記載されたものの範囲内で通信を行うため必要最小のもの」が答え。

④目的の範囲を超えて運用できるのは、「非常通信」

⑤非常時等を除き、他人の依頼による通報を送ることはできない。

⑥アマチュア局は、「暗語」を使用してはならない。

⑦ラジオ障害（BCI）とテレビ障害（TVI）が発生したら（非常通信を除く）、速やかに当該周波数の電波発射をストップ。

⑧出所をはっきりさせるために、自局の呼出符号を付加する。

⑨送信した通報を反復して送信するときは、「通報の各通ごと又は1連続ごとに“反復”を前置する」

⑩通報を確実に受信したときは、「了解」又は「OK」を送信する。

⑪無線設備の試験や調整には、擬似空中線回路を用いる。

⑫アマチュア局の免許状は「無線設備の常置場所」に掲げる。

⑬免許の効力を失ったら、免許状は1か月以内に返納する。

# 試験問題番号〔7〕に出る問題

**出題頻度：★★★★**

共〔7－1〕 アマチュア局を運用する場合において、電波の型式は、遭難通信を行う場合を除き、次のどれに記載されたところによらなければならないか。

1．免許証
2．免許状
3．無線局事項書
4．無線局免許申請書

**出題頻度：★★★**

共〔7－2〕 アマチュア局を運用する場合において、電波の型式及び周波数は、遭難通信を行う場合を除き、次のどれに記載されたところによらなければならないか。

1．免許証
2．免許状
3．無線局事項書
4．無線局免許申請書

**出題頻度：★★**

〔7－3〕 無線局を運用する場合において、周波数は、遭難通信を行う場合を除き、次のどれに記載されたところによらなければならないか。

1．無線局免許申請書
2．無線局事項書
3．免許証
4．免許状

**出題頻度：★★★★**

共〔7－4〕 アマチュア局を運用する場合において、呼出符号は、遭難通信を行う場合を除き、次のどれに記載されたところによらなければならないか。

1．無線局免許申請書
2．無線局事項書
3．免許状
4．免許証

**出題頻度：★★**

共〔7－5〕　無線局を運用する場合において、無線設備の設置場所は、遭難通信を行う場合を除き、次のどれに記載されたところによらなければならないか。

1．無線局免許申請書
2．無線局事項書
3．免許状
4．免許証

**出題頻度：★★★★★★★**

共〔7－6〕　アマチュア局を運用する場合において、空中線電力は、遭難通信を行う場合を除き、次のどれによらなければならないか。

1．無線局免許申請書に記載したもの
2．通信の相手方となる無線局が要求するもの
3．免許状に記載されたものの範囲内で適当なもの
4．免許状に記載されたものの範囲内で通信を行うため必要最小のもの

**出題頻度：★★★★★★**

〔7－7〕　次の文は、目的外使用の禁止に関する電波法の規定であるが、［　］内に入れるべき字句を下の番号から選べ。

「無線局は、［　］に記載された目的又は通信の相手方若しくは通信事項の範囲を超えて運用してはならない。」

1．免許証
2．無線局事項書

3．免許状
4．無線局免許申請書

**出題頻度：★★★**
〔7－8〕　アマチュア局がその免許状に記載された目的の範囲を超えて運用できるのは、次のどの場合か。
1．非常通信を行うとき。
2．漁業通信を行うとき。
3．携帯移動業務の通信を行うとき。
4．他人から依頼された通信を行うとき。

**出題頻度：★★★★★★**
〔7－9〕　アマチュア局がその免許状に記載された目的の範囲を超えて運用できるのは、次のどの場合か。
1．非常通信を行うとき。
2．道路交通状況に関する通信を行うとき。
3．携帯移動業務の通信を行うとき。
4．他人から依頼された通信を行うとき。

**出題頻度：★★★★★★★★★★★★★★★★★★★★★★★★★**
〔7－10〕　アマチュア局は、非常時等を除き、他人の依頼による通報を送信することができるかどうか、次のうちから選べ。
1．やむを得ないと判断したものはできる。
2．内容が簡単であればできる。
3．できる。
4．できない。

**出題頻度：★★★★★★★★★★★★★★**
共〔7－11〕　アマチュア局の行う通信に使用してはならない用語はどれか、次のうちから選べ。
1．業務用語

2．普通語
3．略語
4．暗語

**出題頻度：★★★**

〔7－12〕　アマチュア局の行う通信における暗語の使用について、電波法に定められているものは、次のどれか。

1．相手局の同意がない限り暗語を使用してはならない。
2．必要に応じ暗語を使用することができる。
3．承認を得た暗語を使用できる。
4．暗語を使用してはならない。

**出題頻度：★★★★★★★**

共〔7－13〕　アマチュア局は、自局の発射する電波がテレビジョン放送又はラジオ放送の受信等に支障を与えるときは、非常の場合の無線通信等を行う場合を除き、どうしなければならないか。次のうちから選べ。

1．注意しながら電波を発射する。
2．速やかに当該周波数による電波の発射を中止する。
3．障害の程度を調査し、その結果によっては電波の発射を中止する。
4．空中線電力を小さくする。

**出題頻度：★★★★★★★★**

〔7－14〕　アマチュア局が無線通信を行うときは、その出所を明らかにするため、何を付さなければならないか、次のうちから選べ。

1．自局の設置場所
2．免許人の氏名
3．自局の呼出符号
4．免許人の住所

**出題頻度：★★★★★**

〔7 − 15〕 無線電話通信において、送信した通報を反復して送信するときは、1字若しくは1語ごとに反復する場合又は略符号を反復する場合を除き、次のどれによらなければならないか。

1. 通報の各通ごとに「反復」2回を前置する。
2. 通報の1連続ごとに「反復」3回を前置する。
3. 通報の最初及び適当な箇所で「反復」を送信する。
4. 通報の各通ごと又は1連続ごとに「反復」を前置する。

**出題頻度：★★★★★★★★★★★★★★★**

〔7 − 16〕 無線電話通信において、通報を確実に受信したときに送信することになっている略語は、次のどれか。

1. 終わり
2. 受信しました
3. 「了解」又は「OK」
4. ありがとう

**出題頻度：★★★★★★★★★★★★★**

〔7 − 17〕 無線局は、無線設備の機器の試験又は調整を行うために運用するときには、なるべく何を使用しなければならないか。次のうちから選べ。

1. 水晶発振回路
2. 高調波除去装置
3. 擬似空中線回路
4. 空中線電力の低下装置

**出題頻度：★★★★★**

〔7 − 18〕 電波法の規定により、無線局がなるべく擬似空中線回路を使用しなければならないのは、次のどの場合か。

1. 他の無線局の通信に妨害を与えるおそれがあるとき。

2．工事設計書に記載した空中線を使用できないとき。
3．無線設備の機器の試験又は調整を行うとき。
4．物件に損傷を与えるおそれがあるとき。

**出題頻度：★★★★**

〔7－19〕　移動するアマチュア局（人工衛星に開設するものを除く。）の免許状は、どこに備え付けておかなければならないか、次のうちから選べ。

1．無線設備の常置場所
2．受信装置のある場所
3．免許人の住所
4．送信空中線の設置場所

**出題頻度：★★★★★★★★★★**

〔7－20〕　無線局の免許がその効力を失ったときは、免許人であった者は、その免許状をどうしなければならないか。次のうちから選べ。

1．1か月以内に返納する。
2．3か月間保管しておく。
3．速やかに廃棄する。
4．6か月以内に返納する。

**出題頻度：★★★★**

〔7－21〕　電波法の規定により、免許状を1か月以内に返納しなければならない場合は、次のどれか。

1．免許がその効力を失ったとき。
2．無線局の運用を休止しようとするとき。
3．免許状を破損し、又は汚したとき。
4．無線局の運用の停止を命じられたとき。

**出題頻度：★★★**

〔7－22〕　免許人は免許状を破損したために免許状の再交付を受けたとき、旧免許状をどのようにしなければならないか。次のうちから選べ。

1．保存しておく。
2．遅滞なく廃棄する。
3．遅滞なく返す。
4．一緒に掲示する。

**出題頻度：★**

〔7－23〕　免許人は免許状を汚したために免許状の再交付を受けたとき、旧免許状をどのようにしなければならないか、正しいものを次のうちから選べ。

1．遅滞なく返す。
2．速やかに廃棄する。
3．1か月以内に返す。
4．保管しておく。

**出題頻度：★★★**

〔7－24〕　免許人が免許状を汚したために免許状の再交付を受けようとするときの手続は、次のどれか。

1．理由を記載した申請書を提出する。
2．無線局再免許申請書を提出する。
3．その旨を届け出る。
4．免許状を返す。

**出題頻度：★★**

〔7－25〕　免許状に記載された事項に変更を生じたとき、免許人がその免許状についてとらなければならない手続は、次のどれか。

1．1か月以内に返す。

2．再免許を申請する。
3．その旨を報告する。
4．訂正を受ける。

**出題頻度：★★**

〔7－26〕 免許人が、1か月以内に免許状を返納しなければならない場合は、次のどれか。

1．無線局の免許を取り消されたとき。
2．無線局の運用の停止を命ぜられたとき。
3．免許人の住所を変更したとき。
4．臨時に電波の発射の停止を命ぜられたとき。

**出題頻度：★★★★**

〔7－27〕 次の文は、無線通信の原則に関する無線局運用規則の規定であるが、［　］内に入れるべき字句を下の番号から選べ。

「無線通信は、［　］に行うものとし、通信上の誤りを知ったときは、直ちに訂正しなければならない。」

1．明りょう　　3．適切
2．迅速　　4．正確

**出題頻度：★★★★★★**

〔7－28〕 次の①から③までの事項は、無線電話により試験電波を発射する場合に送信する事項である。［　］内に入れるべき字句を下の番号から選べ。

| | |
|---|---|
| ① ただいま試験中 | ［　］ |
| ② こちらは | 1回 |
| ③ 自局の呼出符号 | 3回 |

1．3回　　3．10回以下
2．5回　　4．数回

# ナンバー〔8〕の試験問題

★試験問題番号〔8〕のキー・ポイント

　ナンバー〔8〕も、運用のところから出題されます。

①空中線電力は、「免許状に記載の必要最小のもの」で通信。
②何人も「法律に別段の定めがある」場合を除くほか、「特定の相手方」に対して行われる無線通信を「傍受」してその存在若しくは内容を漏らし、又はこれを窃用してはならない。
③混信は、他の無線局の正常業務の運行を「妨害」する電波の発射。
④無線設備の操作をできるのは「免許人」だけ。
⑤非常時等を除き、他人の依頼による通報を送ることはできない。
⑥発射する電波がテレビやラジオの受信に支障を与えたとき、非常通信を行う場合以外は、「速やかに電波をストップ」
⑦無線通信は、「正確」に行うものとする。
⑧一括呼出しは、「各局は3回」
⑨呼出しを受けたが、その相手局の呼出符号がはっきりしないとき、「誰かこちらを呼びましたか」で、すぐに応答。
⑩通報の終わりは、「終わり」を使用。
⑪通信の終了は、「さようなら」を送信。
⑫通報を確実に受信したとき、「了解」又は「OK」を送信。
⑬無線電話の機器の調整中、他の無線局から「停止の要求がないかどうか」を聴守(ワッチ)する。
⑭無線設備の機器の試験又は調整には「擬似空中線回路」を使用。
⑮免許状の範囲を超えて運用できるのは「非常通信」
⑯試験電波は、「本日は晴天なり」を用いる。
⑰免許が失効したら、免許状は「1か月以内に返納」する。

# 第４級・法　規

**出題頻度：★★★★★★★**

共〔8－1〕　アマチュア局を運用する場合において、空中線電力は、遭難通信を行う場合を除き、次のどれによらなければならないか。

1．通信の相手方となる無線局が要求するもの
2．無線局免許申請書に記載したもの
3．免許状に記載されたものの範囲内で適当なもの
4．免許状に記載されたものの範囲内で通信を行うため必要最小のもの

**出題頻度：★**

共〔8－2〕　アマチュア局がその免許状に記載された目的又は通信の相手方若しくは通信事項の範囲を超えて行うことができる通信は、次のどれか。

1．宇宙無線通信
2．国際通信
3．電気通信業務の通信
4．非常通信

**出題頻度：★★★★★★**

〔8－3〕　アマチュア局がその免許状に記載された目的の範囲を超えて運用できるのは、次のどの場合か。

1．非常通信を行うとき。
2．道路交通状況に関する通信を行うとき。
3．携帯移動業務の通信を行うとき。
4．他人から依頼された通信を行うとき。

**出題頻度：★★★★★**

〔8－4〕　次の文は、秘密の保護に関する電波法の規定であるが、［　］内に入れるべき字句を下の番号から選べ。

「何人も［　］場合を除くほか、特定の相手方に対して行わ

れる無線通信を傍受してその存在若しくは内容を漏らし、又はこれを窃用してはならない。」

1．総務大臣が認める
2．自己に利害関係がある
3．法律に別段の定めがある
4．地方公共団体の長の同意を得た

**出題頻度：★**

共〔8－5〕 次の文は、秘密の保護に関する電波法の規定であるが、［ ］内に入れるべき字句を下の番号から選べ。

「何人も法律に別段の定めがある場合を除くほか、［ ］に対して行われる無線通信を傍受してその存在若しくは内容を漏らし、又はこれを窃用してはならない。」

1．通信の相手方
2．特定の相手方
3．すべての相手方
4．第三者

**出題頻度：★★★**

共〔8－6〕 次の文は、秘密の保護に関する電波法の規定であるが、［ ］内に入れるべき字句を下の番号から選べ。

「何人も法律に別段の定めがある場合を除くほか、特定の相手方に対して行われる無線通信を［ ］してその存在若しくは内容を漏らし、又はこれを窃用してはならない。」

1．聴守
2．傍受
3．使用
4．盗聴

**出題頻度：★★★★★★★★★**

〔8－7〕 次の文は、電波法施行規則に規定する「混信」の定義

であるが、［　］内に入れるべき字句を下の番号から選べ。

「他の無線局の正常な業務の運行を［　］する電波の発射、輻《ふく》射又は誘導をいう。」

1．妨害
2．中断
3．停止
4．制限

**出題頻度：★★★★★★★★★★★★★★★★★★★★★★★**

〔8－8〕　アマチュア局は、非常時等を除き、他人の依頼による通報を送信することができるかどうか、次のうちから選べ。

1．やむを得ないと判断したものはできる。
2．内容が簡単であればできる。
3．できる。
4．できない。

**出題頻度：★★★★★★**

〔8－9〕　次の文は、アマチュア局における発射の制限に関する無線局運用規則の規定であるが、［　］内に入れるべき字句を下の番号から選べ。

「アマチュア局においては、その発射の占有する［　］に含まれているいかなるエネルギーの発射も、その局が動作することを許された周波数帯から逸脱してはならない。」

1．周波数
2．特性周波数
3．基準周波数
4．周波数帯幅

**出題頻度：★★★★★★★★★★★★★**

〔8－10〕　アマチュア局は、自局の発射する電波がテレビジョン放送又はラジオ放送の受信等に支障を与えるときは、非常の

場合の無線通信等を行う場合を除き、どのようにしなければならないか、次のうちから選べ。

1．注意しながら電波を発射する。
2．速やかに当該周波数による電波の発射を中止する。
3．障害の状況を把握し、適切な措置をしてから電波を発射する。
4．空中線電力を小さくする。

**出題頻度：★★★★**

〔8－11〕 次の文は、無線通信の原則に関する無線局運用規則の規定であるが、［ ］内に入れるべき字句を下の番号から選べ。

「無線通信は、［ ］に行うものとし、通信上の誤りを知ったときは、直ちに訂正しなければならない。」

1．明りょう
2．迅速
3．適切
4．正確

**出題頻度：★★★★★**

〔8－12〕 次の文は、無線局運用規則の規定であるが、［ ］内に入れるべき字句を下の番号から選べ。

「無線通信は、正確に行うものとし、通信上の誤りを知ったときは、［ ］」

1．初めから更に送信しなければならない。
2．通報の送信が終わった後、訂正箇所を通知しなければならない。
3．直ちに訂正しなければならない。
4．適宜に通報の訂正を行わなければならない。

**出題頻度：★★★★★**

〔8 — 13〕　次の「　」内は、アマチュア局が無線電話により免許状に記載された通信の相手方である無線局を一括して呼び出す場合に順次送信する事項であるが、［　］内に入れるべき字句を下の番号から選べ。

「1　各局　　　　　　［　］
　2　こちらは　　　　1回
　3　自局の呼出符号　3回以下
　4　どうぞ　　　　　1回　」

1．3回
2．5回以下
3．10回以下
4．数回

**出題頻度：★★★★★★★★★★★★★**

〔8 — 14〕　無線電話通信において、自局に対する呼出しを受信した場合に、呼出局の呼出符号が不確実であるときは、応答事項のうち相手局の呼出符号の代わりに、次のどれを使用して直ちに応答しなければならないか。

1．再びこちらを呼んでください。
2．誰かこちらを呼びましたか。
3．貴局名は何ですか。
4．反復願います。

**出題頻度：★★★★★★★**

〔8 — 15〕　無線電話通信において、「終わり」の略語を使用することになっている場合は、次のどれか。

1．閉局しようとするとき。
2．通報の送信を終わるとき。
3．周波数の変更を完了したとき。
4．通報がないことを通知しようとするとき。

1
2
3
4
5
6
7
8
9
10
11
12

**出題頻度：★★★★★★★★★**

〔8 － 16〕　無線電話通信において、「さようなら」を送信することになっている場合は、次のどれか。

1．通信が終了したとき。
2．通報を確実に受信したとき。
3．通報の送信を終了したとき。
4．無線機器の試験又は調整を終わったとき。

**出題頻度：★★★★★★★★★★★★**

〔8 － 17〕　無線電話通信において、通報を確実に受信したときに送信することになっている略語は、次のどれか。

1．終わり
2．受信しました
3．ありがとう
4．「了解」又は「OK」

**出題頻度：★★★★★★★★★**

〔8 － 18〕　無線局は、無線設備の機器の試験又は調整を行うために運用するときには、なるべく何を使用しなければならないか。次のうちから選べ。

1．水晶発振回路
2．高調波除去装置
3．擬似空中線回路
4．空中線電力の低下装置

**出題頻度：★★★★★**

〔8 － 19〕　電波法の規定により、無線局がなるべく擬似空中線回路を使用しなければならないのは、次のどの場合か。

1．他の無線局の通信に妨害を与えるおそれがあるとき。
2．工事設計書に記載した空中線を使用できないとき。
3．無線設備の機器の試験又は調整を行うとき。

4．物件に損傷を与えるおそれがあるとき。

**出題頻度：★★★★★**

共〔8－20〕　試験電波の発射を行う場合に無線局運用規則で使用することとされているものは、次のどれか。

1．明りょう度はいかがですか
2．本日は晴天なり
3．感度はいかがですか
4．お待ちください

**出題頻度：★★★★**

〔8－21〕　電波を発射して行う無線電話の機器の試験中、しばしばその電波の周波数により聴守を行って確かめなければならないのは、次のどれか。

1．他の無線局から停止の要求がないかどうか。
2．周波数の偏差が許容値を超えていないかどうか。
3．受信機が最良の感度に調整されているかどうか。
4．「本日は晴天なり」の連続及び自局の呼出符号の送信が10秒間を超えていないかどうか。

**出題頻度：★★★★**

〔8－22〕　移動するアマチュア局（人工衛星に開設するものを除く。）の免許状は、どこに備え付けておかなければならないか、次のうちから選べ。

1．無線設備の常置場所
2．受信装置のある場所
3．免許人の住所
4．送信空中線の設置場所

**出題頻度：★★★★★★★★★★**

〔8－23〕　無線局の免許がその効力を失ったときは、免許人で

あった者は、その免許状をどうしなければならないか、次のうちから選べ。

1．1か月以内に返納する。
2．3か月間保管しておく。
3．速やかに廃棄する。
4．6か月以内に返納する。

**出題頻度：★★★★**

共〔8－24〕 電波法の規定により、免許状を1か月以内に返納しなければならない場合は、次のどれか。

1．免許がその効力を失ったとき。
2．無線局の運用を休止しようとするとき。
3．免許状を破損し、又は汚したとき。
4．無線局の運用の停止を命じられたとき。

**出題頻度：★★★**

共〔8－25〕 免許人が免許状を破損したために免許状の再交付を受けたとき、旧免許状をどのようにしなければならないか、次のうちから選べ。

1．1か月以内に返す。
2．速やかに廃棄する。
3．遅滞なく返す。
4．保管しておく。

**出題頻度：★★★**

〔8－26〕 免許人が免許状を失ったために免許状の再交付を受けようとするときの手続は、次のどれか。

1．その旨を届ける。
2．無線局再免許申請書を提出する。
3．その旨を付記した運用休止届を提出する。
4．理由を記載した申請書を提出する。

出題頻度：★★★★★★★★★★★

共〔8－27〕　移動するアマチュア局（人工衛星に開設するものを除く。）の免許状は、どこに備え付けておかなければならないか。次のうちから選べ。

1．免許人の住所
2．無線設備の常置場所
3．受信装置のある場所
4．無線局事項書の写しを保管している場所

出題頻度：★★★★★★★★★★★★★★★

〔8－28〕　アマチュア局の行う通信に使用してはならない用語は、次のうちどれか。

1．業務用語
2．普通語
3．暗語
4．略語

出題頻度：★★★★★★★★★★

共〔8－29〕　無線局運用規則において、無線通信の原則として規定されているものは、次のどれか。

1．無線通信は、長時間継続して行ってはならない。
2．無線通信に使用する用語は、できる限り簡潔でなければならない。
3．無線通信は、有線通信を利用することができないときに限り行うものとする。
4．無線通信を行う場合においては、略符号以外の用語を使用してはならない。

出題頻度：★★★★

共〔8－30〕　免許人が１か月以内に免許状を返納しなければならない場合に該当しないのは、次のどれか。

1．無線局を廃止したとき。
2．臨時に電波の発射の停止を命じられたとき。
3．無線局の免許を取り消されたとき。
4．無線局の免許の有効期間が満了したとき。

**出題頻度：★**

共〔8－31〕 次の文は、秘密の保護に関する電波法の規定であるが、［ ］内に入れるべき字句を下の番号から選べ。

「何人も法律に別段の定めがある場合を除くほか、［ ］に対して行われる無線通信を傍受してその存在若しくは内容を漏らし、又はこれを窃用してはならない。」

1．総理大臣が告示する無線局
2．特定の相手方
3．すべての相手方
4．すべての無線局

**出題頻度：★★**

〔8－32〕 無線局の免許がその効力を失ったときは、免許人であった者は、その免許状をどうしなければならないか、次のうちから選べ。

1．直ちに廃棄する。
2．3か月以内に返納する。
3．1か月以内に返納する。
4．2年間保管する。

法規

# 〔9〕《ナンバー》の試験問題

★試験問題番号〔9〕のキー・ポイント

ナンバー〔9〕は、運用の問題と業務書類のところから出題されます。

①非常通信は、他の局に混信や妨害を与える場合でもできる。
②非常時等を除き、他人の依頼による通報を送ることはできない。
③ラジオ障害（BCI）、テレビ障害（TVI）を与える場合、非常通信を除き、「速やかに当該周波数による電波の発射を中止」
④呼出しをしたら、すでに通信している局から「混信を受ける…」という通知を受けたら「直ちに、その呼出しを中止」
⑤通信時、出所を明らかにするため「呼出符号」を付加する。
⑥無線通信の用語は、できるだけ「簡潔」でなければならない。
⑦応答は「相手呼出符号：３回以下、こちらは：１回、自局の呼出符号：１回（３下、１、１）」
⑧長時間送信する場合、10分ごとを標準に「こちらは」と「自局の呼出符号」を送信。
⑨通報の反復を求めるとき、「反復の次に、反復する箇所を示す」
⑩応答に際し、10分以上たたないと応答できないとき、「お待ちください」と「分で表す概略の待つべき時間と理由」を送信。
⑪通報を確実に受信したら、「了解」又は「OK」を送信。
⑫試験電波は「本日は晴天なり」を用い、自局の呼出符号を付ける。試験電波は、連続10秒間を超えてはならない。
⑬試験電波を発射するときは、「他局に混信を与えないこと」

**出題頻度：★★★★**

〔9－1〕　他の無線局等に混信その他の妨害を与える場合であっても、アマチュア局が行うことができる通信は、次のどれか。

1．非常の場合の無線通信の訓練のために行う通信
2．無線機器の調整をするために行う通信
3．現行犯人の逮捕に関する通信
4．非常通信

**出題頻度：★★★★★★★★★★★★★★★★★★★★★★★★**

〔9－2〕　アマチュア局は、非常時等を除き、他人の依頼による通報を送信することができるかどうか、次のうちから選べ。

1．やむを得ないと判断したものはできる。
2．内容が簡単であればできる。
3．できる。
4．できない。

**出題頻度：★★★★★★★★★★★★★**

〔9－3〕　アマチュア局は、自局の発射する電波がテレビジョン放送又はラジオ放送の受信等に支障を与えるときは、非常の場合の無線通信等を行う場合を除き、どのようにしなければならないか、次のうちから選べ。

1．注意しながら電波を発射する。
2．障害の状況を把握し、適切な措置をしてから電波を発射する。
3．空中線電力を小さくする。
4．速やかに当該周波数による電波の発射を中止する。

**出題頻度：★★★★★**

共〔9－4〕　無線局は、自局の呼出しが他の既に行われている通信に混信を与える旨の通知を受けたときは、どのようにしなければならないか、次のうちから選べ。

1．混信の度合いが強いときに限り、直ちにその呼出しを中止する。
2．空中線電力を小さくして、注意しながら呼出しを行う。
3．中止の要求があるまで呼出しを反復する。
4．直ちにその呼出しを中止する。

**出題頻度：★★★★★★★★★★**

〔9－5〕　アマチュア局が無線通信を行うときは、その出所を明らかにするため、何を付さなければならないか、次のうちから選べ。

1．自局の設置場所
2．免許人の氏名
3．自局の呼出符号
4．免許人の住所

**出題頻度：★★★★★★★★★★**

〔9－6〕　無線局運用規則において、無線通信の原則として規定されているものは、次のどれか。

1．無線通信は、長時間継続して行ってはならない。
2．無線通信に使用する用語は、できる限り簡潔でなければならない。
3．無線通信は、有線通信を利用することができないときに限り行うものとする。
4．無線通信を行う場合においては、略符号以外の用語を使用してはならない。

**出題頻度：★★★★★★**

共〔9－7〕　次の文は、無線局運用規則の規定であるが、［　］内に入れるべき字句を下の番号から選べ。

「無線通信は、正確に行うものとし、通信上の誤りを知ったときは、［　］」

1．初めから更に送信しなければならない。
2．通報の送信が終わった後、訂正箇所を通知しなければならない。
3．直ちに訂正しなければならない。
4．適宜に通報の訂正を行わなければならない。

出題頻度：★★★★★★★★★★★

〔9－8〕　無線電話通信において、自局に対する呼出しを受信した場合に、呼出局の呼出符号が不確実であるときは、応答事項のうち相手局の呼出符号の代わりに、次のどれを使用して直ちに応答しなければならないか。

1．誰かこちらを呼びましたか。
2．再びこちらを呼んでください。
3．貴局名は何ですか。
4．反復願います。

出題頻度：★★★★★

〔9－9〕　無線電話による自局に対する呼出しを受信した場合において、呼出局の呼出符号が不確実であるときは、次のどれによらなければならないか。

1．応答事項のうち相手局の呼出符号の代わりに「誰かこちらを呼びましたか」の略語を使用して、直ちに応答する。
2．応答事項のうち相手局の呼出符号の代わりに「貴局名は何ですか」の略語を使用して、直ちに応答する。
3．応答事項のうち相手局の呼出符号を省略して、直ちに応答する。
4．呼出局の呼出符号が確実に判明するまで応答しない。

出題頻度：★★★★★★

〔9－10〕　無線局が自局に対する呼出しであることが確実でな

い呼出しを受信したときは、次のどれによらなければならないか。

1．その呼出しが数回反復されるまで応答しない。
2．直ちに応答し、自局に対する呼出しであることを確かめる。
3．その呼出しが反復され、他のいずれの無線局も応答しないときは、直ちに応答する。
4．その呼出しが反復され、かつ、自局に対する呼出しであることが確実に判明するまで応答しない。

**出題頻度：★★★★★**

〔9－11〕　次の「　」内は、アマチュア局が無線電話により応答する場合に順次送信する事項であるが、［　］内に入れるべき字句を下の番号から選べ。

「1　相手局の呼出符号　　［　］
　2　こちらは　　　　　　1回
　3　自局の呼出符号　　　1回」

1．3回以下
2．5回
3．10回以下
4．数回

**出題頻度：★★**

〔9－12〕　非常の場合の無線通信において、無線電話により連絡を設定するための応答は、次のどれによって行うことになっているか。

1．応答事項の次に「非常」3回を送信する。
2．応答事項の次に「非常」1回を送信する。
3．応答事項に「非常」3回を前置する。
4．応答事項に「非常」1回を前置する。

**出題頻度：★★**

〔9 − 13〕　アマチュア局が長時間継続して通報を送信する場合、「こちらは」及び自局の呼出符号を何分ごとを標準として適当に送信しなければならないか、次のうちから選べ。

1．10 分
2．20 分
3．25 分
4．30 分

**出題頻度：★★★★★★★**

〔9 − 14〕　無線電話通信において、相手局に対し通報の反復を求めようとするときは、どのようにすることになっているか、次のうちから選べ。

1．「反復してください。」と送信する。
2．反復する箇所を２回繰り返し送信する。
3．反復する箇所の次に「反復」を送信する。
4．「反復」の次に反復する箇所を示す。

**出題頻度：★★★★**

〔9 − 15〕　アマチュア局の無線電話通信において、応答に際し10 分以上たたなければ通報を受信することができない事由があるとき、応答事項の次に送信するのは、次のどれか。

1．「どうぞ」及び分で表す概略の待つべき時間
2．「お待ちください」及び呼出しを再開すべき時刻
3．「どうぞ」及び通報を受信することができない事由
4．「お待ちください」、分で表す概略の待つべき時間及びその理由

**出題頻度：★★★★★★★★★★★★★**

〔9 − 16〕　無線電話通信において、通報を確実に受信したときに送信することになっている略語は、次のどれか。

1．終わり
2．受信しました
3．「了解」又は「OK」
4．ありがとう

**出題頻度：★★★★**
〔9－17〕　試験電波の発射を行う場合に無線局運用規則で使用することとされているものは、次のどれか。
1．明りょう度はいかがですか
2．感度はいかがですか
3．お待ちください
4．本日は晴天なり

**出題頻度：★★★★★★**
〔9－18〕　アマチュア局が無線機器の試験又は調整のため電波を発射する場合において、「本日は晴天なり」の連続及び自局の呼出符号の送信は、必要があるときを除き、何秒間を超えてはならないか。次のうちから選べ。
1．　5秒間
2．10秒間
3．20秒間
4．30秒間

**出題頻度：★★★★**
〔9－19〕　電波を発射して行う無線電話の機器の試験中、しばしばその電波の周波数により聴守を行って確かめなければならないのは、次のどれか。
1．「本日は晴天なり」の連続及び自局の呼出符号の送信が10秒間を超えていないかどうか。
2．受信機が最良の感度に調整されているかどうか。
3．周波数の偏差が許容値を超えていないかどうか。

4．他の無線局から停止の要求がないかどうか。

**出題頻度：★★★★★★★★**

〔9 − 20〕　無線局が無線機器の試験又は調整のため電波の発射を必要とするとき、発射する前に自局の発射しようとする電波の周波数及びその他必要と認める周波数によって聴守して確かめなければならないのは、次のどれか。

1．他の無線局が通信を行っていないこと。
2．他の無線局の通信に混信を与えないこと。
3．非常の場合の無線通信が行われていないこと。
4．受信機が最良の状態にあること。

**出題頻度：★★**

〔9 − 21〕　非常通信の取扱いを開始した後、有線通信の状態が復旧した場合、次のどれによらなければならないか。

1．なるべくその取扱いを停止する。
2．速やかにその取扱いを停止する。
3．非常の事態に応じて適当な措置をとる。
4．現に有する通報を送信した後、その取扱いを停止する。

**出題頻度：★★★★★★★★★★**

〔9 − 22〕　無線局の免許がその効力を失ったときは、免許人であった者は、その免許状をどのようにしなければならないか。次のうちから選べ。

1．１か月以内に返納する。
2．３か月間保管しておく。
3．速やかに廃棄する。
4．６か月以内に返納する。

**出題頻度：★★★★**

共〔9 − 23〕　電波法の規定により、免許状を１か月以内に返納しなければならない場合は、次のどれか。

1．免許がその効力を失ったとき。
2．無線局の運用を休止しようとするとき。
3．免許状を破損し、又は汚したとき。
4．無線局の運用の停止を命じられたとき。

**出題頻度：★★**

〔9－24〕　免許人は、免許状に記載された事項に変更を生じたとき、とらなければならない措置は、次のどれか。

1．免許状の変更内容を連絡して再交付を受ける。
2．自ら免許状を訂正し承認を受ける。
3．再免許を申請する。
4．免許状の訂正を受ける。

**出題頻度：★★★★**

〔9－25〕　空中線電力10ワットの無線電話を使用して呼出しを行う場合において、確実に連絡の設定ができると認められるとき、呼出しは、次のどれによることができるか。

| | | |
|---|---|---|
| 1． | 相手局の呼出符号 | 3回以下 |
| 2． | (1) こちらは | 1回 |
| | (2) 自局の呼出符号 | 3回以下 |
| 3． | 自局の呼出符号 | 3回以下 |
| 4． | (1) 相手局の呼出符号 | 1回 |
| | (2) 自局の呼出符号 | 1回 |

**出題頻度：★★★★★★★★★★★**

〔9－26〕　移動するアマチュア局（人工衛星に開設するものを除く。）の免許状は、どこに備え付けておかなければならないか。次のうちから選べ。

1．免許人の住所
2．無線設備の常置場所

3．受信装置のある場所
4．無線局事項書の写しを保管している場所

**出題頻度：★★**

〔9－27〕　無線局の免許がその効力を失ったときは、免許人であった者は、その免許状をどうしなければならないか、次のうちから選べ。

1．直ちに廃棄する。
2．3か月以内に返納する。
3．1か月以内に返納する。
4．2年間保管する。

**出題頻度：★★**

〔9－28〕　免許人は、住所を変更したときは、どうしなければならないか。次のうちから選べ。

1．無線設備の設置場所の変更を申請する。
2．免許状を総務大臣に提出し、訂正を受ける。
3．遅滞なく、その旨を総務大臣に届け出る。
4．免許状を訂正し、その旨を総務大臣に報告する。

# 〔10〕《ナンバー》の試験問題

★試験問題番号〔10〕のキーポイント

ナンバー〔10〕、ここもアマチュア局の運用問題です。いかに、運用のところからの出題が多いかわかります。

①電波型式は、免許状に記載したところにより運用。
②混信は、「他の無線局の正常な業務の運行を妨害する電波」
③非常時等を除き、他人依頼の通報を送信することはできない。
④アマチュア局は、「暗語」を使用してはならない。
⑤電波の出所を明らかにするため、自局の呼出符号を付ける。
⑥無線通信は正確に行うものとし、誤りは直ちに訂正する。
⑦無線局の一括呼出し（CQ 呼出し）、「各局は３回」
⑧特定局の呼出しは、相手呼出符号（コールサイン）３回以下、こちら１回、自局コール３回以下（３下、１、３下）
⑨相手呼出符号が不明のとき、「誰かこちらを呼びましたか」を用い、直ちに応答。
⑩応答するとき、「相手の呼出符号は３回以下」
⑪長時間継続して通報を送信するとき、10 分ごとを標準として、「(1) こちらは、(2) 自局の呼出符号」を送信。
⑫通報の反復を求めるとき、「反復の次に反復する箇所を示す」
⑬反復送信するとき、各通又は１連続ごとに「反復を前置」する。
⑭直ちに受信したい場合、応答事項の次に「どうぞ」を送信。
⑮呼出しを反復しても応答がない場合、少なくとも呼出しを「３分間」あける。

**出題頻度：★★★**

〔10－1〕　無線局を運用する場合において、電波の型式は、遭難通信を行う場合を除き、次のどれに記載されたところによらなければならないか。

1．無線局免許申請書
2．無線局事項書
3．免許証
4．免許状

**出題頻度：★★★★★★★★**

〔10－2〕　次の文は、電波法施行規則に規定する「混信」の定義であるが、［　］内に入れるべき字句を下の番号から選べ。

「他の無線局の正常な業務の運行を［　］する電波の発射、輻《ふく》射又は誘導をいう。」

1．妨害
2．中断
3．停止
4．制限

**出題頻度：★★★★★★★★★★★★★★★★★★★★★★★★**

〔10－3〕　アマチュア局は、非常時等を除き、他人の依頼による通報を送信することができるかどうか、次のうちから選べ。

1．できる。
2．できない。
3．内容が簡単であればできる。
4．やむを得ないと判断したものはできる。

**出題頻度：★★★★★★★★★★★★**

〔10－4〕　アマチュア局の行う通信に使用してはならない用語は、次のうちどれか。

1．略語

２．暗語
３．業務用語
４．普通語

**出題頻度：★★★★★★★★★★**

〔10－5〕　アマチュア局が無線通信を行うときは、その出所を明らかにするため、何を付さなければならないか、次のうちから選べ。

１．自局の設置場所
２．免許人の氏名
３．自局の呼出符号
４．免許人の住所

**出題頻度：★★★★**

〔10－6〕　次の文は、無線通信の原則に関する無線局運用規則の規定であるが、［　］内に入れるべき字句を下の番号から選べ。

「無線通信は、［　］に行うものとし、通信上の誤りを知ったときは、直ちに訂正しなければならない。」

１．明りょう
２．迅速
３．適切
４．正確

**出題頻度：★★★★★★★**

〔10－7〕　次の文は、無線局運用規則の規定であるが、［　］内に入れるべき字句を下の番号から選べ。

「無線局は、相手局を呼び出そうとするときは、電波を発射する前に、［　］を最良の感度に調整し、自局の発射しようとする電波の周波数その他必要と認める周波数によって聴守し、他の通信に混信を与えないことを確かめなければならない。」

1．送信装置
2．整合回路
3．受信機
4．空中線

**出題頻度：★★★★★**

〔10－8〕　次の「　」内は、アマチュア局が無線電話により免許状に記載された通信の相手方である無線局を一括して呼び出す場合に順次送信する事項であるが、［　］内に入れるべき字句を下の番号から選べ。

| | | |
|---|---|---|
| 「1 | 各局 | ［　］ |
| 2 | こちらは | 1回 |
| 3 | 自局の呼出符号 | 3回以下 |
| 4 | どうぞ | 1回」 |

1．3回
2．5回以下
3．10回以下
4．数回

**出題頻度：★★★**

〔10－9〕　アマチュア局の無線電話通信における呼出しは、次のどれによって行わなければならないか。

| | | | |
|---|---|---|---|
| 1． | (1) | 相手局の呼出符号 | 3回以下 |
| | (2) | こちらは | 1回 |
| | (3) | 自局の呼出符号 | 3回以下 |
| 2． | (1) | 相手局の呼出符号 | 3回以下 |
| | (2) | こちらは | 2回 |
| | (3) | 自局の呼出符号 | 3回以下 |
| 3． | (1) | 相手局の呼出符号 | 3回 |
| | (2) | こちらは | 3回 |
| | (3) | 自局の呼出符号 | 3回 |

4．⑴　相手局の呼出符号　　　　　５回
　　⑵　こちらは　　　　　　　　　１回
　　⑶　自局の呼出符号　　　　　　５回

**出題頻度：★★★★★★★★★★★★**

〔10 － 10〕　無線電話通信において、自局に対する呼出しを受信した場合に、呼出局の呼出符号が不確実であるときは、応答事項のうち相手局の呼出符号の代わりに、次のどの語を使用して直ちに応答しなければならないか。

1．反復願います。
2．貴局名は何ですか。
3．誰かこちらを呼びましたか。
4．再びこちらを呼んでください。

**出題頻度：★★★★★**

〔10 － 11〕　無線電話による自局に対する呼出しを受信した場合において、呼出局の呼出符号が不確実であるときは、次のどれによらなければならないか。

1．応答事項のうち相手局の呼出符号の代わりに「誰かこちらを呼びましたか」を使用して、直ちに応答する。
2．応答事項のうち相手局の呼出符号の代わりに「貴局名は何ですか」を使用して、直ちに応答する。
3．応答事項のうち相手局の呼出符号を省略して、直ちに応答する。
4．呼出局の呼出符号が確実に判明するまで応答しない。

**出題頻度：★★★★★★**

〔10 － 12〕　無線局が自局に対する呼出しであることが確実でない呼出しを受信したときは、次のどれによらなければならないか。

1．その呼出しが数回反復されるまで応答しない。

2．直ちに応答し、自局に対する呼出しであることを確かめる。
3．その呼出しが反復され、他のいずれの無線局も応答しないときは、直ちに応答する。
4．その呼出しが反復され、かつ、自局に対する呼出しであることが確実に判明するまで応答しない。

**出題頻度：★★★★★**

〔10－13〕　次の「　」内は、アマチュア局が無線電話により応答する場合に順次送信する事項であるが、［　］内に入れるべき字句を下の番号から選べ。

「1　相手局の呼出符号　　［　］
　2　こちらは　　　　　　1回
　3　自局の呼出符号　　　1回」

1．3回以下
2．5回
3．10回以下
4．数回

**出題頻度：★★★**

〔10－14〕　次の①から③までの事項は、アマチュア局が無線電話により応答する場合に順次送信する事項である。［　］内に入れるべき字句を下の番号から選べ。

①　相手局の呼出符号　　3回以下
②　こちらは　　　　　　1回
③　自局の呼出符号　　　［　］

1．3回以下
2．3回
3．2回
4．1回

出題頻度：★

〔10 − 15〕　アマチュア局が、無線電話により応答する場合、相手局の呼出符号をどれだけ送信することができるか、正しいものを次のうちから選べ。

1．　4回
2．　3回以下
3．　5回
4．10回以下

出題頻度：★★★★★★★

〔10 − 16〕　無線電話通信において、「終わり」の略語を使用することになっている場合は、次のどれか。

1．閉局しようとするとき。
2．通報の送信を終わるとき。
3．周波数の変更を完了したとき。
4．通報がないことを通知しようとするとき。

出題頻度：★★★★★★★

〔10 − 17〕　アマチュア局の無線電話通信において長時間継続して通報を送信するとき、10分ごとを標準として適当に送信しなければならない事項は、次のどれか。

1．自局の呼出符号
2．相手局の呼出符号
3．⑴　こちらは
　　⑵　自局の呼出符号
4．⑴　相手局の呼出符号
　　⑵　こちらは
　　⑶　自局の呼出符号

出題頻度：★★

〔10 − 18〕　アマチュア局が長時間継続して通報を送信する場

合、「こちらは」及び自局の呼出符号を何分ごとを標準として適当に送信しなければならないか、次のうちから選べ。

1．5 分
2．10 分
3．15 分
4．20 分

出題頻度：★★★★★★

〔10 − 19〕 無線電話通信において、相手局に対し通報の反復を求めようとするときは、どのようにすることになっているか、次のうちから選べ。

1．「反復してください」と送信する。
2．反復する箇所を２回繰り返し送信する。
3．反復する箇所の次に「反復」を送信する。
4．「反復」の次に反復する箇所を示す。

出題頻度：★★★★★

〔10 − 20〕 無線電話通信において、送信した通報を反復して送信するときは、１字若しくは１語ごとに反復する場合又は略符号を反復する場合を除き、次のどれによらなければならないか。

1．通報の各通ごとに「反復」２回を前置する。
2．通報の１連続ごとに「反復」３回を前置する。
3．通報の各通ごと又は１連続ごとに「反復」を前置する。
4．通報の最初及び適当な箇所で「反復」を送信する。

出題頻度：★★★★

〔10 − 21〕 無線電話通信において、応答に際して直ちに通報を受信しようとするとき、応答事項の次に送信する略語は、次のどれか。

1．送信してください

2．どうぞ
3．OK
4．了解

**出題頻度：★★★★★★★★★★★★★★**

〔10 ─ 22〕　無線電話通信において、通報を確実に受信したときに送信することになっている略語は、次のどれか。

1．終わり
2．受信しました
3．ありがとう
4．「了解」又は「OK」

**出題頻度：★★★★★**

〔10 ─ 23〕　アマチュア局が呼出しを反復しても応答がないときは、できる限り、少なくとも何分間の間隔をおかなければ呼出しを再開してはならないか、次のうちから選べ。

1．3分間
2．5分間
3．10分間
4．15分間

**出題頻度：★★★★★★**

〔10 ─ 24〕　アマチュア局が無線機器の試験又は調整のため電波を発射する場合において、「本日は晴天なり」の連続及び自局の呼出符号の送信は、必要があるときを除き、何秒間を超えてはならないか。次のうちから選べ。

1．5秒間
2．10秒間
3．20秒間
4．30秒間

**出題頻度：★★★★**

〔10－25〕　非常の場合の無線通信において、無線電話により連絡を設定するための呼出しは、呼出事項に「非常」の略語を何回前置して行うことになっているか。次のうちから選べ。

1．1回
2．2回
3．3回
4．4回

**出題頻度：★★★**

〔10－26〕　免許人が免許状に記載された事項に変更を生じたときにとらなければならない措置は、次のどれか。

1．免許状の発給者に電話でその内容を連絡する。
2．自ら免許状を訂正し、承認を受ける。
3．再免許を申請する。
4．免許状の訂正を受ける。

**出題頻度：★★★★★**

〔10－27〕　空中線電力10ワットの無線電話を使用して応答を行う場合において、確実に連絡の設定ができると認められるとき、応答は、次のどれによることができるか。

1．どうぞ　1回
2．(1) こちらは　1回
　　(2) 自局の呼出符号　1回
3．相手局の呼出符号　3回以下
4．(1) 相手局の呼出符号　1回
　　(2) 自局の呼出符号　1回

**出題頻度：★★★★★★★★★★★★**

〔10－28〕　移動するアマチュア局（人工衛星に開設するものを除く。）の免許状は、どこに備え付けておかなければならないか。

次のうちから選べ。

１．免許人の住所

２．無線設備の常置場所

３．受信装置のある場所

４．無線局事項書の写しを保管している場所

# ナンバー〔11〕の試験問題

★試験問題番号〔11〕のキー・ポイント

ナンバー〔11〕は、おもに運用とラジオ、テレビへの障害、定義など、かなり広い範囲にわたって出題されます。

①免許状の目的範囲を超えて運用できるのは「非常通信」
②秘密の保護の規定、特定相手に行われる通信を傍受して「その存在若しくは内容」を漏らし、又は窃用してはならない。
③混信は、他の無線局の正常業務の運行を「妨害」する電波。
④非常時等を除き、他人の依頼による通報を送信することはできない。
⑤ TVI、BCI が発生したら、「速やかに当該周波数による電波発射をストップ」
⑥通報の送信を終わるとき、「終わり」
⑦通信が終了したとき、「さようなら」
⑧通報の反復を求めるとき、「反復」の次に反復する箇所を示す。
⑨直ちに通報を受信するとき、応答事項の次に「どうぞ」を送信。
⑩通報を確実に受信したとき、「了解」又は「OK」を送信。
⑪無線機器の試験又は調整には、「擬似空中線回路」を使用。
⑫試験電波を発射するときは「本日は晴天なり」と「自局の呼出符号」。試験電波は、連続 10 秒以内。
⑬機器の調整中、「他の無線局から停止の要求がないかどうか」その周波数でしばしば聴守する。
⑭非常の場合、呼出し又は応答に「非常」3回を前置。
⑮免許状、再交付を受けたら、旧免許状は「遅滞なく返す」

**出題頻度：★★★**

〔11－1〕　アマチュア局がその免許状に記載された目的の範囲を超えて運用できるのは、次のどの場合か。

1．道路交通状況に関する通信を行うとき。
2．非常通信を行うとき。
3．携帯移動業務の通信を行うとき。
4．他人から依頼された通信を行うとき。

**出題頻度：★★★**

共〔11－2〕　次の文は、秘密の保護に関する電波法の規定であるが、［　］内に入れるべき字句を下の番号から選べ。

「何人も法律に別段の定めがある場合を除くほか、特定の相手方に対して行われる無線通信を傍受してその［　］を漏らし、又はこれを窃用してはならない。」

1．相手方及び記録　　3．通信事項
2．存在若しくは内容　4．情報

**出題頻度：★★★★★★★**

〔11－3〕　次の文は、電波法施行規則に規定する「混信」の定義であるが、［　］内に入れるべき字句を下の番号から選べ。

「他の無線局の正常な業務の運行を［　］する電波の発射、輻《ふく》射又は誘導をいう。」

1．中断　3．制限
2．停止　4．妨害

**出題頻度：★★★★★★★★★★★★★★★★★★★★★★★★**

共〔11－4〕　アマチュア局は、非常時等を除き、他人の依頼による通報を送信することができるかどうか、次のうちから選べ。

1．やむを得ないと判断したものはできる。
2．内容が簡単であればできる。
3．できる。

4．できない。

出題頻度：★★★★★★★

〔11－5〕 次の文は、アマチュア局における発射の制限に関する無線局運用規則の規定であるが、［　］内に入れるべき字句を下の番号から選べ。

「アマチュア局においては、その発射の占有する［　］に含まれているいかなるエネルギーの発射も、その局が動作することを許された周波数帯から逸脱してはならない。」

1．周波数　　　3．基準周波数
2．特性周波数　4．周波数帯幅

出題頻度：★★★★★★★

〔11－6〕 アマチュア局は、自局の発射する電波がテレビジョン放送又はラジオ放送の受信等に支障を与えるときは、非常の場合の無線通信等を行う場合を除き、どうしなければならないか。次のうちから選べ。

1．注意しながら電波を発射する。
2．速やかに当該周波数による電波の発射を中止する。
3．障害の程度を調査し、その結果によっては電波の発射を中止する。
4．空中線電力を小さくする。

出題頻度：★★★★★★★★★★★★★★

〔11－7〕 アマチュア局は、自局の発射する電波がテレビジョン放送又はラジオ放送の受信等に支障を与えるときは、非常の場合の無線通信等を行う場合を除き、どのようにしなければならないか。次のうちから選べ。

1．注意しながら電波を発射する。
2．障害の状況を把握し、適切な措置をしてから電波を発射する。

3．空中線電力を小さくする。
4．速やかに当該周波数による電波の発射を中止する。

出題頻度：★★★★★★★★★★

〔11－8〕　アマチュア局が無線通信を行うときは、その出所を明らかにするため、何を付さなければならないか、次のうちから選べ。

1．自局の設置場所　　3．自局の呼出符号
2．免許人の氏名　　4．免許人の住所

出題頻度：★★★★★★★★★★★

共〔11－9〕　無線局運用規則において、無線通信の原則として規定されているものは、次のどれか。

1．無線通信は、長時間継続して行ってはならない。
2．無線通信に使用する用語は、できる限り簡潔でなければならない。
3．無線通信は、有線通信を利用することができないときに限り行うものとする。
4．無線通信を行う場合においては、略符号以外の用語を使用してはならない。

出題頻度：★★★★★★★

〔11－10〕　無線局が無線機器の試験又は調整のため電波の発射を必要とするとき、発射する前に自局の発射しようとする電波の周波数及びその他必要と認める周波数によって聴守して確かめなければならないのは、次のどれか。

1．受信機が最良の状態にあること。
2．他の無線局が通信を行っていないこと。
3．他の無線局の通信に混信を与えないこと。
4．非常の場合の無線通信が行われていないこと。

出題頻度：★★★★★★★

〔11 － 11〕　無線電話通信において、「終わり」の略語を使用することになっている場合は、次のどれか。

1．閉局しようとするとき。
2．通報の送信を終わるとき。
3．周波数の変更を完了したとき。
4．通報がないことを通知しようとするとき。

出題頻度：★★★★★★★★★★

〔11 － 12〕　無線電話通信において、「さようなら」を送信することになっているのは、次のどの場合か。

1．無線機器の試験又は調整を終わったとき。
2．通報を確実に受信したとき。
3．通報の送信を終了したとき。
4．通信が終了したとき。

出題頻度：★★

〔11 － 13〕　無線電話通信において、送信中に誤った送信を行ったことを知ったときは、次のどれによらなければならないか。

1．そのまま送信を継続し、送信終了後「訂正」の略語を前置して、訂正箇所を示して正しい語字を送信する。
2．「訂正」の略語を前置して、正しく送信した適当の語字から更に送信する。
3．「訂正」の略語を前置して、初めから更に送信する。
4．「訂正」の略語を前置して、誤った語字から更に送信する。

出題頻度：★★

〔11 － 14〕　無線電話通信において、送信中に誤った送信をしたことを知ったときは、次のどれによらなければならないか。

1．「訂正」の略語を前置して、初めから送信する。
2．「訂正」の略語を前置して、誤った語字から更に送信する。
3．「訂正」の略語を前置して、正しく送信した適当の語字から更に送信する。
4．「訂正」の略語を前置して、訂正箇所を示してそのまま送信を継続し、送信終了後正しい語字を送信する。

**出題頻度：★★★★★★**

〔11 － 15〕　無線電話通信において、相手局に対し通報の反復を求めようとするときは、どのようにすることになっているか、次のうちから選べ。

1．反復する箇所を２回繰り返し送信する。
2．「反復してください」と送信する。
3．反復する箇所の次に「反復」を送信する。
4．「反復」の次に反復する箇所を示す。

**出題頻度：★★★★**

〔11 － 16〕　無線電話通信において、応答に際して直ちに通報を受信しようとするとき、応答事項の次に送信する略語は、次のどれか。

1．どうぞ　　　　3．了解
2．OK　　　　　4．送信してください

**出題頻度：★★★★★★★★★★★★★**

〔11 － 17〕　無線電話通信において、通報を確実に受信したときに使用する略語は、次のどれか。

1．終わり
2．受信しました
3．ありがとう
4．「了解」又は「OK」

出題頻度：★★★★★★★★★★★

〔11 ― 18〕　無線局は、無線設備の機器の試験又は調整を行うために運用するときには、なるべく何を使用しなければならないか。次のうちから選べ。

1．水晶発振回路
2．擬似空中線回路
3．高調波除去装置
4．空中線電力の低下装置

出題頻度：★★★★★★

〔11 ― 19〕　試験電波の発射を行う場合に無線局運用規則で使用することとされているものは、次のどれか。

1．明りょう度はいかがですか
2．本日は晴天なり
3．感度はいかがですか
4．お待ちください

出題頻度：★★★★★

〔11 ― 20〕　アマチュア局が無線機器の試験又は調整のため電波を発射する場合において、「本日は晴天なり」の連続及び自局の呼出符号の送信は、必要があるときを除き、何秒間を超えてはならないか。次のうちから選べ。

1．5 秒間　　3．20 秒間
2．10 秒間　　4．30 秒間

出題頻度：★★★

〔11 ― 21〕　無線電話の機器の調整中、しばしばその電波の周波数により聴守を行って確かめなければならないことになっているのは、次のどれか。

1．他に当該周波数による電波の発射がないかどうか。
2．周波数の偏差が許容値を超えていないかどうか。

3．受信機が最良の感度に調整されているかどうか。
4．他の無線局から停止の要求がないかどうか。

**出題頻度：★★**

〔11 − 22〕　非常の場合の無線通信において、無線電話により連絡を設定するための呼出し又は応答は、次のどれによって行うことになっているか。

1．呼出事項又は応答事項の次に「非常」１回を送信する。
2．呼出事項又は応答事項の次に「非常」３回を送信する。
3．呼出事項又は応答事項に「非常」１回を前置する。
4．呼出事項又は応答事項に「非常」３回を前置する。

**出題頻度：★★**

〔11 − 23〕　非常の場合の無線通信において、無線電話により連絡を設定するための呼出しは、次のどれによって行うことになっているか。

1．呼出事項に「非常」１回を前置する。
2．呼出事項に「非常」３回を前置する。
3．呼出事項の次に「非常」１回を送信する。
4．呼出事項の次に「非常」３回を送信する。

**出題頻度：★★**

〔11 − 24〕　アマチュア局の無線電話通信における応答事項は、次のどれか。

1．（1）相手局の呼出符号　３回以下
（2）こちらは　１回
（3）自局の呼出符号　３回
2．（1）相手局の呼出符号　３回
（2）こちらは　１回
（3）自局の呼出符号　３回
3．（1）相手局の呼出符号　２回

　　(2) こちらは　　　　　1回
　　(3) 自局の呼出符号　　　2回
4. (1) 相手局の呼出符号　　3回以下
　　(2) こちらは　　　　　1回
　　(3) 自局の呼出符号　　　1回

**出題頻度：★★★**

〔11－25〕　免許人が免許状を破損したために免許状の再交付を受けたとき、旧免許状をどのようにしなければならないか、次のうちから選べ。

1. 1か月以内に返す。
2. 速やかに廃棄する。
3. 遅滞なく返す。
4. 保管しておく。

**出題頻度：★★★★**

〔11－26〕　免許人が1か月以内に免許状を返納しなければならない場合に該当しないのは、次のどれか。

1. 無線局を廃止したとき。
2. 無線局の免許を取り消されたとき。
3. 臨時に電波の発射の停止を命じられたとき。
4. 無線局の免許の有効期間が満了したとき。

# ナンバー〔12〕の試験問題

★試験問題番号〔12〕のキー・ポイント

ナンバー〔12〕は、広範囲にわたって出題されます。

①非常通信は、他の無線局などに混信、妨害を与えてもできる。

②「特定の相手方」に対して行われる無線通信を傍受しその存在若しくは内容を漏らし、又はこれを窃用してはならない。

③非常時等を除き、他人の依頼による通報は送信することはできない。

④発射の占有するエネルギーの発射も、「許された周波数帯から逸脱してはならない」

⑤テレビ、ラジオの受信に支障を与えたら、「速やかに当該周波数による電波の発射をストップ」

⑥自局の呼出しが、他のすでに行われている通信に混信を与える旨の通知を受けたら、「直ちにその呼出しを中止」

⑦無線通信の用語は、「できるだけ簡潔」でなければならない。

⑧通信上の誤りを知ったら、「直ちに訂正」

⑨直ちに通報を受信したいとき、応答事項の次に「どうぞ」を送信。

⑩ 10分以上たたないと通報が受信できないとき、「お待ちください」、「分で表す概略の時間と理由」を送信。

⑪呼出しを繰り返しても応答がないときは、「３分間」待つ。

⑫非常の場合、呼出し、応答に「非常」３回を前置。

⑬移動するアマチュア局の免許状は、無線設備の常置場所に備える。

⑭汚した場合の免許状再交付は、「理由を記載した申請書を提出」

出題頻度：★★★★

〔12－1〕　他の無線局等に混信その他の妨害を与える場合であっても、アマチュア局が行うことができるものは、次のどれか。

1．非常の場合の無線通信の訓練のために行う通信
2．無線機器の調整をするために行う通信
3．現行犯人の逮捕に関する通信
4．非常通信

出題頻度：★★★

共〔12－2〕　次の文は、秘密の保護に関する電波法の規定であるが、［　］内に入れるべき字句を下の番号から選べ。

「何人も法律に別段の定めがある場合を除くほか、［　］に対して行われる無線通信を傍受してその存在若しくは内容を漏らし、又はこれを窃用してはならない。」

1．自己に利害関係のない通信の相手方
2．自己に利害関係のある無線局
3．遠方にある無線局
4．特定の相手方

出題頻度：★★★★★★★★★★★★★★★★★★★★★★★★

〔12－3〕　アマチュア局は、非常時等を除き、他人の依頼による通報を送信することができるかどうか、次のうちから選べ。

1．やむを得ないと判断したものはできる。
2．内容が簡単であればできる。
3．できる。
4．できない。

出題頻度：★★★

〔12－4〕　次の文は、アマチュア局における発射の制限に関する無線局運用規則の規定であるが、［　］内に入れるべき字句を

下の番号から選べ。

「アマチュア局においては、その発射の占有する周波数帯幅に含まれているいかなるエネルギーの発射も、その局が動作することを許された［　］から逸脱してはならない。」

1．周波数
2．周波数帯
3．周波数の許容偏差
4．スプリアス発射の強度の許容値

**出題頻度：★★★★★★★★★★★★★★★**

〔12－5〕　アマチュア局は、自局の発射する電波がテレビジョン放送又はラジオ放送の受信等に支障を与えるときは、非常の場合の無線通信等を行う場合を除き、どのようにしなければならないか、次のうちから選べ。

1．注意しながら電波を発射する。
2．速やかに当該周波数による電波の発射を中止する。
3．障害の状況を把握し、適切な措置をしてから電波を発射する。
4．空中線電力を小さくする。

**出題頻度：★★★★★★**

共〔12－6〕　アマチュア局は、自局の発射する電波がテレビジョン放送又はラジオ放送の受信等に支障を与えるときは、非常の場合の無線通信等を行う場合を除き、どのようにしなければならないか、次のうちから選べ。

1．注意しながら電波を発射する。
2．障害の程度を調査し、その結果によっては電波の発射を中止する。
3．速やかに当該周波数による電波の発射を中止する。
4．空中線電力を小さくする。

出題頻度：★★★★★

共〔12－7〕 無線局は、自局の呼出しが他の既に行われている通信に混信を与える旨の通知を受けたときは、どうしなければならないか。次のうちから選べ。

1．混信の度合いが強いときに限り、直ちにその呼出しを中止する。
2．空中線電力を小さくして、注意しながら呼出しを行う。
3．中止の要求があるまで呼出しを反復する。
4．直ちにその呼出しを中止する。

出題頻度：★★★★★★★★★★

共〔12－8〕 無線局運用規則において、無線通信の原則として規定されているものは、次のどれか。

1．無線通信は、長時間継続して行ってはならない。
2．無線通信に使用する用語は、できる限り簡潔でなければならない。
3．無線通信は、有線通信を利用することができないときに限り行うものとする。
4．無線通信を行う場合においては、略符号以外の用語を使用してはならない。

出題頻度：★★★★★★

〔12－9〕 次の文は、無線局運用規則の規定であるが、［ ］内に入れるべき字句を下の番号から選べ。

「無線通信は、正確に行うものとし、通信上の誤りを知ったときは、［ ］」

1．初めから更に送信しなければならない。
2．直ちに訂正しなければならない。
3．適宜に通報の訂正を行わなければならない。
4．通報の送信が終わった後、訂正箇所を通知しなければならない。

出題頻度：★★★★★★★★★★★★

〔12 − 10〕　無線電話通信において、自局に対する呼出しを受信した場合に、呼出局の呼出符号が不確実であるときは、応答事項のうち相手局の呼出符号の代わりに、次のどれを使用して直ちに応答しなければならないか。

1．反復願います。
2．貴局名は何ですか。
3．誰かこちらを呼びましたか。
4．再びこちらを呼んでください。

出題頻度：★★★★★★

〔12 − 11〕　無線局が自局に対する呼出しであることが確実でない呼出しを受信したときは、次のどれによらなければならないか。

1．その呼出しが数回反復されるまで応答しない。
2．直ちに応答し、自局に対する呼出しであることを確かめる。
3．その呼出しが反復され、他のいずれの無線局も応答しないときは、直ちに応答する。
4．その呼出しが反復され、かつ、自局に対する呼出しであることが確実に判明するまで応答しない。

出題頻度：★★

〔12 − 12〕　アマチュア局が長時間継続して通報を送信するときは、「こちらは」及び自局の呼出符号を何分ごとを標準として適当に送信しなければならないか、次のうちから選べ。

1．５分
2．10 分
3．15 分
4．30 分

**出題頻度：★★★★**

〔12 − 13〕 無線電話通信において、応答に際して直ちに通報を受信しようとするとき、応答事項の次に送信する略語は、次のどれか。

1．どうぞ
2．OK
3．了解
4．送信してください

**出題頻度：★★★★**

〔12 − 14〕 アマチュア局の無線電話通信において、応答に際し10分以上たたなければ通報を受信することができない事由があるとき、応答事項の次に送信することになっているのは、次のどれか。

1．「どうぞ」及び分で表す概略の待つべき時間
2．「お待ちください」及び呼出しを再開すべき時刻
3．「どうぞ」及び通報を受信することができない事由
4．「お待ちください」、分で表す概略の待つべき時間及びその理由

**出題頻度：★★★**

〔12 − 15〕 無線電話通信の通信中において、混信の防止その他の必要により使用電波の周波数の変更の要求を受けた無線局がこれに応じようとするときは、次のどれによらなければならないか。

1．「どうぞ」を送信し、直ちに周波数を変更する。
2．「了解」又は「OK」を送信し、直ちに周波数を変更する。
3．変更する周波数を送信し、直ちに周波数を変更する。
4．「こちらは…（周波数）に変更します」を送信し、直ちに周波数を変更する。

出題頻度：★★★★★★★★★★★★★★

〔12 − 16〕　無線電話通信において、通報を確実に受信したときに使用する略語は、次のどれか。

1．受信しました
2．「了解」又は「OK」
3．ありがとう
4．終わり

出題頻度：★★

共〔12 − 17〕　アマチュア局が呼出しを反復しても応答がない場合、呼出しを再開するには、できる限り、少なくとも何分間の間隔をおかなければならないか、次のうちから選べ。

1．10 分間
2．　5 分間
3．　3 分間
4．　2 分間

出題頻度：★★★★★★★★★★★

〔12 − 18〕　無線局は、無線設備の機器の試験又は調整を行うために運用するときには、なるべく何を使用しなければならないか。次のうちから選べ。

1．水晶発振回路
2．擬似空中線回路
3．高調波除去装置
4．空中線電力の低下装置

出題頻度：★★★★★★★

〔12 − 19〕　無線局が無線機器の試験又は調整のため電波の発射を必要とするとき、発射する前に自局の発射しようとする電波の周波数及びその他必要と認める周波数によって聴守して確かめなければならないのは、次のどれか。

1．非常の場合の無線通信が行われていないこと。
2．他の無線局の通信に混信を与えないこと。
3．他の無線局が通信を行っていないこと。
4．受信機が最良の状態にあること。

**出題頻度：★★★★**

〔12 － 20〕　非常の場合の無線通信において、無線電話により連絡を設定するための呼出しは、呼出事項に「非常」の略語を何回前置して行うことになっているか。次のうちから選べ。

1．1回
2．2回
3．3回
4．4回

**出題頻度：★★**

〔12 － 21〕　非常の場合の無線通信において、無線電話により連絡を設定するための呼出し又は応答は、呼出事項又は応答事項に「非常」の略語を何回前置して行うことになっているか、次のうちから選べ。

1．1回
2．2回
3．3回
4．4回

**出題頻度：★★**

〔12 － 22〕　無線局において、「非常」を前置した呼出しを受信した場合は、応答する場合を除き、次のどれによらなければならないか。

1．混信を与えるおそれのある電波の発射を停止して傍受する。
2．直ちに非常災害対策本部に通知する。

3．すべての電波の発射を停止する。
4．直ちに付近の無線局に通報する。

**出題頻度：★★★**

〔12－23〕　非常通信の取扱いを開始した後、有線通信の状態が復旧した場合、次のどれによらなければならないか。

1．なるべくその取扱いを停止する。
2．速やかにその取扱いを停止する。
3．非常の事態に応じて適当な措置をとる。
4．現に有する通報を送信した後、その取扱いを停止する。

**出題頻度：★★★★**

〔12－24〕　移動するアマチュア局（人工衛星に開設するものを除く。）の免許状は、どこに備え付けておかなければならないか、次のうちから選べ。

1．無線設備の常置場所
2．受信装置のある場所
3．免許人の住所
4．送信空中線の設置場所

**出題頻度：★★★**

〔12－25〕　次の文は、免許状に関する電波法の規定であるが、［　］内に入れるべき字句を下の番号から選べ。

「免許人は、免許状に記載した事項に変更を生じたときは、その免許状を総務大臣に提出し、［　］を受けなければならない。」

1．訂正
2．再免許
3．承認
4．再交付

1
2
3
4
5
6
7
8
9
10
11
12

出題頻度：★★★★★

〔12 − 26〕 免許人が免許状を汚したために免許状の再交付を受けようとするときの手続は、次のどれか。

1．理由を記載した申請書を提出する。
2．無線局再免許申請書を提出する。
3．その旨を届け出る。
4．免許状を返す。

出題頻度：★★★★★★

共〔12 − 27〕 アマチュア局を運用する場合において、空中線電力は、遭難通信を行う場合を除き、次のどれによらなければならないか。

1．免許状に記載されたものの範囲内で通信を行うため必要最小のもの
2．免許状に記載されたものの範囲内で適当なもの
3．通信の相手方となる無線局が要求するもの
4．無線局免許申請書に記載したもの

出題頻度：★★★★★

〔12 − 28〕 空中線電力 10 ワットの無線電話を使用して応答を行う場合において、確実に連絡の設定ができると認められるとき、応答は、次のどれによることができるか。

| | | |
|---|---|---|
| 1． | どうぞ | 1回 |
| 2． | (1) こちらは | 1回 |
| | (2) 自局の呼出符号 | 1回 |
| 3． | 相手局の呼出符号 | 3回以下 |
| 4． | (1) 相手局の呼出符号 | 1回 |
| | (2) 自局の呼出符号 | 1回 |

出題頻度：★★★★★★★

〔12 − 29〕 次の①から③までの事項は、無線電話により試験

電波を発射する場合に送信する事項である。［　］内に入れるべき字句を下の番号から選べ。

| | | |
|---|---|---|
| ① | ただいま試験中 | ［　］ |
| ② | こちらは | １回 |
| ③ | 自局の呼出符号 | ３回 |

1．３回
2．５回
3．10回以下
4．数回

## お便り

たくさんの方々から、これから受験する方へのアドバイス、『完マル』へのお礼のお手紙、心温まるお便りをいただきました。お便りの一部をご紹介いたします。

★　私は暗記が苦手で、『完マル』を何回も何十回も解きました。結果、第４級、第３級ともに満点で合格することができました。すべて『完マル』のおかげです。次回は御社の『特殊無線技士』の本を購入して挑戦している最中です。今後も頑張ります。第３級だけですが、出題された問題のナンバーをお知らせします。今後のお役に立てますように……。

| 共通マーク | 第３級ナンバー | |
|---|---|---|
| 1-10 | Ⅲ-1-8 | Ⅲ-17-7 |
| 4-9 | Ⅲ-3-10 | Ⅲ-21-12 |
| 8-2 | Ⅲ-4-3 | Ⅲ-22-3 |
| 14-9 | Ⅲ-7-2 | Ⅲ-25-13 |
| 16-1 | Ⅲ-10-9 | Ⅲ-26-10 |
| 21-2 | Ⅲ-10-12 | Ⅲ-27-10 |
| | Ⅲ-11-17 | Ⅲ-30-10 |
| | Ⅲ-15-1 | |
| | Ⅲ-16-4 | |

(2022年版使用)
(大阪府吹田市・桜本三咲様)

●「お便り」をお待ちしております(p.511)。採用の場合は粗品を進呈します。

無線工学

# ナンバー〔13〕の試験問題

★試験問題番号〔13〕のキー・ポイント

ナンバー〔13〕は、電気の基礎知識からの出題です。無線工学も１行暗記でマスターしましょう。

①インダクタンス（コイル）の単位はヘンリー〔H〕。
②交流電圧の実効値は、最大値÷1.4（$\sqrt{2}$）。
③山１つと谷１つをつなげば１周期。振幅は０から山頂まで。
④高圧電気の絶縁材料は磁器。
⑤磁極間に置いた導体が受ける力は、フレミングの左手の法則で解く。親指は力、人差指は磁力線、中指は電流の方向。
⑥右巻コイルに⊕を加え電流を流すと左側がＳ極、右側がＮ極。
⑦コイルの断面を大きくしても磁界は強くならない。
⑧磁性体を入れると、自己インダクタンス（$L$）は大きくなる。
⑨磁石はＮとＮ、ＳとＳは反発。異極は引き合い、同極は反発。
⑩オームの法則は $I=E/R$、$R=E/I$、$E=IR$。
⑪電力計算は$P=EI$。式を変形すると$P=I^2R$または$P=E^2/R$。
⑫ $E$ を４倍にすると、$R$ に消費される電力は 16 倍になる。
⑬同じ抵抗値の並列抵抗は、その値を並列の本数で割る。
⑭コンデンサの並列は、単に足し算するだけ。
⑮コイルのリアクタンス（交流抵抗 $X_L$）は周波数に比例。
⑯コイルのリアクタンスの式は、$X_L=2\pi fL$。
⑰ FET とトランジスタの電極対比は、S − E、G − B、D − C。
⑱コンデンサのリアクタンス（$X_C$）は、周波数に反比例。
⑲共振（同調）周波数の式は、$f=1/(2\pi\sqrt{LC})$。
⑳変調度は $M=(B/A)\times 100$〔%〕（$B$は信号波、$A$は搬送波）。

**出題頻度：★**

〔13 − 1〕　インダクタンスの単位を表すものは、次のうちどれか。

1．オーム　〔Ω〕
2．ファラド〔F〕
3．ヘンリー〔H〕
4．アンペア〔A〕

**出題頻度：★★**

〔13 − 2〕　最大値が 140〔V〕の正弦波交流電圧の実効値の値で、最も近いのは次のうちどれか。

1．280〔V〕
2．200〔V〕
3．100〔V〕
4．　70〔V〕

**出題頻度：★**

〔13 − 3〕　図に示す正弦波交流において、周期と振幅との組合せで、正しいのはどれか。

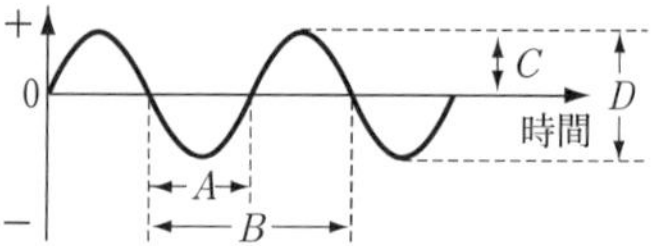


| | 周期 | 振幅 |
|---|---|---|
| 1． | $A$ | $C$ |
| 2． | $B$ | $C$ |
| 3． | $A$ | $D$ |
| 4． | $B$ | $D$ |

**出題頻度：★**

〔13 − 4〕　高圧電気の絶縁に用いられるものは、次のどれか。

1．鉛
2．磁器
3．ゲルマニウム
4．シリコン

**出題頻度：★**

〔13 − 5〕　図に示すように、磁極の間に置いた導体に紙面の表から裏の方向へ向かって電流が流れたとき、磁極N、Sによる磁力線の方向と導体の受ける力の方向との組合せで、正しいのは次のうちどれか。

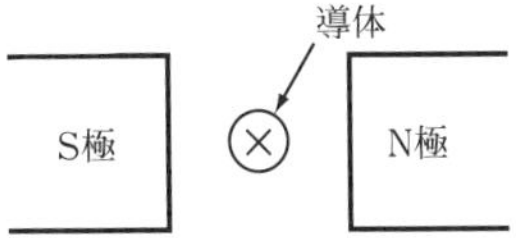


| | 磁力線の方向 | 力の方向 |
|---|---|---|
| 1. | →→→ | ↑ |
| 2. | ←←← | ↑ |
| 3. | →→→ | ↓ |
| 4. | ←←← | ↓ |

**出題頻度：★★**

〔13 − 6〕　図に示すように、磁極の間に置いた導体に紙面の裏から表の方向へ向かって電流が流れたとき、磁極N、Sによる磁力線の方向と導体の受ける力の方向との組合せで、正しいのは次のうちどれか。

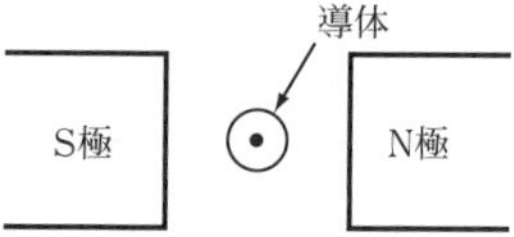


| | 磁力線の方向 | 力の方向 |
|---|---|---|
| 1. | →→→ | ↑ |
| 2. | ←←← | ↓ |
| 3. | →→→ | ↓ |
| 4. | ←←← | ↑ |

**出題頻度：★★★★**

〔13－7〕　電磁石において、コイルの巻き方向及び電池の極性を図のとおりとしたとき、磁石の両端 a 及び b と極性の組合せで、正しいのは次のうち どれか。

1．a：N　　b：N
2．a：S　　b：N
3．a：N　　b：S
4．a：S　　b：S

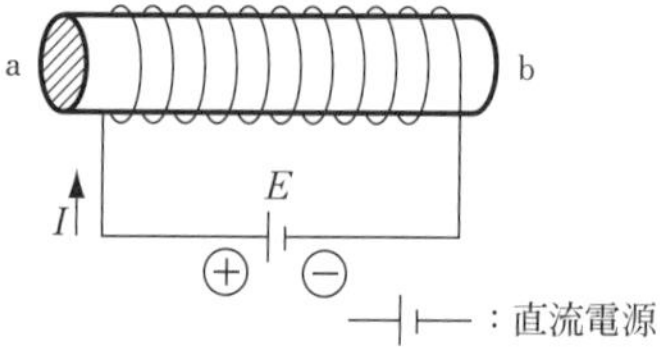


**出題頻度：★★★**

〔13－8〕　コイルに電流を流すと、その周囲に磁界が発生する。この磁界を強くする方法で誤っているのは、次のうちどれか。

1．コイルの巻数を多くする。
2．コイルに流れる電流を大きくする。

3．コイルの断面積を大きくする。
4．コイルの中に軟鉄心を入れる。

**出題頻度：★★★★**

〔13－9〕　コイルの中に磁性体を入れると、その自己インダクタンスはどうなるか。

1．小さくなる。
2．大きくなる。
3．変わらない。
4．不安定となる。

**出題頻度：★★**

〔13－10〕　図に示すように、2本の軟鉄棒（AとB）にそれぞれコイルを巻き、2個が直線状になるように糸でつるしてスイッチSを閉じるとAとBはどのようになるか。

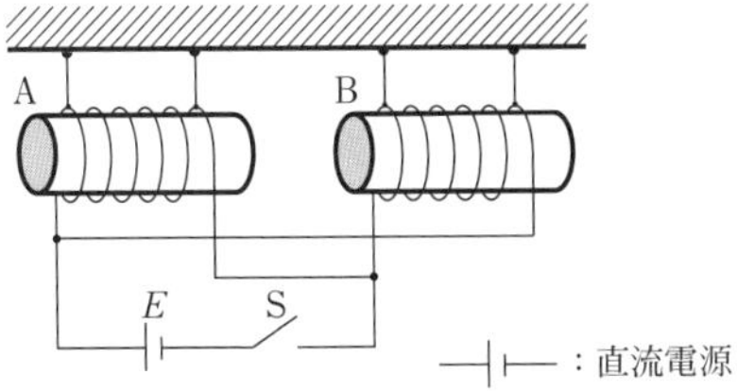


1．互いに反発し合う。
2．引き付け合ったり離れたりする。
3．特に変化しない。
4．互いに引き付けあう。

**出題頻度：★★**

〔13－11〕　電圧、電流及び抵抗の関係式を表す式で正しいのはどれか。

1.　電圧=電流/抵抗　　3.　電流=抵抗/電圧
2.　電圧=抵抗/電流　　4.　電流=電圧/抵抗

**出題頻度：★★**

〔13 − 12〕　図に示す回路において、抵抗$R$を 1/2 倍にすると、回路に流れる電流$I$は、元の値の何倍になるか。

1．4倍
2．2倍
3．1倍
4．1/2 倍

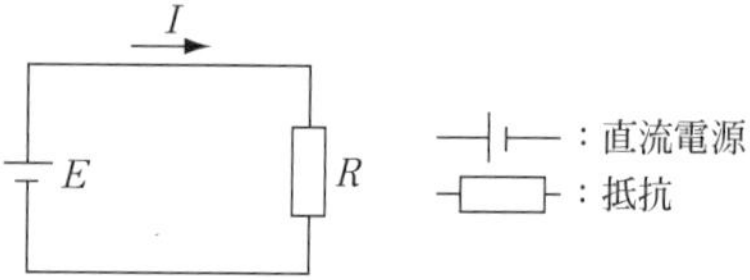


**出題頻度：★★**

〔13 − 13〕　図に示す回路において、抵抗$R$の値を２倍にすると、回路に流れる電流$I$は、元の値の何倍になるか。

1．1/2倍
2．1倍
3．2倍
4．4倍

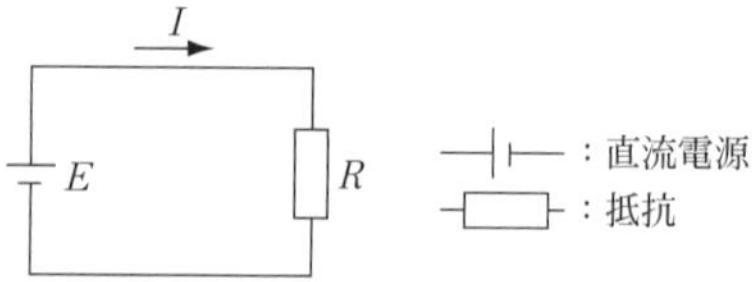


**出題頻度：★★★**

〔13 − 14〕　図に示す回路において、端子 a b 間の電圧の値で、正しいのは次のうちどれか。

1．　50〔V〕
2．　75〔V〕
3．100〔V〕
4．150〔V〕

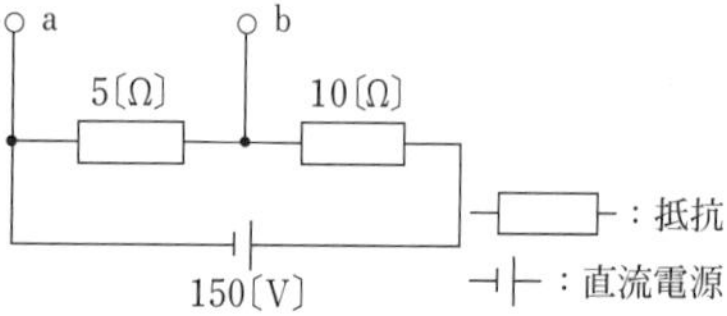

**出題頻度：★★★**

〔13 − 15〕　図に示す回路において、端子 a b 間の電圧の値で、正しいのは次のうちどれか。

1．150〔V〕
2．100〔V〕
3．　75〔V〕
4．　50〔V〕

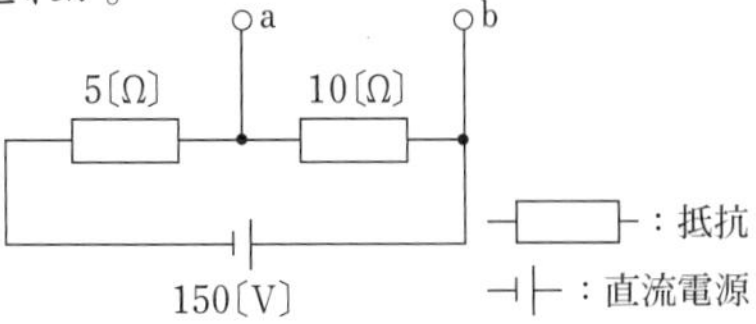


**出題頻度：★**

〔13 − 16〕　直流電源 100〔V〕で動作する消費電力 500〔W〕の負荷抵抗の値で、正しいのはどれか。

1．　5〔Ω〕
2．20〔Ω〕
3．25〔Ω〕
4．50〔Ω〕

**出題頻度：★★★**

〔13 − 17〕　4〔Ω〕の抵抗に直流電圧を加えたところ、100〔W〕の電力が消費された。抵抗に加えられた電圧は幾らか。

1．　0.2〔V〕
2．　　5〔V〕
3．　20〔V〕
4．400〔V〕

**出題頻度：★★★**

〔13 − 18〕　図に示す回路において、電圧$E$の大きさを 4 倍にすると、抵抗$R$に消費される電力は、元の値の何倍になるか。

1．16 倍
2．　8 倍
3．　4 倍
4．　2 倍

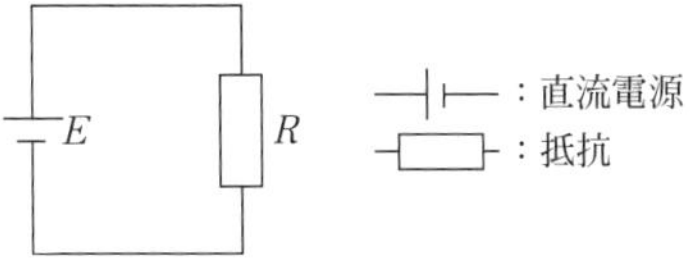

**出題頻度：★★**

〔13 − 19〕 図に示す回路において、端子ａｂ間の合成抵抗の値で正しいのはどれか。

1．　5〔Ω〕
2．10〔Ω〕
3．15〔Ω〕
4．20〔Ω〕

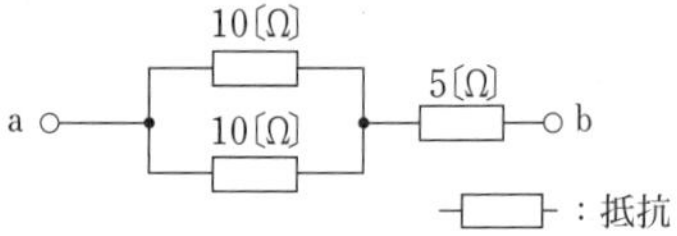


**出題頻度：★★**

〔13 − 20〕 図に示す回路において、端子ａｂ間の合成静電容量は、幾らになるか。

1．10〔μF〕
2．12〔μF〕
3．30〔μF〕
4．50〔μF〕

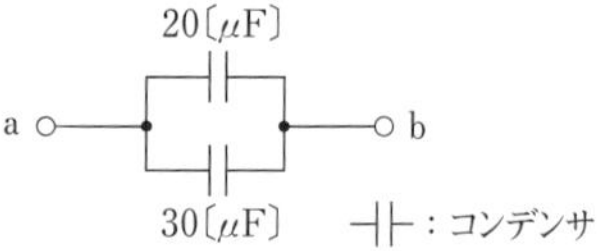


**出題頻度：★**

〔13 − 21〕 図に示す回路において、端子ａｂ間の合成静電容量の値で、正しいのは次のうちどれか。

1．10〔μF〕
2．15〔μF〕
3．20〔μF〕
4．30〔μF〕

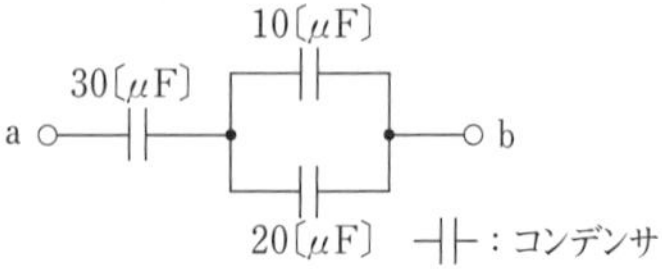


**出題頻度：★**

〔13 − 22〕 次の組合せは、コイル及びコンデンサのリアクタンスと周波数との比例関係を示すものである。正しいのは次のうちどれか。

| | コイルのリアクタンスと周波数 | | コンデンサのリアクタンスと周波数 |
|---|---|---|---|
| 1． | 正比例 | ―――― | 正比例 |

2．反比例 ――――――― 正比例
3．正比例 ――――――― 反比例
4．反比例 ――――――― 反比例

**出題頻度：★★★**

〔13－23〕 次の説明で誤っているのはどれか。

1．導線の抵抗が大きくなるほど、交流電流は流れにくくなる。
2．コイルのインダクタンスが大きくなるほど、交流電流は流れにくくなる。
3．コンデンサの静電容量が大きくなるほど、交流電流は流れにくくなる。
4．導線の断面積が小さくなるほど、交流電流は流れにくくなる。

**出題頻度：★★★**

〔13－24〕 図に示す回路に流れる電流 $i$ の値で、最も近いのは次のうちどれか。

1．0.3〔mA〕
2．3〔mA〕
3．30〔mA〕
4．300〔mA〕

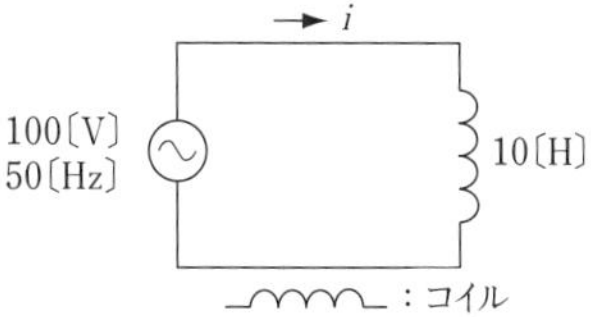


**出題頻度：★**

共〔13－25〕 図に示す回路において、コンデンサのリアクタンスの値で、最も近いのはどれか。

1．350〔Ω〕
2．180〔Ω〕
3．35〔Ω〕
4．18〔Ω〕

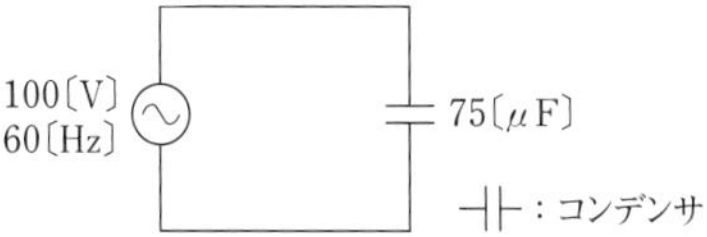

**出題頻度：★**

共〔13 − 26〕 $LC$ 直列共振回路において、コイルのインダクタンス $L$ を一定にして、コンデンサの静電容量 $C$ の値を 1/4 にすると、共振周波数は元の周波数の何倍になるか。

1．1/4 倍
2．1/2 倍
3．2 倍
4．4 倍

**出題頻度：★**

〔13 − 27〕 図に示す並列共振回路において、インピーダンスを $Z$、電流を $i$ としたとき、共振時にこれらの値はどのようになるか。

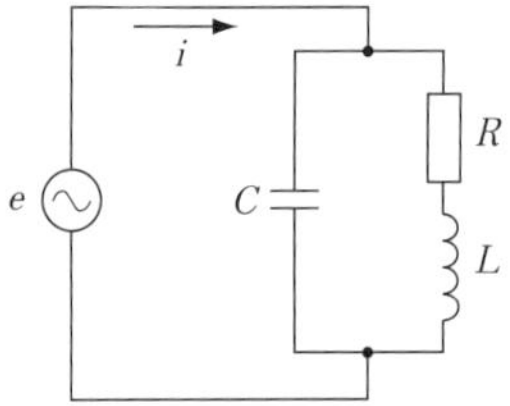


$R$：抵抗
$C$：コンデンサ
$L$：コイル
$e$：交流電源

1．$Z$：最大　　$i$：最大
2．$Z$：最大　　$i$：最小
3．$Z$：最小　　$i$：最小
4．$Z$：最小　　$i$：最大

**出題頻度：★★**

〔13 − 28〕 半導体を用いた電子部品の温度が上昇すると、その部品の動作にどのような変化が起きるか。

1．半導体の抵抗が減少し、電流が減少する。
2．半導体の抵抗が減少し、電流が増加する。
3．半導体の抵抗が増加し、電流が減少する。

4．半導体の抵抗が増加し、電流が増加する。

**出題頻度：★★**

〔13 − 29〕 図に示す NPN 形トランジスタの図記号において、電極 a の名称は、次のうちどれか。

1．エミッタ
2．ベース
3．コレクタ
4．ゲート

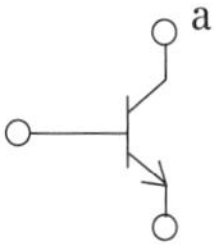


**出題頻度：★★**

〔13 − 30〕 電界効果トランジスタ（FET）の電極と、一般の接合形トランジスタの電極との組合せで、その働きが対応しているのはどれか。

| | | |
|---|---|---|
| 1． | ドレイン | ベース |
| 2． | ソース | エミッタ |
| 3． | ドレイン | エミッタ |
| 4． | ソース | ベース |

**出題頻度：★**

〔13 − 31〕 図に示す電界効果トランジスタ（FET）の図記号において、電極 a の名称はどれか。

1．ドレイン
2．ゲート
3．コレクタ
4．ソース

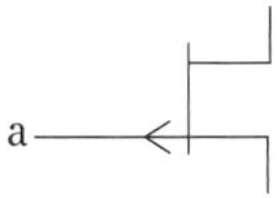


**出題頻度：★**

〔13 − 32〕 振幅が 150〔V〕の搬送波を信号波で振幅変調したとき、変調度が 60〔%〕であった。変調波の振幅の最大値は幾らか。

1．　90〔V〕
2．180〔V〕
3．210〔V〕
4．240〔V〕

**出題頻度：★**

共〔13 － 33〕　ブラウン管オシロスコープにより振幅変調波の波形を観測し、波形について測定した結果は図のとおりであった。このときの変調度は幾らか。

1．30〔%〕
2．40〔%〕
3．50〔%〕
4．60〔%〕

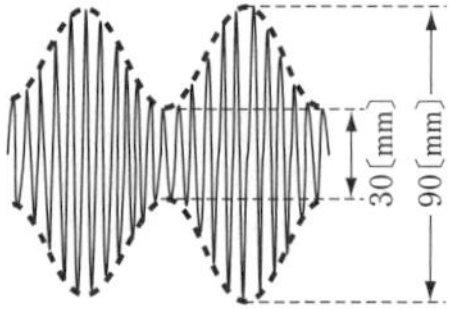


**出題頻度：★★**

〔13 － 34〕　図に示す回路において、端子 ab 間の合成抵抗の値で正しいのはどれか。

1．10〔Ω〕
2．15〔Ω〕
3．25〔Ω〕
4．45〔Ω〕

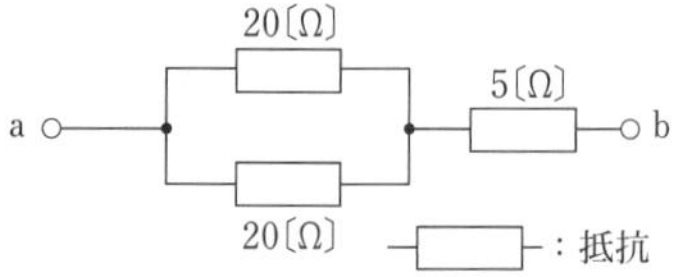


**出題頻度：★**

〔13 － 35〕　高圧電気の絶縁に用いられるのは、次のうちどれか。

1．鉛
2．磁器
3．ゲルマニウム
4．アルミニウム

**出題頻度：★**

〔13 − 36〕 図に示す回路において、コイルのリアクタンスの値で、最も近いのは次のうちどれか。

1．628〔Ω〕
2．3.14〔kΩ〕
3．6.28〔kΩ〕
4．9.42〔kΩ〕

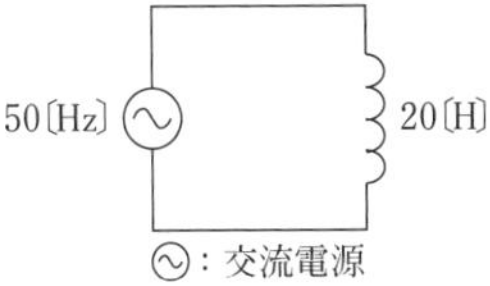


**出題頻度：★★**

〔13 − 37〕 図は、振幅が15〔V〕の搬送波を単一正弦波の信号波で振幅変調した変調波（A3E）の波形である。変調度が60〔%〕のとき、$A$の値は幾らか。

1．30
2．24
3．21
4．18

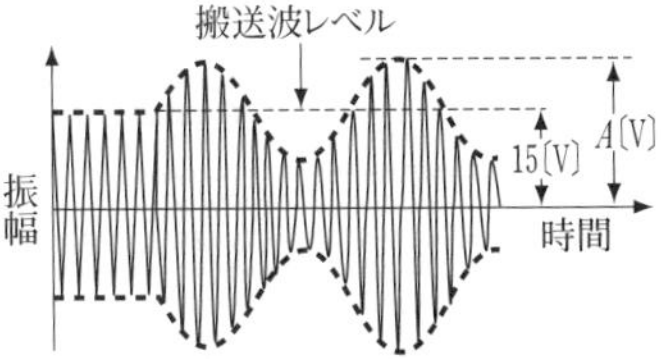


**出題頻度：★★**

共〔13 − 38〕 図は、振幅が一定の搬送波を単一正弦波で振幅変調した変調波（A3E）の波形である。このときの変調度は幾らか。

1．15.0〔%〕
2．30.0〔%〕
3．33.3〔%〕
4．50.0〔%〕

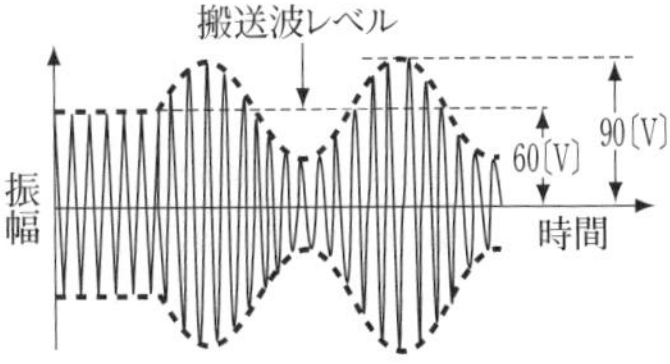

無線工学

# ナンバー〔14〕の試験問題

★試験問題番号〔14〕のキーポイント

ナンバー〔14〕は、電気の基礎知識のほかに電子回路の問題も出題されます。

①同じ抵抗の直列ならば、２つの抵抗の両端の電圧は同じ。
② A 級→B 級→C 級の順に増幅効率が良くなる。
③ A 級は入力がなくても電流が流れ、効率が悪いがひずみ小。
④A級は坂の中央部、B級は登り口、C級は坂から離れたところ。
⑤増幅は、小さい振幅信号を大きな振幅信号にする。
⑥エミッタ接地の電流増幅率（$h_{FE}$）は、$\Delta I_C / \Delta I_B$（Δは、デルタ。変化量の意味）。
⑦ NPN 形のトランジスタの $V_{BB}$ は順方向、$V_{CC}$ は逆方向。
⑧搬送波を作る大もとは発振器（回路）。
⑨搬送波の振幅を音声により変化させるのは AM（振幅変調）。
⑩山1つは J3E、山1つに棒1本は H3E、山2つに棒1本は A3E。
⑪ DSB（A3E）は、搬送波、上側波帯及び下側波帯。
⑫ SSB（J3E）は上側波帯か下側波帯。変調波では、占有周波数帯幅が最も狭い。
⑬ FM は占有周波数帯幅が広い。
⑭ FM の占有周波数帯幅 $W=2(f_d+f_s)$。$f_d$ は偏移周波数、$f_s$ は信号周波数。
⑮音声信号を取り出すのは検波（復調）回路。
⑯入力と出力が直線的な検波器は直線検波器。
⑰ S 字カーブの復調器は FM（F3E）用、周波数を振幅に直し検波。
⑱ $f$ と $f_0$ とを混合したら、出力は $f \pm f_0$。

**出題頻度：★**

〔14 − 1〕　図に示す回路の端子 a − b 間の電圧は幾らか。

1．10〔V〕
2．20〔V〕
3．30〔V〕
4．40〔V〕

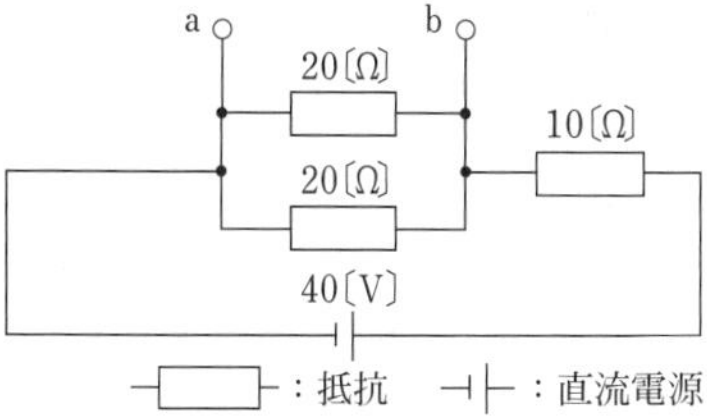


**出題頻度：★★★**

〔14 − 2〕　最も効率の良い増幅器は、次のうちどれか。

1．A級増幅器
2．B級増幅器
3．AB 級増幅器
4．C級増幅器

**出題頻度：★**

〔14 − 3〕　A級増幅器の特徴について述べているのは、次のうちどれか。

1．交流入力信号が無いとき、出力側に電流は流れない。
2．出力側の波形ひずみが大きい。
3．交流入力信号が無いときでも、常に出力側に電流が流れる。
4．A級以外の増幅器に比べて効率が良い。

**出題頻度：★★**

〔14 − 4〕　エミッタ接地トランジスタ増幅器のA級増幅の特徴で、正しいのは次のうちどれか。

1．B級及びC級増幅に比べて効率が良い。
2．コレクタ回路に流れるコレクタ電流の波形のひずみが大きい。
3．入力の有無にかかわらず、いつでもコレクタ電流が流れている。

4．ベース入力電圧の半周期だけ、コレクタ電流が流れる。

**出題頻度：★★★**

〔14 − 5〕　B級増幅器の特徴について述べているのは、次のうちどれか。

1．出力側の波形ひずみがない。
2．高周波増幅のときのみに使用される。
3．交流入力信号が無いときでも常に出力側に電流が流れる。
4．A級増幅よりも効率が良い。

**出題頻度：★**

〔14 − 6〕　次の記述は、あるトランジスタ（NPN形）増幅器の動作について述べたものである。正しいのはどれか。

「入力信号が正の半周期のとき、その一部の時間しかコレクタ電流が流れないので、他の増幅方式のものに比べて最も効率が良いが、ひずみは最も大きい 。」

| | |
|---|---|
| 1．A級増幅器 | 3．AB級増幅器 |
| 2．B級増幅器 | 4．C級増幅器 |

**出題頻度：★★**

共〔14 − 7〕　図は、トランジスタ増幅器の $V_{BE}-I_C$ 特性曲線の一例である。特性のP点を動作点とする増幅方式の名称として、正しいのは次のうちどれか。

1．A級増幅
2．B級増幅
3．C級増幅
4．AB級増幅

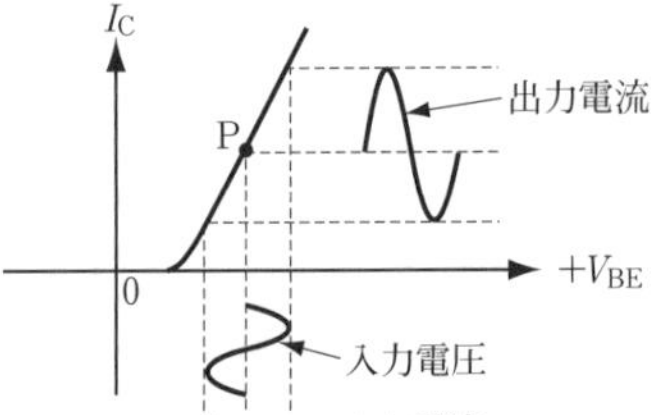


$I_C$：コレクタ電流
$V_{BE}$：ベース・エミッタ間電圧

**出題頻度：★★**

〔14 − 8〕 図は、トランジスタ増幅器の $V_{BE} - I_C$ 特性曲線の一例である。特性のP点を動作点とする増幅方式の名称として、正しいのは次のうちどれか。

1．A級増幅
2．B級増幅
3．C級増幅
4．AB 級増幅

$I_C$ ：コレクタ電流
$V_{BE}$：ベース・エミッタ間電圧

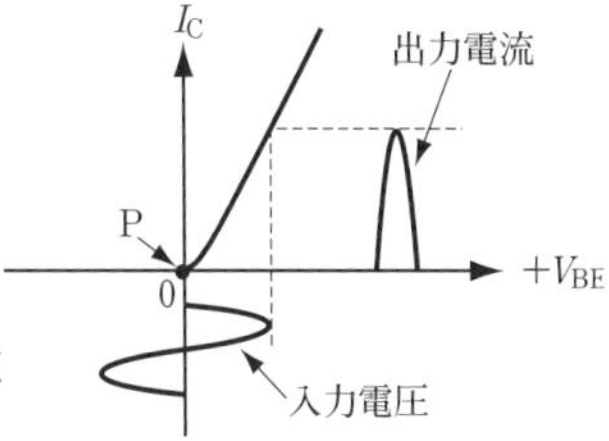


**出題頻度：★★★★**

共〔14 − 9〕 図は、トランジスタ増幅器の $V_{BE} - I_C$ 特性曲線の一例である。特性のP点を動作点とする増幅方式の名称として、正しいのはどれか。

1．A級増幅
2．B級増幅
3．C級増幅
4．AB 級増幅

$I_C$ ：コレクタ電流
$V_{BE}$：ベース・エミッタ間電圧

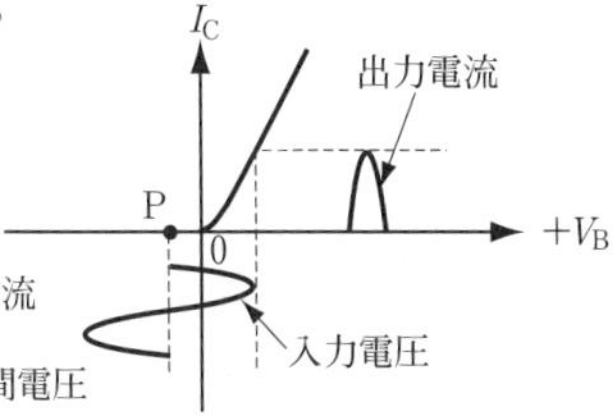


**出題頻度：★★**

〔14 − 10〕 小さい振幅の信号を、より大きな振幅の信号にする回路は、次のうちどれか。

1．発振回路　　3．変調回路
2．増幅回路　　4．検波回路

**出題頻度：★★★**

〔14 − 11〕 次の記述の［　］内に入れるべき字句の組合せで、正しいのはどれか。

小さい［A］の信号を、より大きな［B］の信号にする電子回路を増幅回路という。

1．A：周波数　B：振幅
2．A：周波数　B：周波数
3．A：振幅　B：周波数
4．A：振幅　B：振幅

**出題頻度：★**

〔14－12〕　エミッタ接地トランジスタ増幅器において、コレクタ電圧を一定として、ベース電流を1〔mA〕から4〔mA〕に変えたところ、コレクタ電流が60〔mA〕から180〔mA〕に増加した。このトランジスタの電流増幅率は幾らか。

1．60
2．48
3．45
4．40

**出題頻度：★★**

〔14－13〕　図に示すトランジスタ増幅器において、ベース・エミッタ間と、エミッタ・コレクタ間に加える電圧の組合せで、正しいのはどれか。

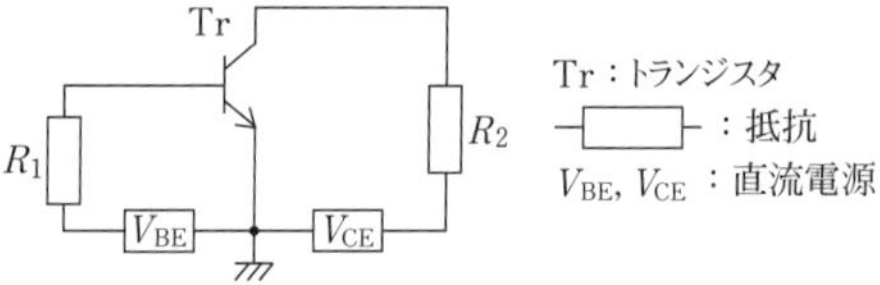


1．$V_{BE}$：順方向電圧　$V_{CE}$：順方向電圧
2．$V_{BE}$：逆方向電圧　$V_{CE}$：逆方向電圧
3．$V_{BE}$：順方向電圧　$V_{CE}$：逆方向電圧
4．$V_{BE}$：逆方向電圧　$V_{CE}$：順方向電圧

出題頻度：★★★

〔14 － 14〕　搬送波を発生する回路は、次のうちどれか。

1．発振回路
2．増幅回路
3．変調回路
4．検波回路

出題頻度：★

〔14 － 15〕　水晶発振器の周波数変動の原因として、最も関係の少ないものはどれか。

1．発振器の負荷の変動
2．発振器の内部雑音の変動
3．発振器の電源電圧の変動
4．発振器の周囲温度の変化

出題頻度：★

〔14 － 16〕　搬送波の振幅を、音声等の電気信号によって、変化させる働きは、次のうちどれか。

1．発振
2．振幅変調
3．周波数変調
4．検波

出題頻度：★★★★

〔14 － 17〕　搬送波の振幅をA、信号波の振幅をBとしたとき、振幅変調 (A3E) 波の変調度 M を表す次の式の［　］内に入れるべきものはどれか。

$$M = \frac{[\quad]}{A} \times 100 \ [\%]$$

1．A＋B
2．A－B

3．B－A
4．B

**出題頻度：★**

〔14－18〕　振幅が150〔V〕の搬送波を単一正弦波で振幅変調したとき、変調率が40〔%〕であった。その単一正弦波の振幅は幾らか。

1．240〔V〕
2．210〔V〕
3．　90〔V〕
4．　60〔V〕

**出題頻度：★**

〔14－19〕　振幅が150〔V〕の搬送波を振幅が90〔V〕の信号波で振幅変調した場合の変調率は幾らか。

1．66〔%〕
2．60〔%〕
3．40〔%〕
4．16〔%〕

**出題頻度：★**

〔14－20〕　二つの図は、振幅変調波の周波数成分の分布を示している。図と対応する電波の型式の組合せで、正しいのはどれか。ただし、点線は搬送波成分がないことを示す。

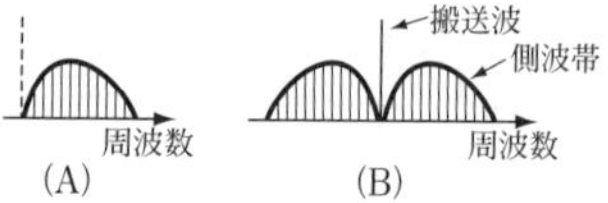


1．（A）：A3E　　　（B）：J3E
2．（A）：H3E　　　（B）：A3E

3．（A）：J3E　　　（B）：A3E
4．（A）：J3E　　　（B）：H3E

**出題頻度：★★★**

〔14 − 21〕 DSB (A3E) 電波の周波数成分として、正しいのはどれか。

1．上側波帯
2．搬送波と上側波帯
3．搬送波と下側波帯
4．搬送波、上側波帯及び下側波帯

**出題頻度：★★**

〔14 − 22〕 SSB (J3E) 電波の周波数成分は、次のうちどれか。

1．上側波帯及び下側波帯
2．上側波帯又は下側波帯のいずれか一方
3．搬送波、上側波帯及び下側波帯
4．搬送波

**出題頻度：★★**

〔14 − 23〕 音声信号で変調された電波で、占有周波数帯幅が通常最も狭いものは、次のうちどれか。

1．ATV 波
2．FM 波
3．DSB 波
4．SSB 波

**出題頻度：★★**

〔14 − 24〕 同じ音声信号を用いて振幅変調 (AM) と周波数変調 (FM) をおこなったとき、AM 波と比べて FM 波の占有周波数帯幅の一般的な特徴はどれか。

1．広い

2．狭い
3．同じ
4．半分

**出題頻度：★★★★**

〔14 － 25〕　次の記述は、振幅変調方式（A3E）と比べたときの周波数変調方式（F3E）の一般的な特徴について述べたものである。誤っているのはどれか。

1．雑音に強い。
2．音質が良い。
3．主に超短波（VHF）帯以上で用いられる。
4．占有周波数帯幅が狭い。

**出題頻度：★**

〔14 － 26〕　最大周波数偏移が5〔kHz〕の場合、最高周波数3〔kHz〕の信号波で変調するとFM波の占有周波数帯幅は幾らか。

1．8〔kHz〕
2．11〔kHz〕
3．16〔kHz〕
4．30〔kHz〕

**出題頻度：★★**

〔14 － 27〕　変調された信号の中から、音声信号を取り出す回路は、次のうちどれか。

1．検波回路
2．増幅回路
3．変調回路
4．発振回路

**出題頻度：★**

〔14 － 28〕　直線検波回路の特性についての説明で、正しいの

はどれか。

1．入力が大きいとき、入力対出力の関係が直線的である。
2．入力がある値を超えると出力は一定になる。
3．入力が大きくなるとひずみが多くなる。
4．比較的小さい入力電圧で動作する。

**出題頻度：★★★★**

〔14－29〕 図は、ある復調回路の入力対出力特性である。これは、次のどの電波を復調するのに用いられるか。

1．J3E 電波
2．A3E 電波
3．A1A 電波
4．F3E 電波

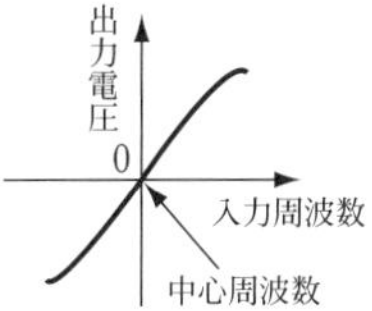


**出題頻度：★★**

共〔14－30〕 周波数 $f$ の信号と、周波数 $f_0$ の局部発振器の出力を周波数混合器で混合したとき、出力側に流れる電流の周波数は、次のうちどれか。ただし、$f > f_0$ とする。

1．$f \pm f_0$
2．$f \times f_0$
3．$(f+f_0)/2$
4．$f/f_0$

**出題頻度：★★**

〔14－31〕 搬送波を、音声又は音楽等の電気信号によって変化させる回路は、次のうちどれか。

1．発振回路
2．増幅回路
3．変調回路
4．検波回路

**出題頻度：★★★**

〔14 − 32〕　次のうち、単位としてオーム〔Ω〕を用いるのはどれか。

1．静電容量
2．コンダクタンス
3．インダクタンス
4．リアクタンス

**出題頻度：★★★**

共〔14 − 33〕　図に示すトランジスタ増幅器（A 級増幅器）において、ベース・エミッタ間に加える電源 $V_{BE}$ と、コレクタ・エミッタ間に加える電源 $V_{CE}$ の極性の組合せで、正しいのは次のうちどれか。

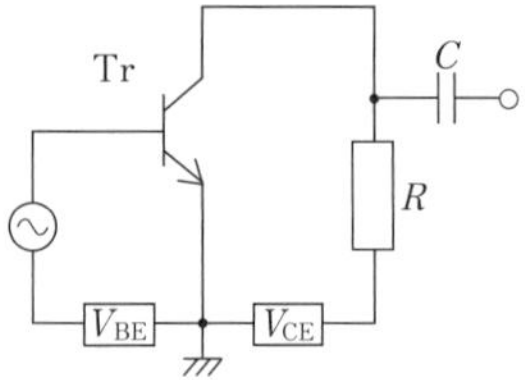


Tr：トランジスタ
$R$：抵抗
$C$：コンデンサ

1. $V_{BE}$：─┃|─　　$V_{CE}$：─┃|─
2. $V_{BE}$：─┃|─　　$V_{CE}$：─|┃─
3. $V_{BE}$：─|┃─　　$V_{CE}$：─|┃─
4. $V_{BE}$：─|┃─　　$V_{CE}$：─┃|─

**出題頻度：★**

共〔14 − 34〕　次の記述の［　］内に入れるべき字句の組合せで、正しいのはどれか。

周波数弁別器は、［A］の変化から信号波を取出す回路であり、主としてFM波の［B］に用いられる。

1. A：周波数　　B：復調
2. A：周波数　　B：変調
3. A：振幅　　B：復調
4. A：振幅　　B：変調

**出題頻度：★**

〔14 − 35〕　エミッタ接地トランジスタ増幅器において、コレクタ電圧を一定として、ベース電流を3〔mA〕から4〔mA〕に変えたところ、コレクタ電流が180〔mA〕から240〔mA〕に増加した。このトランジスタの電流増幅率は幾らか。

1. 30
2. 40
3. 50
4. 60

**出題頻度：★**

〔14 − 36〕　水晶発振器（回路）の周波数変動を少なくするための方法として、誤っているものは次のうちどれか。

1. 発振器の次段に緩衝増幅器を設ける。
2. 発振器と後段との結合を密にする。
3. 発振器の電源電圧の変動を少なくする。
4. 発振器の周囲温度の変化を少なくする。

# ナンバー〔15〕の試験問題

★試験問題番号〔15〕のキー・ポイント

ナンバー〔15〕では、送信機、受信機の基本回路などが出題されます。

①自動車（モービル）には、FM 方式が最適。
②超短波の場合、水晶発振子は低い周波数のものでも、C 級の逓倍器を用いることにより高い周波数を得ている。
③送信機のテストには、擬似負荷（ダミーロード）を使用する。
④緩衝増幅器の役目、後段の影響が発振器に及ぼさないように。
⑤周波数を安定にするため、発振器と後段とは疎結合にする。
⑥ DSB 送信機で、高域低下の場合、占有周波数帯幅は狭くなる。
⑦ DSB 送信機で、過変調は側波帯が広がる。
⑧ DSB 送信機で、音声により変化するものは振幅。
⑨送信機、逓倍数だけ周波数が高くなる。
⑩ SSB 送信機で、搬送波抑圧は、平衡変調器の働き。
⑪ SSB 送信機で、帯域フィルタで上側波帯か下側波帯を作り出す。
⑫平衡変調器の出力は、上側波帯（USB）と下側波帯（LSB）。
⑬ SSB 送信機は、平衡変調の出力の上側波帯か下側波帯のいずれかを帯域フィルタで取り出す。
⑭ SSB 送信機で、入力レベルを一定に制限するのが ALC。
⑮ SSB 送受信機で、音声により送受信切替を行うのが VOX。
⑯ FM は、音声により搬送波の周波数が変化する。
⑰周波数逓倍器は、周波数偏移を大きくする働きもある。
⑱周波数偏移を大きくすると、占有周波数帯幅も広くなる。
⑲ FM 送信機で、過大な音声入力を抑えるのが IDC。

**出題頻度：★★★**

〔15 − 1〕　自動車に搭載する無線電話装置で、自動車の電気的雑音に強い変調方式は、次のうちどれか。

1．DSB (A3E) 方式
2．SSB (J3E) 方式
3．FM (F3E) 方式
4．SSB (H3E) 方式

**出題頻度：★★**

〔15 − 2〕　次の文の［　］内に当てはまる字句の組合せは、下記のうちどれか。

発振周波数が 10〔MHz〕ぐらいより高い水晶発振子は、その厚みが非常に［A］なり製造が難しく、超短波帯の送信機では［B］動作の周波数逓倍器を用いて高い周波数を得ている。

1．A：薄く　　B：A級
2．A：厚く　　B：C級
3．A：薄く　　B：C級
4．A：厚く　　B：A級

**出題頻度：★★★★**

〔15 − 3〕　無線送信機に擬似負荷を用いる目的として、正しいのはどれか。

1．送信機の損傷を防ぐため
2．送信機の消費電力を節約するため
3．調整中に電波を外部に出さないため
4．調整不良の箇所を直ちに発見するため

**出題頻度：★★★★**

〔15 − 4〕　送信機の緩衝増幅器は、どのような目的で設けられているか。

1．所要の送信機出力まで増幅するため
2．後段の影響により発振器の発振周波数が変動するのを防ぐため
3．終段増幅器の入力として十分な励振電圧を得るため
4．発振周波数の整数倍の周波数を取り出すため

**出題頻度：★★**

〔15 − 5〕 送信機の緩衝増幅器についての記述で、誤っているのはどれか。

1．発振器との結合は疎である。
2．発振周波数の整数倍の周波数を取り出す。
3．発振器の次段に設けられる。
4．後段の影響による発振器の発振周波数の変動を防ぐ。

**出題頻度：★★**

〔15 − 6〕 送信機の発振周波数を安定にするための方法として、適当でないものは次のうちどれか。

1．発振器の次段に緩衝増幅器を設ける。
2．発振器として水晶発振回路を用いる。
3．発振器と後段との結合を密にする。
4．発振器の電源電圧の変動を少なくする。

**出題頻度：★★★★**

〔15 − 7〕 DSB (A3E) 送信機において、占有周波数帯幅が広がる原因の説明として、誤っているのはどれか。

1．送信機が寄生振動を起こしている。
2．変調器の出力に非直線ひずみの成分がある。
3．変調度が 100〔%〕を超えて過変調になっている。
4．変調器の周波数特性が高域で低下している。

出題頻度：★★★★

〔15－8〕 DSB (A3E) 送信機が過変調の状態になったとき、どのような現象を生じるか。

1．側波帯が広がる。
2．寄生振動が発生する。
3．送信周波数が変動する。
4．占有周波数帯幅が狭くなる。

出題頻度：★★

〔15－9〕 DSB (A3E) 送信機では、音声信号によって搬送波をどのように変化させるか。

1．搬送波の発射を断続させる。
2．振幅を変化させる。
3．周波数を変化させる。
4．振幅と周波数ともに変化させる。

出題頻度：★★★★★★

〔15－10〕 図に示す DSB (A3E) 送信機の構成において、送信周波数 $f_c$ と、発振周波数 $f_0$ との関係で正しいのはどれか。

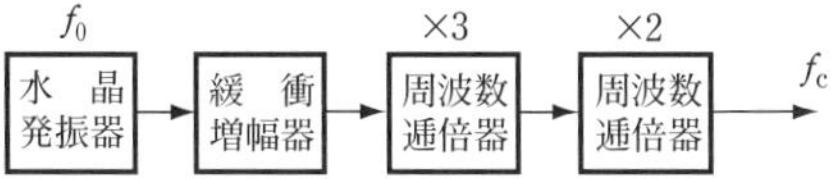


1．$f_0 = f_c / 2$
2．$f_0 = f_c / 3$
3．$f_0 = f_c / 5$
4．$f_0 = f_c / 6$

出題頻度：★

〔15－11〕 SSB 送信機において、搬送波の抑圧に役立っているのはどれか。

1．ALC 回路
2．VOX 回路

3．平衡変調器
4．クラリファイヤ

**出題頻度：★★★**

共〔15－12〕　SSB（J3E）送信機において、下側波帯又は上側波帯のいずれか一方のみを取り出す目的で設けるものは、次のうちどれか。

1．平衡変調器
2．帯域フィルタ（BPF）
3．周波数逓倍器
4．周波数弁別器

**出題頻度：★**

〔15－13〕　送信機の構成において、SSB（J3E）波を得るために用いられる変調器は、次のうちどれか。

1．位相変調器
2．周波数変調器
3．平衡変調器
4．高電力変調器

**出題頻度：★★★**

〔15－14〕　図は、SSB（J3E）送信機の構成の一部を示したものである。図の出力側の周波数成分として、正しいのは次のうちどれか。

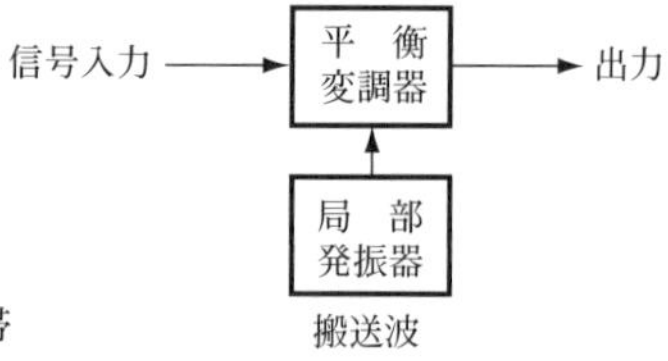


1．上側波帯
2．下側波帯
3．上側波帯と下側波帯
4．上側波帯と下側波帯及び搬送波

**出題頻度：★★★★★**

〔15 − 15〕　図に示すSSB（J3E）波を発生させるための回路の構成において、出力に現れる周波数成分は、次のうちどれか。

1．$f_c + f_s$
2．$f_c - f_s$
3．$f_c \pm f_s$
4．$f_c + 2f_s$

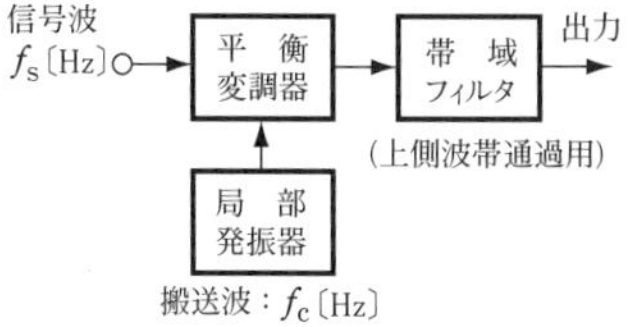


**出題頻度：★★**

〔15 − 16〕　図に示すSSB（J3E）波を発生させるための回路の構成において、出力に現れる周波数は、次のうちどれか。

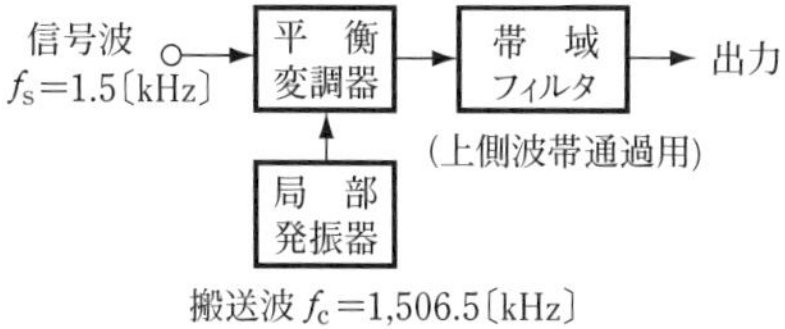


1．1,503.5〔kHz〕
2．1,505　〔kHz〕
3．1,508　〔kHz〕
4．1,509.5〔kHz〕

**出題頻度：★★★**

〔15 − 17〕　図は、SSB（J3E）送信機の構成の一部を示したものである。空欄の部分に入れるべき名称で、正しいのはどれか。

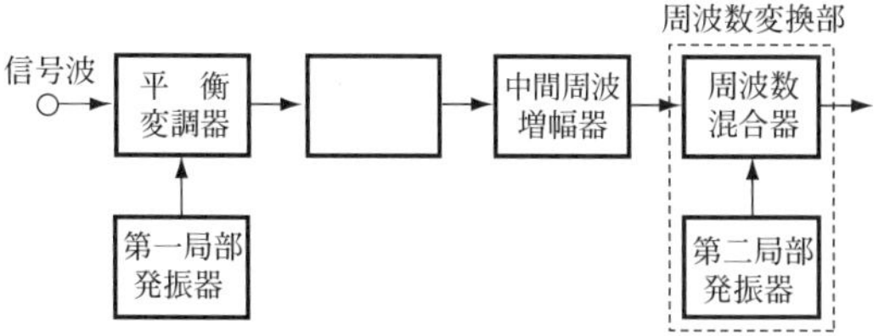

1．周波数逓倍器
2．帯域フィルタ（BPF）
3．水晶発振器
4．緩衝増幅器

**出題頻度：★★★★★**

〔15 − 18〕　次の記述は、SSB（J3E）送信機のどの回路について述べたものか。

この回路は、電力増幅器に一定のレベル以上の入力電圧が加わったときに、送信電波の波形がひずんだり、占有周波数帯幅が過度に広がらないようにするため、励振増幅器や中間周波増幅器の増幅度を自動的に下げて電力増幅器の入力レベルを制限する。

1．AFC　　3．ALC
2．IDC　　4．ANL

**出題頻度：★★★★★**

〔15 − 19〕　次の記述の［　］内に入れるべき字句の組合せで、正しいものはどれか。

SSB（J3E）送信機では、［A］増幅器の入力レベルを制限し、送信出力がひずまないように、［B］回路が用いられる。

1．A：緩衝　　B：IDC
2．A：電力　　B：IDC
3．A：緩衝　　B：ALC
4．A：電力　　B：ALC

**出題頻度：★★★**

〔15 − 20〕　SSB（J3E）トランシーバの送信部において、送話の音声の有無によって、自動的に送信と受信を切り替える働きをするのは、次のうちどれか。

1. ALC 回路
2. VOX 回路
3. 帯域フィルタ (BPF)
4. 平衡変調器

**出題頻度：★**

〔15 − 21〕 FM (F3E) 送信機の変調は、搬送波がどのように変化させるか。

1. 音声信号で断続させる。
2. 振幅を音声信号で変化させる。
3. 周波数を音声信号で変化させる。
4. 振幅と周波数を音声信号で変化させる。

**出題頻度：★★★★**

〔15 − 22〕 FM (F3E) 送信機では、音声信号によって搬送波をどのように変化させるか。

1. 搬送波の発射を断続させる。
2. 振幅を変化させる。
3. 周波数を変化させる。
4. 振幅と周波数ともに変化させる。

**出題頻度：★★★**

〔15 − 23〕 間接 FM 方式の FM(F3E) 送信機についての記述で、正しいのはどれか。

1. 平衡変調器で、周波数変調波を行っている。
2. 終段電力増幅器で、変調を行っている。
3. 周波数逓倍器で、所要の周波数偏移を得ている。
4. IDC 回路で、送信電力の変動を防止している。

**出題頻度：★**

〔15 − 24〕　次の記述は、FM 通信方式について述べたものである。誤っているのはどれか。

1．同じ周波数の妨害波があっても、受信希望の信号波が強ければ妨害波は抑圧される。
2．周波数偏移を大きくしても、占有周波数帯幅は変わらない。
3．受信レベルが少しくらい変動しても、出力レベルはほぼ一定である。
4．AM 通信方式に比べて、受信機出力の音質が良い。

**出題頻度：★★★**

共〔15 − 25〕　送信機の周波数逓倍器は、どのような目的で設けられているか。

1．発振器の発振周波数が変動するのを防ぐため
2．発振器の発振周波数を整数倍して、希望の周波数にするため
3．高調波に同調させて、これを抑圧するため
4．発振器の発振周波数から低調波を取り出すため

**出題頻度：★**

〔15 − 26〕　間接 FM 方式の FM (F3E) 送信機において、変調波を得るには、図の空欄の部分に何を設ければよいか。

1．励振増幅器
2．緩衝増幅器
3．周波数逓倍器
4．位相変調器

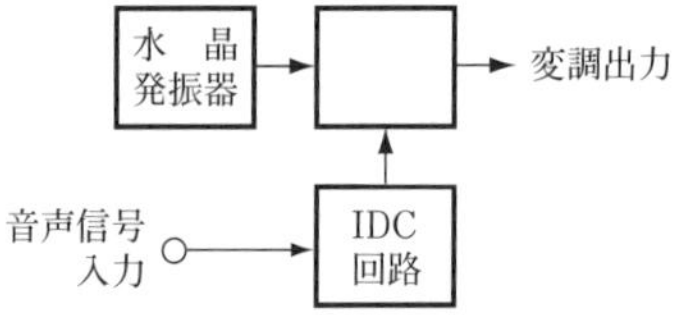


**出題頻度：★★★**

〔15 − 27〕　図は、FM (F3E) 送信機の構成を示したものであ

る。空欄の部分に入れるべき名称の組合せで、正しいのは次のうちどれか。

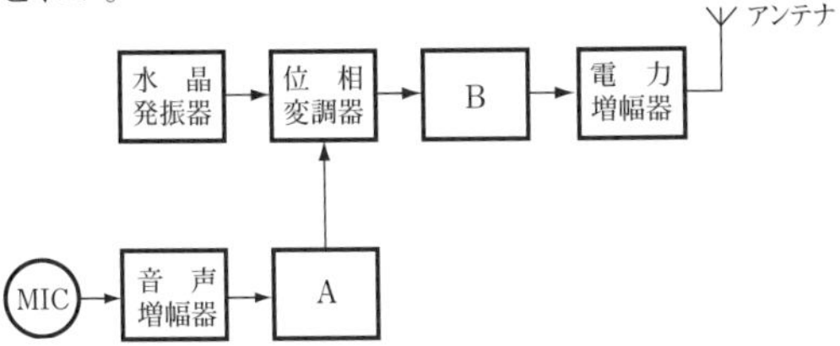


1．A：IDC 回路　　　B：周波数逓倍器
2．A：IDC 回路　　　B：緩衝増幅器
3．A：ALC 回路　　　B：周波数逓倍器
4．A：ALC 回路　　　B：緩衝増幅器

**出題頻度：★★★★**

〔15 − 28〕　間接 FM 方式の FM（F3E）送信機に通常使用されていないものは、次のうちどれか。

1．水晶発振器
2．IDC 回路
3．周波数逓倍器
4．平衡変調器

**出題頻度：★★**

〔15 − 29〕　次の記述は、SSB（J3E）送信機のどの回路について述べたものか。

「この回路は、電力増幅部に一定のレベル以上の入力電圧が加わったときに励振増幅器などの増幅度を自動的に下げて電力増幅部の入力レベルを制限し、送信電波の波形がひずまないようにしたり、占有周波数帯幅が過度に広がらないようにするものである。」

1．AFC　　　2．IDC

3. ALC　　　4. ANL

**出題頻度：★**

〔15－30〕 図は、間接FM方式のFM(F3E)送信機の基本的な構成例を示したものである。空欄の部分に入れるべき名称の組合せで、正しいのは次のうちどれか。

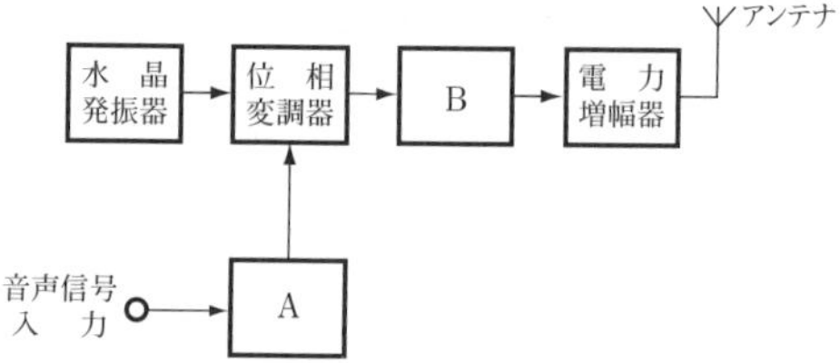


1. A：IDC 回路　　B：周波数逓倍器
2. A：IDC 回路　　B：検波器
3. A：ALC 回路　　B：周波数逓倍器
4. A：ALC 回路　　B：検波器

**出題頻度：★★★★**

〔15－31〕 図は、トランジスタ増幅器の $V_{BE}$ － $I_C$ 特性曲線の一例である。特性のP点を動作点とする増幅方式の名称として、正しいのはどれか。

1. A級増幅
2. B級増幅
3. C級増幅
4. AB 級増幅

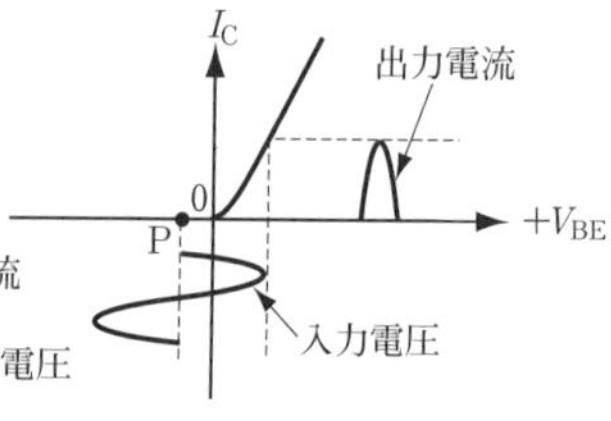


$I_C$：コレクタ電流
$V_{BE}$：ベース・エミッタ間電圧

**出題頻度：★**

〔15 − 32〕 SSB (J3E) 送信機において、下側波帯又は上側波帯のいずれか一方のみを取り出す目的で設けるものは、次のうちどれか。

1．帯域フィルタ (BPF)
2．周波数逓倍器
3．緩衝増幅器
4．周波数混合器

**出題頻度：★★★**

〔15 − 33〕 無線送信機に擬似負荷を用いる目的として、正しいものはどれか。

1．送信周波数を安定にするため
2．調整中に電波を外部に出さないため
3．送信機の消費電力を節約するため
4．調整不良の箇所を直ちに発見するため

**出題頻度：★**

〔15 − 34〕 FM (F3E) 通信方式の説明で、誤っているのはどれか。

1．同じ周波数の妨害波があっても、受信希望の信号波の方が強ければ妨害波は抑圧される。
2．受信入力レベルが少しくらい変動しても、出力レベルはほぼ一定である。
3．周波数偏移を大きくしても、占有周波数帯幅は変わらない。
4．一般的に AM (A3E) 通信方式に比べて、受信機出力の音質が良い。

**出題頻度：★★**

〔15 − 35〕 無線送信機に擬似負荷を用いる目的として、正し

いのはどれか。

1．送信周波数を安定にするため
2．調整中に電波を外部に出さないため
3．送信機の消費電力を節約するため
4．寄生振動を防止するため

**出題頻度：★**

〔15 − 36〕　同じ音声信号を用いて振幅変調（AM）と周波数変調（FM）をおこなったとき、AM 波と比べて FM 波の占有周波数帯幅の一般的な特徴はどれか。

1．同じ　　　　3．狭い
2．半分　　　　4．広い

**出題頻度：★**

共〔15 − 37〕　直接 FM 方式の FM（F3E）送信機において、変調波を得るには、図の空欄の部分に何を設ければよいか。

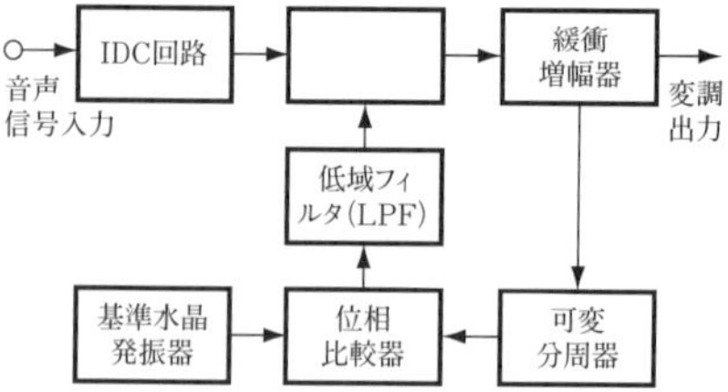


1．励振増幅器
2．音声増幅器
3．周波数逓倍器
4．電圧制御発振器

無線工学

# 〔16〕《ナンバー》の試験問題

★試験問題番号〔16〕のキー・ポイント

ナンバー〔16〕は、送信機の各部名称、働きなどの出題です。

① SSB（J3E）の図は、山1つと搬送波なし（破線表示）。

②送信機の条件は周波数安定、占有帯狭く、スプリアス小。

③水晶発振子は $f$ が高くなると作りにくく、C級逓倍器を使用。

④緩衝増幅器（バッファ）の役目、発振器への後段の影響を阻止。

⑤緩衝増幅器は、発振器と逓倍器の間に入れる。

⑥発振器は、後段と疎結合（密結合は不適当）。

⑦ PTTスイッチを押すとアンテナが送信機に接続され、送信状態になる。

⑧ DSB送信機の変調器の高域低下、占有帯は狭くなる。

⑨ DSBの過変調は側波帯が広がり、他局の迷惑。

⑩発振周波数×逓倍器＝出力周波数　（例）3.5 × 6 ＝ 21〔MHz〕

⑪ DSBに比べてSSBは長所が多いが、回路複雑、コスト高。

⑫上側波帯か下側波帯の1つを発射するのがSSB。

⑬ SSBで、搬送波を抑圧するのは平衡変調器。

⑭ SSBで、平衡変調器の出力は上側波帯と下側波帯。

⑮平衡変調器の出力のうち、帯域フィルタを通せばSSB（単側波帯）。上側波帯を通すフィルタならば $f_C + f_S$。

⑯ SSBには、C級周波数逓倍器はひずみの点で使用できず。

⑰ SSB電力増幅器で、入力制限して、ひずみを抑えるのはALC。

⑱ FMは、周波数逓倍器で所要の周波数偏移と高い周波数を得る。

⑲ FMの周波数偏移は、周波数逓倍数を大きくすると偏移大。

⑳大きな音声のとき、周波数偏移の過大防止はIDCの役目。

# 第4級・工　学

**出題頻度：★★★★**

共〔16－1〕　SSB（J3E）電波の周波数成分を表した図は、次のうちどれか。ただし、点線は搬送波成分がないことを示す。

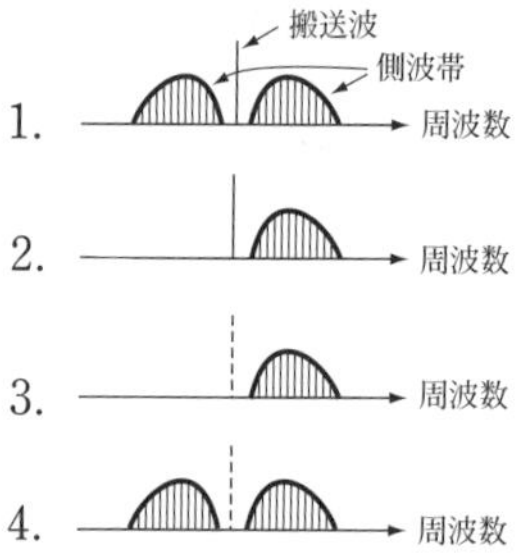


**出題頻度：★**

〔16－2〕　次の記述は、送信機が備えなければならない条件について述べたものである。［　］内に入れるべき字句の組合せで、正しいのはどれか。

（1）　送信電波は、周波数が安定で、占有周波数帯幅ができるだけ［A］こと。

（2）　スプリアス発射電力が［B］こと。

1．A：広い　　　B：小さい
2．A：狭い　　　B：大きい
3．A：広い　　　B：大きい
4．A：狭い　　　B：小さい

**出題頻度：★★**

共〔16－3〕　次の文の［　］内に当てはまる字句の組合せは、下記のうちどれか。

発振周波数が10〔MHz〕ぐらいより高い水晶発振子は、その厚みが非常に［A］なり製造が難しく、超短波帯の送信機では［B］動作の周波数逓倍器を用いて高い周波数を得ている。

1．A：薄く　　B：A級
2．A：厚く　　B：C級
3．A：薄く　　B：C級
4．A：厚く　　B：A級

**出題頻度：★★★★**

〔16－4〕 送信機の緩衝増幅器は、どのような目的で設けられているか。

1．所要の送信機出力まで増幅するため
2．発振周波数の整数倍の周波数を取り出すため
3．終段増幅器の入力として十分な励振電圧を得るため
4．後段の影響により発振器の発振周波数が変動するのを防ぐため

**出題頻度：★**

〔16－5〕 送信機の回路において、緩衝増幅器の配置で、最も適切なのは次のうちどれか。

1．音声増幅器の次段
2．励振増幅器と電力増幅器の間
3．周波数逓倍器と励振増幅器の間
4．発振器の次段

**出題頻度：★★**

〔16－6〕 送信機の発振周波数を安定にするための方法として、適当でないものは次のうちどれか。

1．発振器と後段との結合を密にする。
2．発振器として水晶発振回路を用いる。
3．発振器の次段に緩衝増幅器を設ける。
4．発振器の電源電圧の変動を少なくする。

**出題頻度：★★★★★**

〔16 − 7〕　無線電話送受信装置において、プレストークボタン（PTT スイッチ）を押すとどのような状態になるか。

1．アンテナが受信機に接続され、送信状態となる。
2．アンテナが送信機に接続され、送信状態となる。
3．アンテナが送信機と受信機に接続され、送受信状態となる。
4．アンテナが受信機に接続され、受信状態となる。

**出題頻度：★★★★**

〔16 − 8〕　DSB（A3E）送信機において、占有周波数帯幅が広がる原因の説明として、誤っているのはどれか。

1．送信機が寄生振動を起こしている。
2．変調器の出力に非直線ひずみの成分がある。
3．変調器の周波数特性が高域で低下している。
4．変調度が 100〔%〕を超えて過変調になっている。

**出題頻度：★★★★**

〔16 − 9〕　DSB（A3E）送信機が過変調の状態になったとき、どのような現象を生ずるか。

1．占有周波数帯幅が狭くなる。
2．搬送波の周波数が変動する。
3．側波帯が広がる。
4．寄生振動が発生する。

**出題頻度：★★★★★★**

〔16 − 10〕　図に示す DSB（A3E）送信機の構成において、送信周波数 $f_c$ と、発振周波数 $f_0$ との関係で正しいのはどれか。

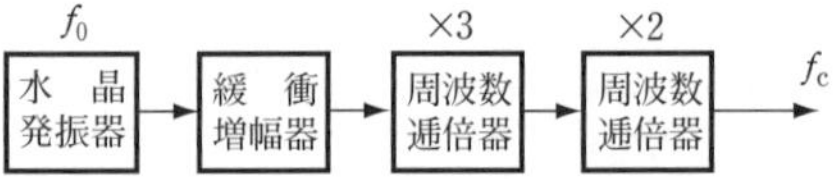

1. $f_0 = f_c/2$　　3. $f_0 = f_c/5$
2. $f_0 = f_c/3$　　4. $f_0 = f_c/6$

**出題頻度：★**

〔16 − 11〕　次の記述は、DSB (A3E) 方式と比べたときのSSB (J3E) 方式の一般的な特長について述べたものである。誤っているのはどれか。

1．占有周波数帯幅が狭い。
2．音声等の信号が加わったときだけ電波が発射される。
3．受信帯域幅が約2分の1になるので、雑音が減少する。
4．送受信機の回路構成が簡単である。

**出題頻度：★★★**

〔16 − 12〕　振幅変調方式の送信機で、上側波帯又は下側波帯のうちの一方の側波帯を発射するのは、次のうちどれか。

1．CW (A1A) 送信機　　3．DSB (A3E) 送信機
2．FM (F3E) 送信機　　4．SSB (J3E) 送信機

**出題頻度：★★**

〔16 − 13〕　SSB (J3E) 送信機において、搬送波の抑圧に役立っているのは、次のうちどれか。

1．平衡変調器　　3．ALC 回路
2．振幅制限器　　4．スピーチクリッパ

**出題頻度：★★★**

〔16 − 14〕　図は、SSB (J3E) 送信機の構成の一部を示したものである。図の出力側の周波数成分として、正しいのはどれか。

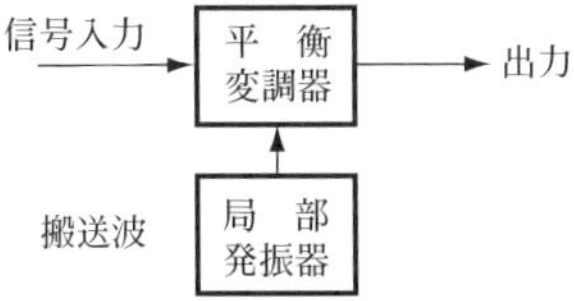

1．上側波帯と下側波帯
2．上側波帯
3．下側波帯
4．上側波帯と下側波帯及び搬送波

**出題頻度：★★★★★**

〔16 − 15〕　図に示すSSB (J3E) 波を発生させるための回路の構成において、出力に現れる周波数成分は、次のうちどれか。

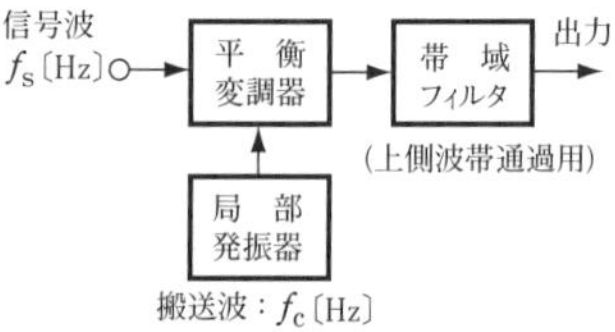


1．$f_c - f_s$
2．$f_c + f_s$
3．$f_c \pm f_s$
4．$f_c + 2f_s$

**出題頻度：★★**

〔16 − 16〕　図は、SSB (J3E) 送信機の構成の一部を示したものである。空欄の部分に当てはまるものは、次のうちどれか。

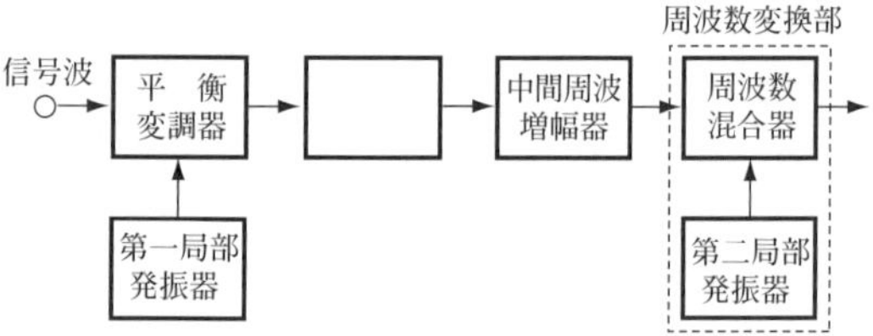


1．水晶発振器　　　3．周波数逓倍器
2．緩衝増幅器　　　4．帯域フィルタ (BPF)

**出題頻度：★★★★★**

共〔16 − 17〕　SSB (J3E) 送信機の構成及び各部の働きで、誤っているのはどれか。

1．変調波を周波数逓倍器に加えて所要の周波数を得ている。
2．送信出力波形のひずみを軽減するため、ALC 回路を設けている。
3．平衡変調器を設けて、搬送波を除去している。
4．不要な側波帯を除去するため、帯域フィルタ (BPF) を設けている。

**出題頻度：★★★★★**

〔16 − 18〕 次の記述は、SSB (J3E) 送信機のどの回路について述べたものか。

この回路は、電力増幅器に一定のレベル以上の入力電圧が加わったときに、送信電波の波形がひずんだり、占有周波数帯幅が過度に広がらないようにするため、励振増幅器や中間周波増幅器の増幅度を自動的に下げて電力増幅器の入力レベルを制限する。

| | |
|---|---|
| 1．AFC | 3．ALC |
| 2．IDC | 4．ANL |

**出題頻度：★★★★★**

〔16 − 19〕 次の記述の［　］内に入れるべき字句の組合せで、正しいのはどれか。

SSB (J3E) 送信機では、［A］増幅器の入力レベルを制限し、送信出力がひずまないように［B］回路が用いられる。

| | |
|---|---|
| 1．A：電力　B：IDC | 3．A：緩衝　B：IDC |
| 2．A：電力　B：ALC | 4．A：緩衝　B：ALC |

**出題頻度：★★★★**

〔16 − 20〕 間接 FM 方式の FM (F3E) 送信機についての記述で、正しいのはどれか。

1．IDC 回路で、送信電力の変動を防止している。
2．周波数逓倍器で、所要の周波数偏移を得ている。
3．平衡変調器で、周波数変調波を行っている。
4．終段電力増幅器で、変調を行っている。

**出題頻度：★★**

〔16 − 21〕　次の記述は、FM (F3E) 通信方式の一般的な特徴について述べたものである。誤っているのはどれか。

1．同じ周波数の妨害波があっても、受信希望の信号波が強ければ妨害波は抑圧される。
2．受信入力レベルが少しくらい変動しても、出力レベルはほぼ一定である。
3．AM (A3E)通信方式に比べて、受信出力の音質が良い。
4．周波数偏移を大きくしても、占有周波数帯幅は変わらない。

**出題頻度：★★**

〔16 − 22〕　FM (F3E) 送信機において、周波数偏移を大きくするには、どうすればよいか。

1．変調器と次段との結合を疎にする。
2．緩衝増幅器の増幅度を小さくする。
3．周波数逓倍器の逓倍数を大きくする。
4．水晶発振器の発振周波数を高くする。

**出題頻度：★★**

共〔16 − 23〕　送信機の周波数逓倍器は、どのような目的で設けられているか。

1．発振器の発振周波数を整数倍して、希望の周波数にするため
2．発振器の発振周波数から低調波を取り出すため
3．発振器の発振周波数が変動するのを防ぐため

4．高調波に同調させて、これを抑圧するため

**出題頻度：★★★★★**

〔16 － 24〕 間接 FM 方式の FM (F3E) 送信機において、変調波を得るには、図の空欄の部分に何を設ければよいか。

1．位相変調器
2．平衡変調器
3．緩衝増幅器
4．周波数逓倍器

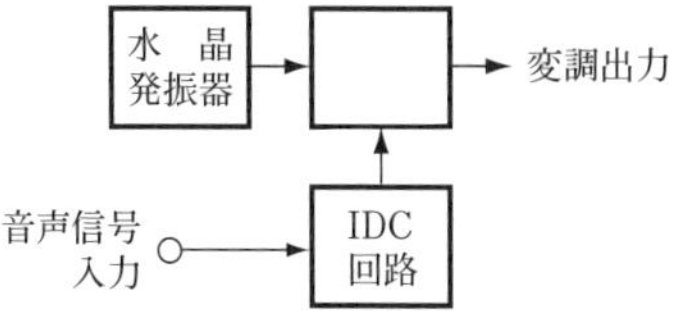


**出題頻度：★★★★★**

共〔16 － 25〕 図は、間接 FM 方式の FM (F3E) 送信機の基本的な構成例を示したものである。空欄の部分に入れるべき名称の組合せで、正しいのは次のうちどれか。

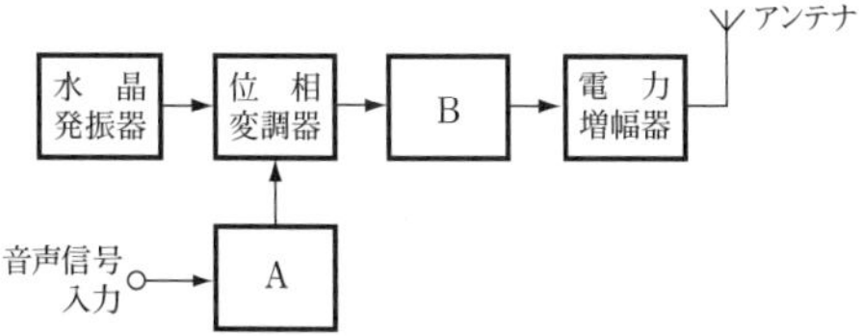


1．A：ALC 回路　　B：緩衝増幅器
2．A：IDC 回路　　B：緩衝増幅器
3．A：ALC 回路　　B：周波数逓倍器
4．A：IDC 回路　　B：周波数逓倍器

**出題頻度：★★**

共〔16 － 26〕 間接 FM 方式の FM (F3E) 送信機において、IDC 回路を設ける目的は何か。

1．寄生振動の発生を防止する。

2．高調波の発生を除去する。
3．発振周波数を安定にする。
4．周波数偏移を制限する。

**出題頻度：★★**

共〔16－27〕 FM（F3E）送信機において、大きな音声信号が加わっても一定の周波数偏移内に収めるためには、図の空欄の部分に何を設ければよいか。

1．AGC 回路
2．IDC 回路
3．音声増幅器
4．緩衝増幅器

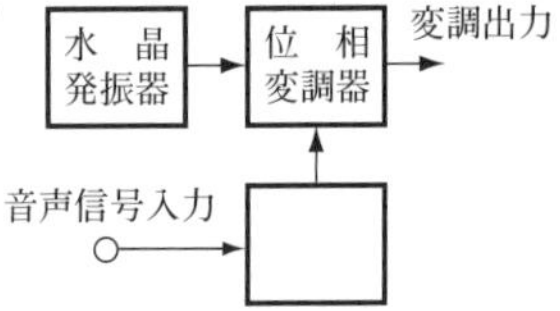


**出題頻度：★★★**

共〔16－28〕 図に示すDSB（A3E）スーパヘテロダイン受信機の構成には誤った部分がある。これを正しくするにはどうすればよいか。

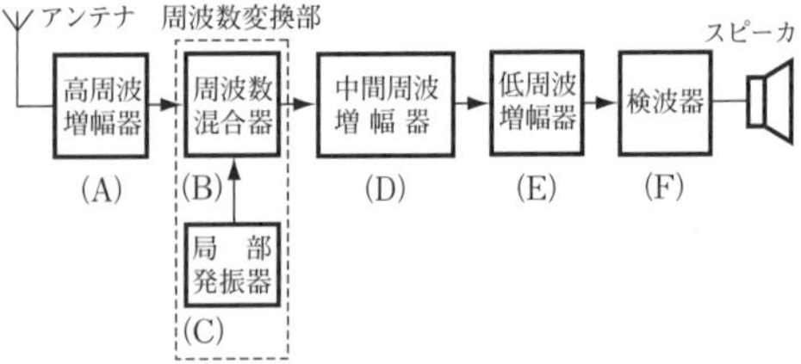


1．（A）と（D）を入れ替える。
2．（B）と（C）を入れ替える。
3．（E）と（F）を入れ替える。
4．（D）と（F）を入れ替える。

**出題頻度：★**

〔16 − 29〕 FM (F3E) 送信機において、周波数偏移を常に一定値以下に収めるための回路は、次のうちどれか。

1．ALC 回路　　3．IDC 回路
2．スケルチ回路　　4．VOX 回路

**出題頻度：★★★**

〔16 − 30〕 FM (F3E) 送信機において、周波数偏移を大きくする方法として用いられるのは、次のうちどれか。

1．周波数逓倍器の逓倍数を大きくする。
2．緩衝増幅器の増幅度を小さくする。
3．送信機の出力を大きくする。
4．変調器と次段との結合を疎にする。

**出題頻度：★**

共〔16 − 31〕 図は、直接 FM 方式の FM (F3E) 送信機の原理的な構成例を示したものである。［A］［B］内に入れるべき字句の組合せで、正しいのは次のうちどれか。

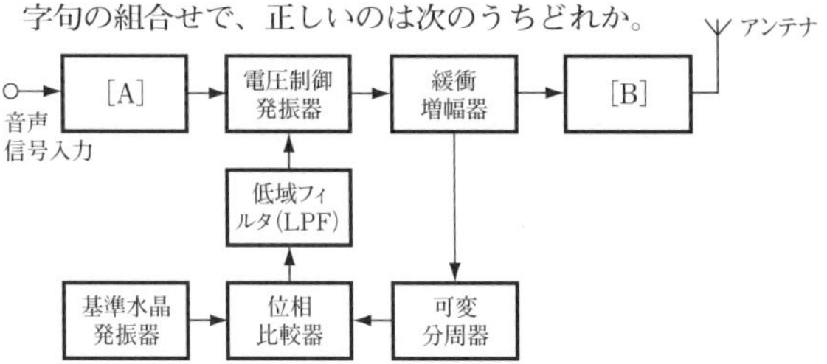


1．A：ALC 回路　　B：電力増幅器
2．A：ALC 回路　　B：検波器
3．A：IDC 回路　　B：検波器
4．A：IDC 回路　　B：電力増幅器

無線工学

# ナンバー〔17〕の試験問題

★試験問題番号〔17〕のキー・ポイント

　ナンバー〔17〕は、おもに受信機について出題されます。

①自動車に搭載する無線機は、雑音に強いFM方式。
② SSB (J3E) の成分は側波帯1つで、搬送波なし (破線表示)。
③ F3E (FM) 送信機に平衡変調器 (SSB用) は使用せず。
④スーパ受信機の局発は、スプリアス成分が少ないこと。
⑤スーパ受信機は、受信周波数を別の中間周波数に変える。
⑥中間周波数は、入力信号と局部発振の差の周波数成分。
⑦スーパで、中間周波変成器 (IFT) が崩れると、近接混信大。
⑧スーパで、近接に対する選択度向上は中間周波増幅部。
⑨スーパで、近接周波数混信を軽減するために適切な特性の帯域フィルタ (BPF) を使用。
⑩スーパで、影像混信対策に中間周波増幅の利得を下げても、効果なし。
⑪直線検波器は大きなひずみ少なく、入力小さいとき出力は小。
⑫スーパで、低周波増幅器の前段は直線検波器。
⑬スーパで、高周波増幅器を付けると周波数変換部からの発生ノイズを改善できる。信号対雑音比 (S/N) の改善。
⑭ SSB受信機にスピーチクリッパ不要 (送信機用)。
⑮ SSBで、受信音がひずんできたらクラリファイヤを調整。
⑯振幅制限器は受信電波の振幅を一定、不要成分をカット。
⑰スケルチは、受信電波がないときに出る雑音をストップ。
⑱周波数弁別器は、受信周波数変化を振幅変化に直して復調。
⑲受信電波の強さが変動しても、一定出力にするのがAGC。

**出題頻度：★★★★**

〔17 − 1〕 自動車に搭載する無線電話装置で自動車雑音に強い変調方式は、次のうちどれか。

1．FM (F3E) 方式
2．SSB (J3E) 方式
3．SSB (H3E) 方式
4．DSB (A3E) 方式

**出題頻度：★★★★**

共〔17 − 2〕 SSB (J3E) 電波の周波数成分を表した図は、どれか。ただし、点線は搬送波成分がないことを示す。

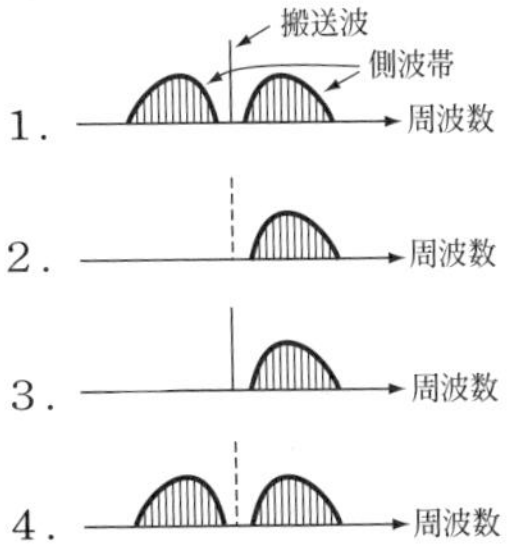


**出題頻度：★★★★★**

共〔17 − 3〕 FM (F3E) 送信機に通常使用されていないものは、次のうちどれか。

1．ALC 回路
2．IDC 回路
3．緩衝増幅器
4．水晶発振器

**出題頻度：★★★**

〔17 − 4〕 スーパヘテロダイン受信機に用いられる高周波増

幅部の利点で、誤っているのは次のうちどれか。

1．感度が良くなる。
2．影像周波数混信が減る。
3．信号対雑音比が良くなる。
4．局部発振器の出力が、空中線から放射されやすい。

**出題頻度：★★★★★**

〔17 − 5〕　シングルスーパヘテロダイン受信機の局部発振器に必要とされる条件は、次のうちどれか。

1．発振周波数が受信周波数に等しいこと
2．スプリアス成分が少ないこと
3．発振出力が変化できること
4．水晶発振器であること

**出題頻度：★**

〔17 − 6〕　スーパヘテロダイン受信機の特徴で誤っているのは、次のうちどれか。

1．受信周波数を中間周波数に変換している。
2．選択度を極めて高くすることができる。
3．受信周波数を変えないで、そのまま増幅している。
4．イメージ（影像）周波数混信を受けることがある。

**出題頻度：★★**

〔17 − 7〕　受信機の中間周波増幅器では、一般にどのような周波数成分が増幅されるか。

1．入力信号周波数と局部発振周波数の差の周波数成分
2．入力信号周波数と局部発振周波数の和の周波数成分
3．局部発振周波数成分
4．入力信号周波数成分

**出題頻度：★★★**

〔17 − 8〕 スーパヘテロダイン受信機の周波数変換部の働きは、次のうちどれか。

1．受信周波数を音声周波数に変える。
2．音声周波数を中間周波数に変える。
3．中間周波数を音声周波数に変える。
4．受信周波数を中間周波数に変える。

**出題頻度：★★★**

共〔17 − 9〕 スーパヘテロダイン受信機において、中間周波変成器（IFT）の調整が崩れ、帯域幅が広がるとどうなるか。

1．強い電波を受信しにくくなる。
2．周波数選択度が良くなる。
3．近接周波数による混信を受けやすくなる。
4．出力の信号対雑音比が良くなる。

**出題頻度：★★**

〔17 − 10〕 スーパヘテロダイン受信機の近接周波数に対する選択度特性に、最も影響を与えるものは、次のうちどれか。

1．中間周波増幅器
2．高周波増幅器
3．周波数変換器
4．検波器

**出題頻度：★★★**

〔17 − 11〕 受信機で、近接周波数に対する選択度を上げるのに最も重要な役割をするものは、次のうちどれか。

1．高周波増幅器
2．周波数混合器
3．中間周波増幅器
4．低周波増幅器

**出題頻度：★**

〔17 － 12〕　スーパヘテロダイン受信機において、近接周波数による混信を軽減する方法で、最も効果的なのは、次のうちどれか。

1．AGC 回路を断 (OFF) にする。
2．高周波増幅部の利得を下げる。
3．局部発振器に水晶発振回路を用いる。
4．中間周波増幅部に適切な特性の帯域フィルタ (BPF) を用いる。

**出題頻度：★★★**

共〔17 － 13〕　スーパヘテロダイン受信機において、影像周波数による混信を軽減する方法で誤っているのは次のうちどれか。

1．アンテナ回路にウェーブトラップをそう入する。
2．高周波増幅部の選択度を良くする。
3．中間周波増幅部の利得を下げる。
4．中間周波数を高くする。

**出題頻度：★★★**

共〔17 － 14〕　スーパヘテロダイン受信機に直線検波が用いられる理由で、誤っているのは次のうちどれか。

1．大きな中間周波出力電圧が検波器に加わるから
2．入力が小さくても大きな検波出力が取り出せるから
3．大きな入力に対してひずみが少ないから
4．忠実度を良くすることができるから

**出題頻度：★**

〔17 － 15〕　図は、DSB (A3E) ダブルスーパヘテロダイン受信機の構成の一部を示したものである。図の空欄の部分に入れるべきものは、次のうちどれか。

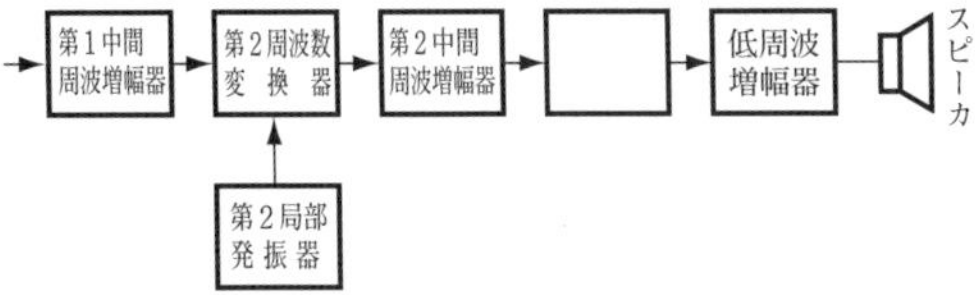


1．周波数弁別器
2．直線検波器
3．振幅制限器
4．再生検波器

**出題頻度：★★★★**

共〔17－16〕 次の記述の［　］内に入れるべき字句の組合せで、正しいのはどれか。

シングルスーパヘテロダイン受信機において、［A］を設けると、周波数変換部で発生する雑音の影響が少なくなるため、［B］が改善される。

1．A：高周波増幅部　　B：信号対雑音比
2．A：高周波増幅部　　B：安定度
3．A：低周波増幅部　　B：信号対雑音比
4．A：低周波増幅部　　B：安定度

**出題頻度：★★★★**

〔17－17〕 SSB（J3E）受信機で、構成上不要なものはどれか。

1．クラリファイヤ（又はRIT）
2．AGC
3．スピーチクリッパ
4．局部発振器

**出題頻度：★★★★★**

〔17－18〕　SSB (J3E) 受信機において、変調波から音声信号を得るため、空欄の部分に用いるものは次のうちどれか。

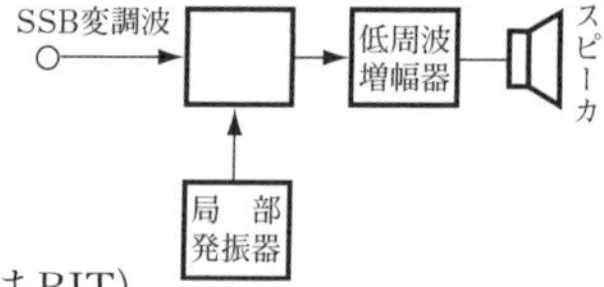


1．中間周波増幅器
2．クラリファイヤ (又はRIT)
3．帯域フィルタ (BPF)
4．検波器

**出題頻度：★★★★**

〔17－19〕　SSB (J3E) 受信機で受信しているとき、受信周波数がずれてスピーカから聞こえる音声がひずんできた場合、どのようにしたらよいか。

1．AGC 回路を「断」にする。
2．クラリファイヤ (又はRIT) を調整し直す。
3．帯域フィルタ (BPF) の通過帯域幅を狭くする。
4．音量調整器を回して音量を大きくする。

**出題頻度：★★**

共〔17－20〕　SSB (J3E) 受信機において、クラリファイヤ (又はRIT) を設ける目的はどれか。

1．受信信号の明りょう度を良くする。
2．受信強度の変動を防止する。
3．受信周波数目盛りを校正する。
4．受信雑音を軽減する。

**出題頻度：★★★**

〔17－21〕　FM (F3E) 受信機の振幅制限器の働きについて記

述しているのは、次のうちどれか。

1．受信電波が無くなったときに生ずる大きな雑音を消す。
2．選択度を良くし近接周波数による混信を除去する。
3．受信電波の周波数の変化を振幅の変化に変換し、信号を取り出す。
4．受信電波の振幅を一定にして、振幅変調成分を取り除く。

**出題頻度：★★★★★**

〔17 − 22〕　FM (F3E) 受信機のスケルチ回路について述べたものである。正しいものはどれか。

1．受信電波の周波数の変化を振幅の変化に変換し、信号を取り出す回路。
2．受信電波の振幅を一定にして、振幅変調成分を取り除く回路。
3．受信電波が無いときに出る大きな雑音を消す回路。
4．受信電波の近接周波数による混信を除去する回路。

**出題頻度：★**

〔17 − 23〕　図は、FM (F3E) 受信機の構成の一部を示したものである。空欄の部分に入れるべき名称で、正しいのはどれか。

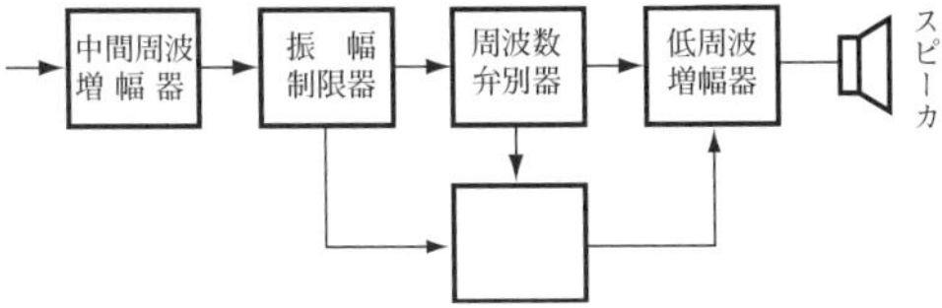


1．局部発振器
2．AGC 回路
3．BFO 回路
4．スケルチ回路

**出題頻度：★★★★★★**

〔17－24〕　FM (F3E) 受信機の、周波数弁別器の働きについて述べているのは、次のうちどれか。

1．近接周波数による混信を除去する。
2．受信電波が無くなったときに生ずる大きな雑音を消す。
3．受信電波の振幅を一定にして、振幅変調成分を取り除く。
4．受信電波の周波数の変化から、信号波を取り出す。

**出題頻度：★★★★★★★★**

〔17－25〕　FM (F3E) 受信機において、復調器として用いられるのは、次のうちどれか。

1．周波数弁別器　　　3．二乗検波器
2．リング検波器　　　4．ヘテロダイン検波器

**出題頻度：★**

〔17－26〕　図は、FM (F3E) 受信機の構成の一部を示したものである。空欄の部分に入れるべき名称で、正しいのは次のうちどれか。

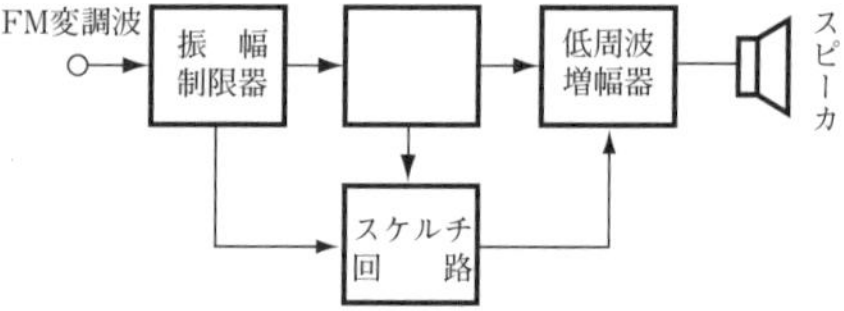


1．周波数弁別器　　　3．クラリファイヤ（又はRIT）
2．緩衝増幅器　　　　4．周波数逓倍器

**出題頻度：★★★★★**

共〔17－27〕　受信電波の強さが変動しても、受信出力を一定にする働きをするものは、何と呼ばれるか。

1．IDC　　　2．BFO

3．AFC　　　4．AGC

**出題頻度：★★**

〔17－28〕　受信機にAGC回路を設ける理由は、次のうちどれか。

1．フェージングの影響を少なくする。
2．選択度を良くする。
3．影像周波数混信を少なくする。
4．増幅度を大きくする。

**出題頻度：★★★**

共〔17－29〕　受信電波の強さが変動すると、出力が不安定となる。この出力を一定に保つための働きをする回路はどれか。

1．クラリファイヤ回路（又はRIT回路）
2．スケルチ回路
3．AGC回路
4．IDC回路

**出題頻度：★★★★**

〔17－30〕　SSB（J3E）受信機においてSSB変調波から音声信号を得るために、図の空欄の部分に何を設ければよいか。

1．クラリファイヤ
2．スケルチ
3．AGC
4．局部発振器

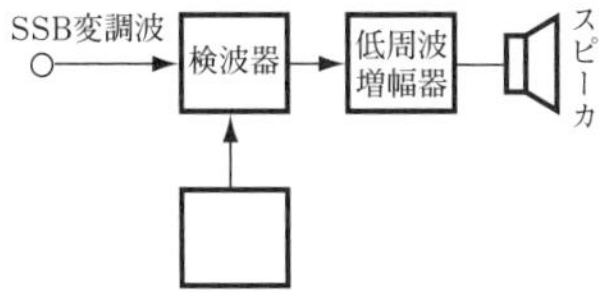


**出題頻度：★★★**

〔17－31〕　図は、スーパヘテロダイン受信機の構成図である。音声信号を取り出す働きをするところは、次のうちどれか。

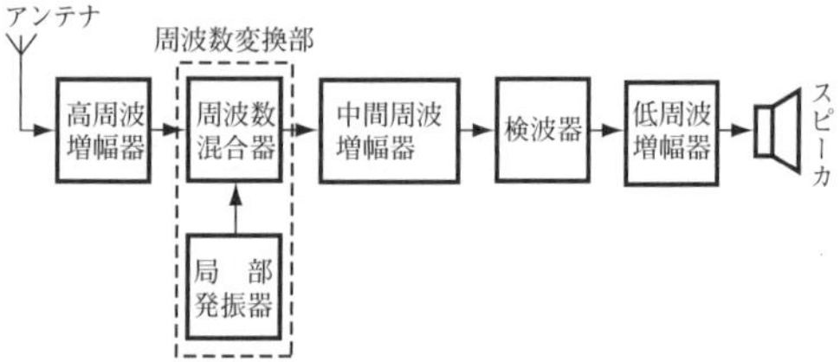


1．高周波増幅器
2．検波器
3．中間周波増幅器
4．周波数混合器

**出題頻度：★**

〔17 − 32〕 スーパヘテロダイン受信機の特徴で誤っているのは、次のうちどれか。

1．受信周波数を中間周波数に変換している。
2．選択度を極めて高くすることができる。
3．検波は受信周波数を中間周波数に変換する前に行っている。
4．イメージ（影像）周波数混信を受けることがある。

**出題頻度：★**

〔17 − 33〕 SSB（J3E）受信機において、クラリファイヤ（又はRIT）を設ける目的は、次のうちどれか。

1．受信信号の明りょう度を良くする。
2．受信強度の変動を防止する。
3．受信周波数目盛りを校正する。
4．受信信号がないときの、大きな雑音を消す。

## 無線工学

# 〔18〕《ナンバー》の試験問題

★試験問題番号〔18〕のキー・ポイント

ナンバー〔18〕は前問に続いて、受信機とその付加装置が出題されます。

①スーパ受信機の局発は、スプリアス成分が少ないこと。
②中間周波増幅器は、入力信号と局発の周波数の差成分を増幅。
③スーパ受信機、近接周波数混信軽減に適切な特性の帯域フィルタ（BPF）を使用。
④受信機の影像周波数（イメージ）選択度向上に高周波増幅器。
⑤直線検波器は、「入力小でも大きな検波出力」は誤り。
⑥受信機で音声を取り出す働きは、検波器。
⑦ SSB受信機で、不要な回路はスピーチクリッパ（送信機用）。
⑧ SSBの音声信号を取り出すのは、検波器に局発（BFO）を加える。
⑨低周波増幅器の前段が空欄であれば、それは検波器が入る。
⑩ SSB受信機では、明りょう度をよくするクラリファイヤを調整。
⑪振幅制限器は受信電波の振幅を一定に、振幅変調成分をカット。
⑫ FM受信機のスケルチは、電波がないときの雑音をカット。
⑬ FM受信機の周波数弁別器は、受信電波の周波数変化を振幅の変化に直して、信号を取り出す（復調）。
⑭ FMの復調器は、周波数弁別器。
⑮受信電波の強さが変動しても、出力を一定にするのはAGC。
⑯強い電波は利得を下げ、弱い電波は利得を上げるAGC。
⑰受信機のSメータ（信号の強さ指示）は、検波電流を示す。
⑱受信機の雑音判断は、アンテナ端子とアース端子を導線でつなぎ雑音が止まれば外来雑音、止まらなければ受信機故障。

出題頻度：★★★★★

〔18 − 1〕 シングルスーパヘテロダイン受信機の局部発振器に必要とされる条件は、次のうちどれか。

1．発振周波数が受信周波数に等しいこと
2．スプリアス成分が少ないこと
3．発振出力が変化できること
4．水晶発振器であること

出題頻度：★★

〔18 − 2〕 受信機の中間周波増幅器では、一般にどのような周波数成分が増幅されるか。

1．入力信号周波数と局部発振周波数の差の周波数成分
2．入力信号周波数と局部発振周波数の和の周波数成分
3．局部発振周波数成分
4．入力信号周波数成分

出題頻度：★★★

共〔18 − 3〕 スーパヘテロダイン受信機の周波数変換部の働きは、次のうちどれか。

1．受信周波数を音声周波数に変える。
2．受信周波数を中間周波数に変える。
3．中間周波数を音声周波数に変える。
4．音声周波数を中間周波数に変える。

出題頻度：★

共〔18 − 4〕 スーパヘテロダイン受信機において、近接周波数による混信を軽減する最も効果的な方法は、次のうちどれか。

1．AGC 回路を断（OFF）にする。
2．高周波増幅部の利得を下げる。
3．局部発振器に水晶発振回路を用いる。
4．中間周波増幅部に適切な特性の帯域フィルタ（BPF）

を用いる。

**出題頻度：★★★**

〔18 − 5〕　受信機で、影像周波数に対する選択度を上げるのに最も重要な役割をするのは、次のうちどれか。

1．高周波増幅器
2．周波数混合器
3．中間周波増幅器
4．低周波増幅器

**出題頻度：★★★**

〔18 − 6〕　スーパヘテロダイン受信機に直線検波が用いられる理由で、誤っているのはどれか。

1．忠実度を良くすることができるから
2．大きな入力に対してひずみが少ないから
3．大きな中間周波出力電圧が検波器に加わるから
4．入力が小さくても大きな検波出力が取り出せるから

**出題頻度：★★★**

〔18 − 7〕　図は、スーパヘテロダイン受信機の構成図である。音声信号を取り出す働きをするところは、次のうちどれか。

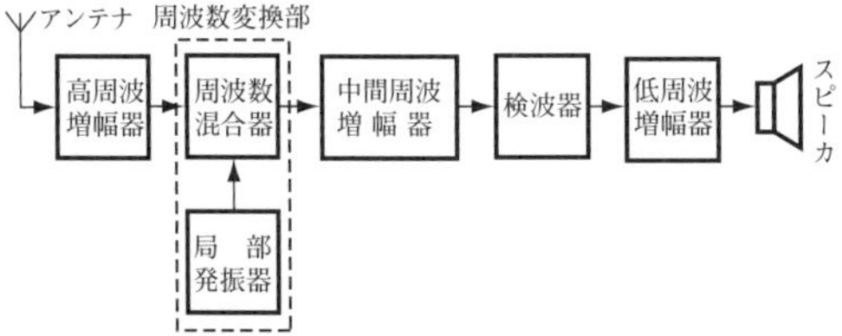


1．高周波増幅器
2．検波器

3．中間周波増幅器
4．周波数混合器

**出題頻度：★★★★**

〔18－8〕 SSB (J3E) 受信機で、構成上不要なものはどれか。

1．クラリファイヤ (又はRIT)
2．AGC
3．スピーチクリッパ
4．局部発振器

**出題頻度：★★★★**

〔18－9〕 SSB (J3E) 受信機において、SSB 変調波から音声信号を得るためには、図の空欄の部分に何を設ければよいか。

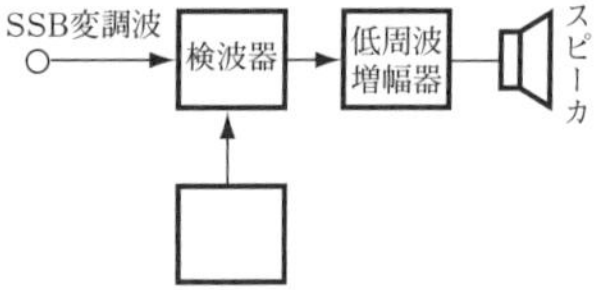


1．局部発振器
2．AGC
3．クラリファイヤ
4．スケルチ

**出題頻度：★★★★★**

〔18－10〕 SSB (J3E) 受信機において、変調波から音声信号を得るため、空欄の部分に用いるものは次のうちどれか。

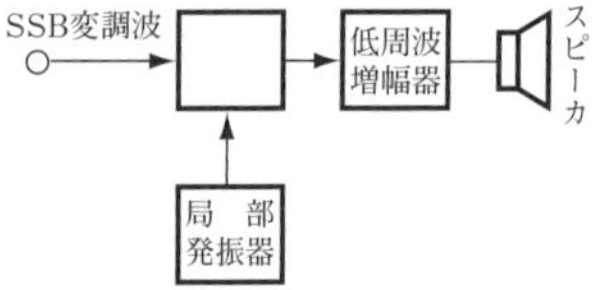


1．中間周波増幅器
2．クラリファイヤ (又はRIT)
3．帯域フィルタ (BPF)
4．検波器

出題頻度：★★★★★

〔18 − 11〕 SSB (J3E) 受信機において、受信周波数がずれて受信信号がひずんでいるとき、受信信号の明りょう度をよくするために調整するのは、次のうちどれか。

1. AGC
2. IDC
3. 音量調整
4. クラリファイヤ (又はRIT)

出題頻度：★★★

共〔18 − 12〕 クラリファイヤ (又はRIT) の動作で、正しいのはどれか。

1. 局部発振器の発振周波数を変化させる。
2. 低周波増幅器の出力を変化させる。
3. 検波器の出力を変化させる。
4. 高周波増幅器の同調周波数を変化させる。

出題頻度：★★★

〔18 − 13〕 FM (F3E) 受信機の振幅制限器の働きについて記述しているのは、次のどれか。

1. 受信電波が無くなったときに生ずる大きな雑音を消す。
2. 受信電波の振幅を一定にして、振幅変調成分を取り除く。
3. 選択度を良くし近接周波数による混信を除去する。
4. 受信電波の周波数の変化を振幅の変化に直し、信号を取り出す。

出題頻度：★★★★★

〔18 − 14〕 次の記述は、FM (F3E) 受信機のスケルチ回路について述べたものである。正しいものはどれか。

1. 受信電波が無いときに出る大きな雑音を消す回路

2．受信電波の振幅を一定にして、振幅変調成分を取り除く回路
3．受信電波の周波数成分を振幅の変化に変換し、信号を取り出す回路
4．受信電波の近接周波数による混信を除去する回路

**出題頻度：★★**

〔18 － 15〕 図は、FM（F3E）受信機の構成の一部を示したものである。空欄の部分に入れるべき名称で、正しいのはどれか。

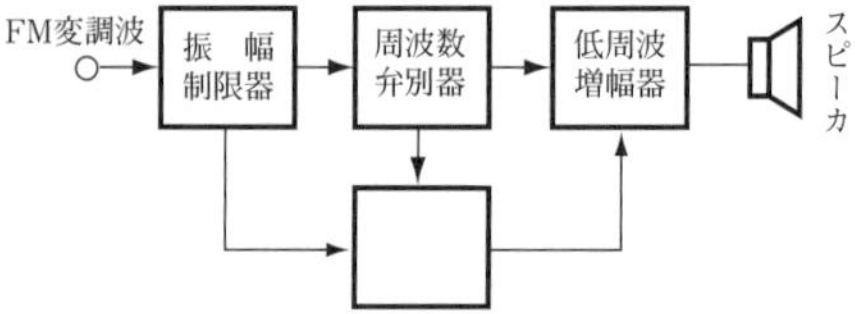


1．スケルチ回路
2．定電圧回路
3．局部発振器
4．AGC 回路

**出題頻度：★★★★★**

〔18 － 16〕 次の記述は、FM（F3E）受信機のどの回路についての説明か。

この回路は、受信電波が無いときに復調器出力に現れる雑音電圧を利用して、低周波増幅回路の動作を止めて、耳障りな雑音がスピーカから出るのを防ぐものである。

1．振幅制限回路
2．スケルチ回路
3．周波数弁別回路
4．AFC 回路

**出題頻度：★★★★★★★**

〔18 － 17〕　FM（F3E）受信機の、周波数弁別器の働きについて述べているのは、次のうちどれか。

1．近接周波数による混信を除去する。
2．受信電波が無くなったときに生ずる大きな雑音を消す。
3．受信電波の振幅を一定にして、振幅変調成分を取り除く。
4．受信電波の周波数の変化から、信号波を取り出す。

**出題頻度：★★★★★★★★★**

〔18 － 18〕　FM（F3E）受信機において、復調器として用いられるのは、次のうちどれか。

1．周波数弁別器
2．リング検波器
3．二乗検波器
4．ヘテロダイン検波器

**出題頻度：★★**

〔18 － 19〕　図は、FM（F3E）受信機の構成の一部を示したものである。空欄の部分に入れるべき名称で、正しいのは次のうちどれか。

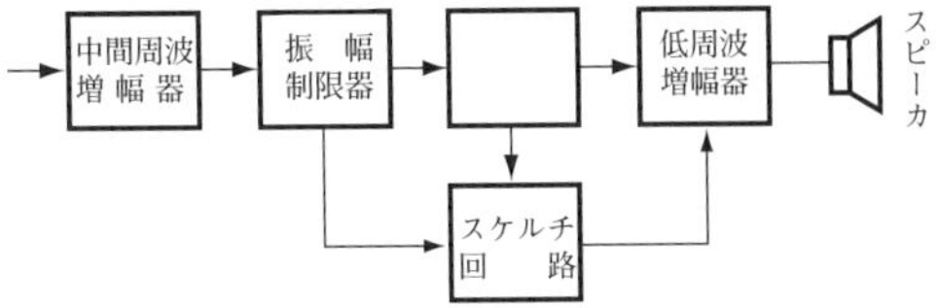


1．周波数弁別器
2．緩衝増幅器
3．プロダクト検波器
4．周波数逓倍器

**出題頻度：★★★★★**

共〔18 − 20〕　受信電波の強さが変動しても、受信出力を一定にする働きをするものは、何と呼ばれるか。

1．AGC
2．BFO
3．AFC
4．IDC

**出題頻度：★**

〔18 − 21〕　次の文の［　］内に当てはまる字句の組合せで、正しいものは下記のうちどれか。

フェージングなどにより受信電波が時間とともに変化する場合、電波が強くなったときには受信機の利得を［A］、また、電波が弱くなったときには利得を［B］て、受信機の出力を一定に保つ働きをする回路を［C］という。

| | | | |
|---|---|---|---|
| 1． | A：上げ | B：下げ | C：AGC 回路 |
| 2． | A：下げ | B：上げ | C：AGC 回路 |
| 3． | A：上げ | B：下げ | C：AFC 回路 |
| 4． | A：下げ | B：上げ | C：AFC 回路 |

**出題頻度：★★★★★**

〔18 − 22〕　受信機のＳメータが指示するものは、次のうちどれか。

1．局部発振器の出力電流
2．電源変圧器の一次電圧
3．検波電流
4．電源の出力電圧

**出題頻度：★★★★★★★★★★★★★★**

〔18 − 23〕　無線受信機のスピーカから大きな雑音が出ているとき、これが外来雑音によるものかどうかを確かめる方法で、

正しいのは次のうちどれか。

1．アンテナ端子とアース端子間を導線でつなぐ。
2．アース線を外し、受信機の同調をずらす。
3．アンテナ端子とアース端子間を高抵抗でつなぐ。
4．アンテナを外し、新しい別のアンテナと交換する。

**出題頻度：★**

〔18 − 24〕 FM (F3E) 送受信機の受信操作で正しいのはどれか。

1．スケルチ調整つまみは、雑音が急に消える限界付近の位置にする。
2．スケルチ調整つまみは、右に回して雑音が消える範囲の適当な位置にする。
3．スケルチ調整つまみは、雑音を消すためのもので、右いっぱいに回しておく。
4．受信中に相手電波が弱くなった場合でも、スケルチ調整つまみは、操作する必要はない。

**出題頻度：★★★★**

〔18 − 25〕 次の記述の［　］内に入れるべき字句の組合せで、正しいのはどれか。

シングルスーパヘテロダイン受信機において、［A］を設けると、周波数変換部で発生する雑音の影響が少なくなるため、［B］が改善される。

1．A：高周波増幅部　　B：信号対雑音比
2．A：高周波増幅部　　B：選択度
3．A：中間周波増幅部　　B：信号対雑音比
4．A：中間周波増幅部　　B：忠実度

無線工学

# 〔19〕《ナンバー》の試験問題

★試験問題番号〔19〕のキー・ポイント

　ナンバー〔19〕は、アマチュア局の大敵、電波障害についての問題です。

①電波障害は、不要な電波の発生が原因。電波時計は、電波障害のおそれなし。

②ラジオに生じる電波障害は BCI。

③テレビに生じる電波障害は TVI。

④ 28〔MHz〕の電波が FM 放送に混信したのは、第３高調波が原因。

⑤ 50〔MHz〕の電波が 150〔MHz〕の受信機に妨害を与えたのは、第３高調波が原因。

⑥送信電力が低下したとき、他の無線局への障害はなし。

⑦強力な電波がラジオに飛び込んで起こす現象は混変調。

⑧夏に数 100〔km〕離れた受信機に混信を起こしたのは、スポラジックＥ層の発生が原因。

⑨ TVI の防止は、送信機と給電線の間に短波は通すがテレビ電波は通さないローパス（低域）フィルタを挿入する。

⑩短波の基本波の飛び込みにより電波障害を発生した場合、対策は超短波（VHF）帯受信機のアンテナ端子と給電線との間に高域フィルタを挿入。高域フィルタは、VHF 帯の信号（電波）は通すが低い短波帯の信号は通さない。

⑪送信機側に付けるフィルタは「低域フィルタ」、テレビ側に付けるのは「高域フィルタ」。

出題頻度：★★★★★★★★★★★★

〔19 − 1〕　受信機に電波障害を与えるおそれが最も低いものは、次のうちどれか。

1．高周波ミシン
2．電気溶接機
3．電波時計
4．自動車の点火プラグ

出題頻度：★★★★★★★★★

共〔19 − 2〕　アマチュア局の電波が、近所のラジオ受信機に電波障害を与えることがあるが、これを通常何といっているか。

1．TVI
2．BCI
3．アンプI
4．スプリアス妨害

出題頻度：★★★★

共〔19 − 3〕　アマチュア局の電波が近所のテレビジョン受像機に電波障害を与えることがあるが、これを通常何といっているか。

1．アンプI
2．BCI
3．スプリアス妨害
4．TVI

出題頻度：★★★★★★★★★★★★★★★★★★★★★

〔19 − 4〕　送信機で28〔MHz〕の周波数の電波を発射したところ、FM放送受信に混信を与えた。送信側で考えられる混信の原因で、正しいのはどれか。

1．$\frac{1}{3}$倍の低調波が発射されている。
2．同軸給電線が断線している。

3．スケルチを強くかけすぎている。
4．第3高調波が強く発射されている。

**出題頻度：★★★★★★★★★★★**

〔19－5〕 50〔MHz〕の電波を発射したところ、150〔MHz〕の電波を受信している受信機に妨害を与えた。送信機側で通常考えられる妨害の原因は、次のうちどれか。

1．高調波が強く発射されている。
2．送信周波数が少しずれている。
3．同軸給電線が断線している。
4．スケルチを強くかけすぎている。

**出題頻度：★★★★★★★★**

〔19－6〕 50〔MHz〕の電波を発射したところ、150〔MHz〕の電波を受信している受信機に妨害を与えた。送信機側で考えられる妨害の原因は、次のうちどれか。

1．第2高調波が強く発射されている。
2．第3高調波が強く発射されている。
3．第4高調波が強く発射されている。
4．第5高調波が強く発射されている。

**出題頻度：★★★★★★★★**

共〔19－7〕 他の無線局に受信障害を与えるおそれが最も低いのは、次のうちどれか。

1．送信電力が低下したとき
2．寄生振動があるとき
3．高調波が発射されたとき
4．障害を受ける受信アンテナが近いとき

**出題頻度：★★★★★★★★★★★★★★★**

共〔19－8〕 AMラジオ受信機に、希望波と異なる周波数の強力な妨害波が加わると、希望波が妨害波の変調信号によって変調され、BCI を起こすことがある。この現象を何変調と呼んでいるか。

1．平衡変調
2．過変調
3．混変調
4．位相変調

**出題頻度：★**

〔19 － 9〕 夏の昼間に 50〔MHz〕帯で交信を行っていたところ、数 100〔km〕離れた所で同じ周波数帯の受信機に強い混信を与えた。この原因は何か。

1．空電による混信
2．スポラジックE層による伝搬
3．地表波による伝搬
4．高調波放射による混信

**出題頻度：★★**

〔19 － 10〕 TVI を軽減するため、送信設備側で行う対策として、誤っているのはどれか。

1．アマチュア局のアンテナとテレビ受信用アンテナとの間をできる限り離す。
2．送信機と給電線との間に TV 電波を通しやすいフィルタを挿入する。
3．送信機の調整を正しくとり、接地を完全にする。
4．送信機を厳重に遮へいする。

**出題頻度：★★★★★★★★★★★★★★**

共〔19 － 11〕 アマチュア局から発射された電波のうち、短波（HF）の基本波によって他の超短波（VHF）帯の受信機に電波障害が生じた。この防止対策として受信機のアンテナ端子と給電線の間に、次のうちどれを挿入すればよいか。

1．低域フィルタ (LPF)
2．高域フィルタ (HPF)
3．アンテナカプラ
4．ラインフィルタ

**出題頻度：★★★★★**

共〔19 − 12〕　アマチュア局の電波が近所のラジオ受信機に電波障害を与えることがあるが、これを通常何といっているか。

1．TVI
2．BCI
3．アンプI
4．テレホンI

**出題頻度：★★**

〔19 − 13〕　アマチュア局から発射された435〔MHz〕帯の基本波が、地デジ(地上デジタルテレビ放送470〜710〔MHz〕)のアンテナ直下型受信用ブースタに混入し電波障害を与えた。この防止対策として、地デジアンテナと受信用ブースタとの間に挿入すればよいのは、次のうちどれか。

1．ラインフィルタ
2．トラップフィルタ (BEF)
3．同軸避雷器
4．SWRメータ

無線工学

# ナンバー〔20〕の試験問題

★試験問題番号〔20〕のキー・ポイント

ナンバー〔20〕は、〔19〕に続いて電波障害の問題です。

①電波時計は電波障害を発生しない。

② TVI（テレビ障害）、BCI（ラジオ障害）は送信機の高調波と低調波の強い発射と、直接飛び込む混変調。

③送信設備のアンテナ結合回路の結合度が疎になっていることは、BCI の原因にならず（密結合は原因となる）。

④ 28〔MHz〕の電波を出したら FM 受信機（FM ラジオ）に混信を与えた。この原因は、第３高調波が強く出ているために（28 × 3 ＝ 84〔MHz〕）、FM 放送バンドに入る。

⑤ 50〔MHz〕の電波を出したら 150〔MHz〕の受信機に妨害を与えた。それは、３倍の高調波が強く発射されているから。

⑥送信電力低下は他の局に受信障害を与えず、むしろ、低下することで TVI、BCI が止まるケースも多い。

⑦ラジオに、送信電波そのもの（基本波）が飛び込んで受信信号が内部で変調され BCI を起こすのが混変調。

⑧ TVI 軽減対策として、送信機と給電線との間に入れるフィルタは、目的のアマチュアバンドの信号（電波）を通し、テレビ信号（電波）はストップする低域フィルタ。

⑨基本波がテレビに飛び込んで電波障害を生じた。防止策は、受信機側に「高域フィルタ」を入れる。

**出題頻度：★★★★★★★★★★★★★**

〔20－1〕 受信機に電波障害を与えるおそれが最も低いものは、次のうちどれか。

1．電波時計
2．電気溶接機
3．高周波ミシン
4．自動車の点火プラグ

**出題頻度：★★★★★★★★★**

〔20－2〕 アマチュア局の電波が近所のラジオ受信機に電波障害を与えることがあるが、これを通常何といっているか。

1．TVI
2．BCI
3．アンプI
4．スプリアス妨害

**出題頻度：★★★★**

共〔20－3〕 アマチュア局の電波が近所のテレビジョン受像機に電波障害を与えることがあるが、これを通常何といっているか。

1．アンプI
2．BCI
3．スプリアス妨害
4．TVI

**出題頻度：★★★★★★★★★★★**

共〔20－4〕 送信設備から電波が発射されているとき、BCIの発生原因として挙げられた次の状態及び現象のうち、誤っているのはどれか。

1．広帯域にわたり強い不要発射がある。
2．寄生振動が発生している。

3．送信アンテナが送電線（低圧配電線）に接近している。
4．アンテナ結合回路の結合度が疎になっている。

**出題頻度：★★★★★★★★★★★★★★★★★★★★★**

共〔20－5〕　送信機で 28〔MHz〕の周波数の電波を発射したところ、FM 放送受信に混信を与えた。送信側で考えられる混信の原因で、正しいのはどれか。

1．1/3 倍の低調波が発射されている。
2．同軸給電線が断線している。
3．スケルチを強くかけすぎている。
4．第３高調波が強く発射されている。

**出題頻度：★★★★★★★★★★**

〔20－6〕　50〔MHz〕の電波を発射したところ、150〔MHz〕の電波を受信している受信機に妨害を与えた。送信機側で通常考えられる妨害の原因は、次のうちどれか。

1．スケルチを強くかけすぎている。
2．送信周波数が少しずれている。
3．同軸給電線が断線している。
4．高調波が強く発射されている。

**出題頻度：★★★★★★★★**

〔20－7〕　他の無線局に受信障害を与えるおそれが最も低いのは、次のうちどれか。

1．寄生振動があるとき
2．高調波が発射されたとき
3．送信電力が低下したとき
4．妨害を受ける受信アンテナが近いとき

**出題頻度：★★★★★★★★★★★★★★★**

共〔20－8〕　AM ラジオ受信機に、希望波と異なる周波数の強力な妨害波が加わると、希望波が妨害波の変調信号によって変調され、BCI を起こすことがある。この現象を何変調と呼んでいるか。

1. 平衡変調
2. 過変調
3. 混変調
4. 位相変調

**出題頻度：★★**

〔20 − 9〕 TVI を軽減するため、送信設備側で行う対策として、誤っているのは次のうちどれか。

1. アマチュア局のアンテナとテレビ受信用アンテナとの間をできる限り離す。
2. 送信機の調整を正しくとり、接地を完全にする。
3. 送信機と給電線との間に TV 電波を通しやすいフィルタを挿入する。
4. 送信機を厳重に遮へいする。

**出題頻度：★★★★★★★★★★★★★★★**

共〔20 − 10〕 アマチュア局から発射された電波のうち、短波 (HF) の基本波によって他の超短波 (VHF) 帯の受信機に電波障害が生じた。この防止対策として受信機のアンテナ端子と給電線の間に、次のうちどれを挿入すればよいか。

1. 低域フィルタ (LPF)
2. 高域フィルタ (HPF)
3. アンテナカプラ
4. ラインフィルタ

**出題頻度：★★★★★★★★★★**

〔20 − 11〕 50〔MHz〕の電波を発射したところ、150〔MHz〕の電波を受信している受信機に妨害を与えた。送信機側で考

えられる妨害の原因は、次のうちどれか。

1．第2高調波が強く発射されている。
2．第3高調波が強く発射されている。
3．第4高調波が強く発射されている。
4．第5高調波が強く発射されている。

**出題頻度：★★★**

〔20 － 12〕 送信機で28〔MHz〕の周波数の電波を発射したところ、FM放送受信に混信を与えた。送信側で考えられる混信の原因で正しいのはどれか。

1．1/3倍の低調波が発射されている。
2．第3高調波が強く発射されている。
3．過変調になっている。
4．送信周波数の設定がわずかにずれている。

**出題頻度：★★★★★**

共〔20 － 13〕 アマチュア局の電波が近所のラジオ受信機に電波障害を与えることがあるが、これを通常何といっているか。

1．アンプI
3．TVI
2．BCI
4．テレホンI

**出題頻度：★**

共〔20 － 14〕 アマチュア局から発射された435〔MHz〕帯の基本波が、地デジ（地上デジタルテレビ放送470～710〔MHz〕）のアンテナ直下型受信用ブースタに混入し電波障害を与えた。この防止対策として、地デジアンテナと受信用ブースタとの間に挿入すればよいのは、次のうちどれか。

1．ラインフィルタ
2．トラップフィルタ（BEF）
3．低域フィルタ（LPF）
4．SWRメータ

出題頻度：★

〔20－15〕　アマチュア局から発射された435〔MHz〕帯の基本波が、地デジ（地上デジタルテレビ放送470～710〔MHz〕）のアンテナ直下型受信用ブースタに混入し電波障害を与えた。この防止対策として、地デジアンテナと受信用ブースタとの間に挿入すればよいのは、次のうちどれか。

1．ダミーロード（擬似負荷）
2．ラインフィルタ
3．同軸避雷器
4．トラップフィルタ（BEF）

出題頻度：★

〔20－16〕　送信機で28〔MHz〕の周波数の電波を発射したところ、FM放送受信に混信を与えた。送信側で考えられる混信の原因で、正しいのはどれか。

1．1/3倍の低調波が発射されている。
2．送信周波数の設定がわずかにずれている。
3．スケルチを強くかけすぎている。
4．第3高調波が強く発射されている。

# 〔21〕《ナンバー》の試験問題

★試験問題番号〔21〕のキー・ポイント

ナンバー〔21〕は、電源に関する問題です。

①脈流（リプル）は、交流入力 50〔Hz〕で半波整流（ダイオード1個）は 50〔Hz〕。全波整流（ダイオードは2個または4個）のときは交流の“上の山”“下の谷”を休みなく整流するので、出力に現れる脈流は2倍の 100〔Hz〕。

②ダイオードは、記号の矢印方向に電流が流れる。

③電流は、正（プラス）から負（マイナス）に流れる。

④接合ダイオードは、順方向電圧を加えると電流はよく流れる。電流が流れるのは、順方向の抵抗が小さいため。

⑤定電圧回路に用いられるダイオードはツェナーダイオード。

⑥定電圧ダイオードは、ダイオードに逆方向電圧を次第に増加していくと、ある電圧で大電流が流れ、電圧が一定になる。

⑦電源変圧器は、その巻線比と電圧比は比例する。式で表せば、$E_2/E_1=N_2/N_1$。

⑧巻数 1：3 の電源変圧器で、一次側に 100〔V〕を加えると二次側に3倍の 300〔V〕が現れる。

⑨ニッケルカドミウム電池（略してニカド電池）の特徴は、電圧が 1.2〔V〕、大電流が取り出せて、充放電ができる。

⑩乾電池を並列にして使用するのは、使用時間を長くするため。

⑪蓄電池の容量は、〔Ah（アンペアアワー）〕で表す。

⑫電池の直列合成電圧は、それぞれの電圧を足し算したもの。

⑬電池の並列接続は電圧変わらず、容量は足し算したもの。

**出題頻度：★★★★★★★**

〔21－1〕　交流入力 50〔Hz〕の全波整流回路の出力に現れる脈流の周波数は幾らか。

1．　25〔Hz〕　　　3．　100〔Hz〕
2．　50〔Hz〕　　　4．　150〔Hz〕

**出題頻度：★★★**

共〔21－2〕　図は、ダイオードを用いた半波整流回路である。この回路に流れる電流 $i$ の方向と出力電圧の極性との組合せで、正しいのは次のうちどれか。

| | 電流 $i$ の方向 | 出力電圧の極性 |
|---|---|---|
| 1． | ⓐ | ⓒ |
| 2． | ⓐ | ⓓ |
| 3． | ⓑ | ⓓ |
| 4． | ⓑ | ⓒ |

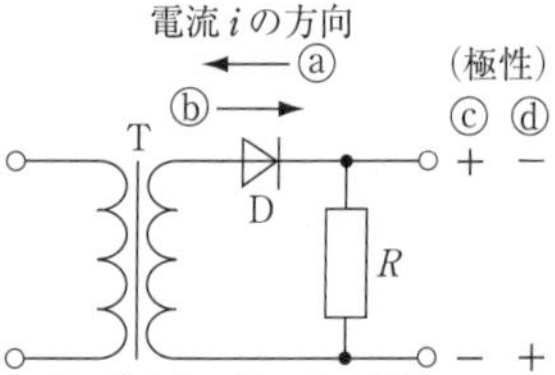


D:ダイオード　$R$：抵抗
T:変成器

**出題頻度：★★★★★**

共〔21－3〕　図に示す整流回路において、この名称と出力側 a 点の電圧の極性との組合せで、正しいのは次のうちどれか。

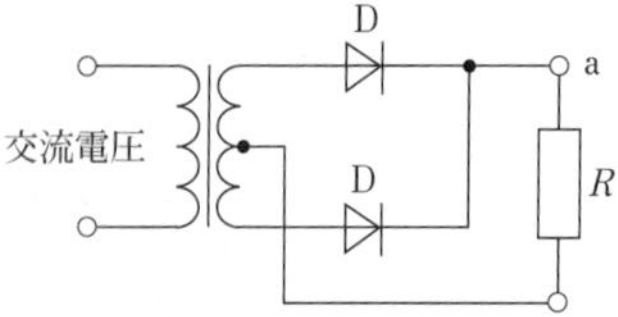


$R$：抵抗
D：ダイオード

| | 名　称 | a 点の極性 |
|---|---|---|
| 1． | 半波整流回路 | 負 |
| 2． | 全波整流回路 | 負 |
| 3． | 半波整流回路 | 正 |

4．全波整流回路　　　　正

**出題頻度：★★★★★★★★★**

共〔21－4〕　接合ダイオードは整流に適した特性を持っている。次に挙げた特性のうち、正しいのはどれか。

1．順方向電圧を加えたとき電流は流れにくい。
2．逆方向電圧を加えたとき内部抵抗は小さい。
3．順方向電圧を加えたとき内部抵抗は小さい。
4．逆方向電圧を加えたとき電流は容易に流れる。

**出題頻度：★★★★★★**

共〔21－5〕　電源の定電圧回路に用いられるダイオードは、次のうちどれか。

1．発光ダイオード　　　　3．フォトダイオード
2．バラクタダイオード　　4．ツェナーダイオード

**出題頻度：★★★★★**

〔21－6〕　ツェナーダイオードは、次のどの回路に用いられるか。

1．定電圧回路　　　　3．共振回路
2．平滑回路　　　　　4．発振回路

**出題頻度：★★**

〔21－7〕　次の記述の［　］内に入れるべき字句の組合せで、正しいのはどれか。

シリコン接合ダイオードに加える［A］を次第に増加していくと、ある電圧で急に大電流が流れるようになる。このような特性を利用するダイオードを［B］という。

1．A：逆方向電圧　　　B：バラクタダイオード
2．A：順方向電圧　　　B：定電圧ダイオード
3．A：逆方向電圧　　　B：定電圧ダイオード

4．A：順方向電圧　　　　B：バラクタダイオード

**出題頻度：★★★★**

〔21－8〕　二次側コイルの巻数が10回の電源変圧器において、一次側にAC 100〔V〕を加えたところ二次側に5〔V〕の電圧が現れた。この電源変圧器の一次側コイルの巻数は幾らか。

1．20回　　　3．100回
2．50回　　　4．200回

**出題頻度：★★★★**

〔21－9〕　端子電圧2〔V〕の蓄電池3個を図のように接続し、端子ａｂ間の電圧を測定するには、最大目盛値が何ボルトの直流電圧計を用いればよいか。また、電圧計の端子をどのように接続したらよいか。次の組合せのうちから、正しいものを選べ。

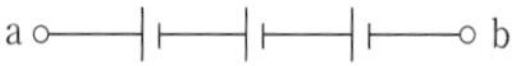


| | 最大目盛 | 接続方法 |
|---|---|---|
| 1． | 5〔V〕 | ⊕端子をａに、⊖端子をｂにつなぐ。 |
| 2． | 5〔V〕 | ⊕端子をｂに、⊖端子をａにつなぐ。 |
| 3． | 10〔V〕 | ⊕端子をａに、⊖端子をｂにつなぐ。 |
| 4． | 10〔V〕 | ⊕端子をｂに、⊖端子をａにつなぐ。 |

**出題頻度：★★★**

共〔21－10〕　ニッケルカドミウム電池の特徴について、誤っているのはどれか。

1．この電池1個の端子電圧は1.2〔V〕である。
2．繰り返し充電することができない。
3．過放電に対して耐久性が優れている。
4．比較的大きな電流が取り出せる。

出題頻度：★★★★★

〔21 − 11〕　次の記述は、どのような種類の電池の説明か。

この電池1個当たりの電圧は 1.2〔V〕で、放電終止電圧は 1.0〔V〕である。また、電池の内部抵抗が非常に小さく、電池容積に比較して大電流を取り出すことができ、繰り返し充放電ができる 。

1．マンガン乾電池
2．鉛蓄電池
3．太陽電池
4．ニッケルカドミウム蓄電池

出題頻度：★★★★★

〔21 − 12〕　同じ規格の乾電池を並列に接続して使用する目的は、次のうちどれか。

1．使用時間を長くする。
2．雑音を少なくする。
3．電圧を高くする。
4．電圧を低くする。

出題頻度：★★★

共〔21 − 13〕　容量 30〔Ah〕の蓄電池を1〔A〕で連続使用すると、通常は何時間使用できるか。

1．3 時間
2．6 時間
3．10 時間
4．30 時間

出題頻度：★★★★★

共〔21 − 14〕　端子電圧6〔V〕、容量 60〔Ah〕の蓄電池を3個直列に接続したとき、その合成電圧と合成容量の値の組合せとして、正しいのはどれか。

| | 合成電圧 | 合成容量 |
|---|---|---|
| 1． | 6〔V〕 | 60〔Ah〕 |
| 2． | 18〔V〕 | 60〔Ah〕 |
| 3． | 6〔V〕 | 180〔Ah〕 |
| 4． | 18〔V〕 | 180〔Ah〕 |

**出題頻度：★★★★★★★★★★★★**

共〔21－15〕　次の記述は、リチウムイオン蓄電池の特徴について述べたものである。[　]内に入れるべき字句の組合せで、正しいのはどれか。

リチウムイオン蓄電池は、小型軽量で電池1個当たりの端子電圧は1.2〔V〕より［A］。また、自然に少しずつ放電する自己放電量が、ニッケルカドミウム蓄電池より少なく、メモリー効果がないので継ぎ足し充電が［B］。

破損・変形による発熱・発火の危険性が［C］。

| | A | B | C |
|---|---|---|---|
| 1． | A：低い | B：できない | C：ある |
| 2． | A：低い | B：できる | C：ない |
| 3． | A：高い | B：できない | C：ない |
| 4． | A：高い | B：できる | C：ある |

**出題頻度：★★★★★**

共〔21－16〕　容量（10時間率）30〔Ah〕の蓄電池を3〔A〕で連続使用すると、通常何時間まで使用できるか。

1．1時間
2．3時間
3．6時間
4．10時間

# 〔22〕《ナンバー》の試験問題

★試験問題番号〔22〕のキー・ポイント

ナンバー〔22〕は、アンテナについての出題です。問題が豊富で、アマチュア局を開設する上からも役に立つところです。

①電波は、電界と磁界が直角。電界が大地と平行の電波は水平偏波。大地と垂直の電波を垂直偏波と呼ぶ。

②電波は速く、１秒間に地球を７周半（30 万キロメートル）、音速は遅く１秒間に約 340 メートル。

③波長のやさしい計算式は、$\lambda$（ラムダ）〔m〕＝ 300/$f$〔MHz〕。

④半波長ダイポールの長さ計算は、最初に $\lambda$ の計算。次に、その 1/2 にする（$\lambda$ ＝ 300/$f$〔MHz〕 → 半波長は $\lambda/2$）。

⑤半波長ダイポールの給電インピーダンスは、75〔Ω〕。

⑥アンテナが送信電力を消費する。その抵抗が放射抵抗。

⑦水平半波長ダイポールの水平面指向特性は「８の字」形。

⑧垂直アンテナは $\lambda/4$ なので、その電波の固有波長はその４倍。

⑨グランドプレーンアンテナのエレメントの長さは $\lambda/4$。

⑩ $\lambda/2$ ダイポールアンテナを垂直に張ったものは、水平面無指向特性になる。

⑪八木アンテナで、放射器は給電線をつなぐ素子。

⑫八木アンテナの構成は、短い方から導波器、放射器、反射器。

⑬八木アンテナの導波器、増えれば利得上がり、指向特性鋭い。

⑭八木アンテナをスタックにするのは指向特性を鋭くするため。

⑮八木アンテナとダイポールアンテナは非接地アンテナ。

⑯給電点で電流最小（電圧最大）は、電圧給電方式。

⑰給電線で電波を受けたり、電波の放射をしてはいけない。

**出題頻度：★★★**

〔22 − 1〕　次の文の［　］内に当てはまる字句の組合せは、下記のうちどれか。

電波は、電界と磁界が［A］になっており、［B］が大地と平行になっている電波を水平偏波という。

1．A：平行　　　B：電界
2．A：直角　　　B：磁界
3．A：直角　　　B：電界
4．A：平行　　　B：磁界

**出題頻度：★★★**

〔22 − 2〕　次の記述の［　］内に入れるべき字句の組合せで、正しいのはどれか。

電波は、磁界と電界が直角になっていて、電界が［A］と平行になっている電波を［B］偏波といい、垂直になっている電波を［C］偏波という。

1．A：アンテナ　　B：垂直　　C：水平
2．A：大地　　　　B：垂直　　C：水平
3．A：大地　　　　B：水平　　C：垂直
4．A：アンテナ　　B：水平　　C：垂直

**出題頻度：★★★**

〔22 − 3〕　次の記述は、電波について述べたものである。誤っているのはどれか。

1．光と同じく電磁波である。
2．真空中は毎秒 30 万キロメートルの速度で伝搬する。
3．大気中では音波と同じ速度で伝搬する。
4．光より波長が長い。

**出題頻度：★**

共〔22 − 4〕 14〔MHz〕用の半波長ダイポールアンテナの長さは、ほぼ幾らか。

1．5〔m〕　　3．21〔m〕
2．11〔m〕　　4．43〔m〕

**出題頻度：★★★★★**

〔22 − 5〕 図に示す半波長ダイポールアンテナの給電点インピーダンスは、ほぼ幾らか。

1．300〔Ω〕
2．150〔Ω〕
3．75〔Ω〕
4．36〔Ω〕

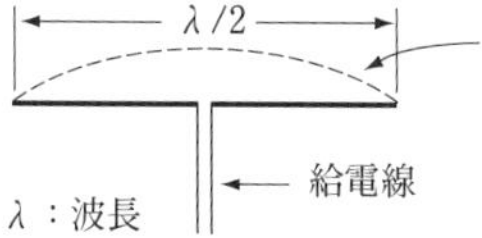


**出題頻度：★★**

共〔22 − 6〕 半波長ダイポールアンテナの放射電力を 10〔W〕にするためのアンテナ電流は、ほぼ幾らか。ただし、熱損失となるアンテナ導体の抵抗分は無視するものとする。

1．0.1〔A〕　　3．1.4〔A〕
2．0.4〔A〕　　4．3.7〔A〕

**出題頻度：★★★**

〔22 − 7〕 水平面内の指向性が図のようになるアンテナは、次のうちどれか。ただし、点 P は、アンテナの位置を示す。

1．ブラウン（グランドプレーン）アンテナ
2．ホイップアンテナ
3．垂直半波長ダイポールアンテナ
4．水平半波長ダイポールアンテナ

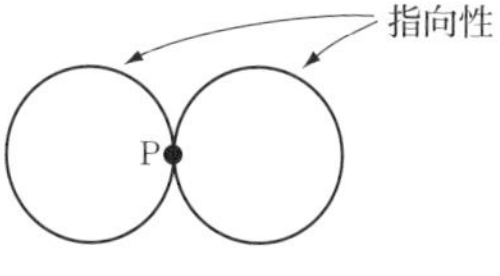

**出題頻度：★★**

〔22－8〕　高さが 10〔m〕の 1/4 波長垂直接地アンテナの固有波長は、次のうちどれか。

1．40〔m〕
2．20〔m〕
3．　5〔m〕
4．2.5〔m〕

**出題頻度：★★**

〔22－9〕　1/4 波長垂直接地アンテナの説明で、誤っているのはどれか。

1．電流分布は先端で零、底部で最大となる。
2．接地抵抗が大きいほど効率がよい。
3．固有周波数の奇数倍の周波数にも同調する。
4．指向性は、水平面内では無指向性である。

**出題頻度：★★★★**

〔22－10〕　次の記述は、図に示したアンテナについて述べたものである。［　］内に入れるべき字句の組合せで、正しいのはどれか。

図のアンテナは、［A］アンテナと呼ばれ、電波の波長を $\lambda$ で表したとき、アンテナ素子の長さ $l$ は［B］であり、水平面内の指向性は全方向性（無指向性）である。

1．A：ダイポール　　B：$\lambda/4$
2．A：ブラウン（グランドプレーン）　B：$\lambda/4$
3．A：ダイポール　　B：$\lambda/2$
4．A：ブラウン（グランドプレーン）　B：$\lambda/2$

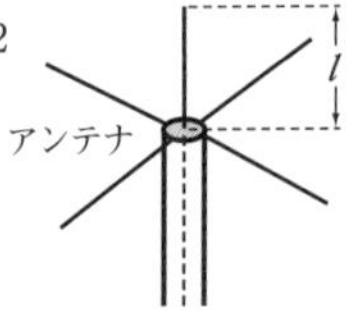

**出題頻度：★★★**

〔22 － 11〕　21〔MHz〕用ブラウンアンテナ（グランドプレーンアンテナ）の放射エレメントの長さは、ほぼ幾らか。

1．14.3〔m〕　　3．3.6〔m〕
2．7.2〔m〕　　4．1.8〔m〕

**出題頻度：★**

〔22 － 12〕　図に示した水平面指向特性を持つアンテナは、次のうちどれか。

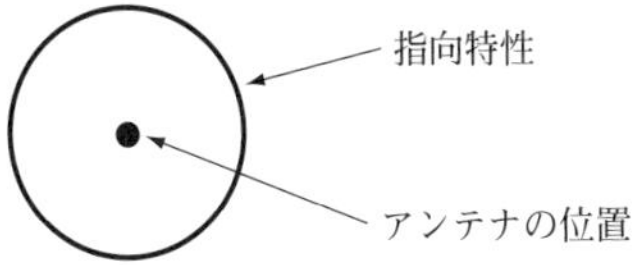


1．垂直半波長ダイポールアンテナ
2．八木アンテナ（八木・宇田アンテナ）
3．パラボラアンテナ
4．水平半波長ダイポールアンテナ

**出題頻度：★★★★**

〔22 － 13〕　水平面内の指向性が図のようになるアンテナは、次のうちどれか。ただし、点Pは、アンテナの位置を示す。

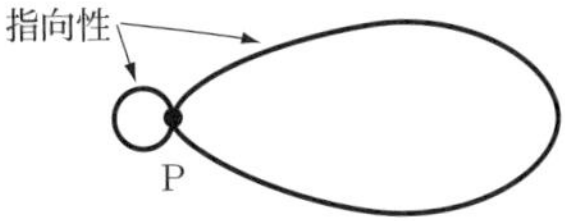


1．八木アンテナ（八木・宇田アンテナ）
2．ホイップアンテナ
3．スリーブアンテナ
4．垂直半波長ダイポールアンテナ

**出題頻度：★★**

〔22 − 14〕　図に示す八木アンテナ（八木・宇田アンテナ）の放射器はどれか。

1．A
2．B
3．C
4．D

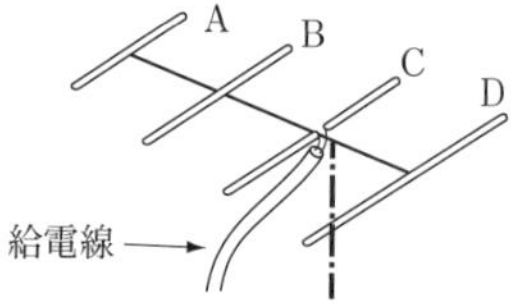


**出題頻度：★★**

〔22 − 15〕　図は、三素子八木アンテナ（八木・宇田アンテナ）の構造を示したものである。各素子の名称の組合せで、正しいのはどれか。

ただし、エレメントの長さは、A＜B＜Cの関係にある。

1．A：反射器　B：導波器　C：放射器
2．A：反射器　B：放射器　C：導波器
3．A：導波器　B：反射器　C：放射器
4．A：導波器　B：放射器　C：反射器

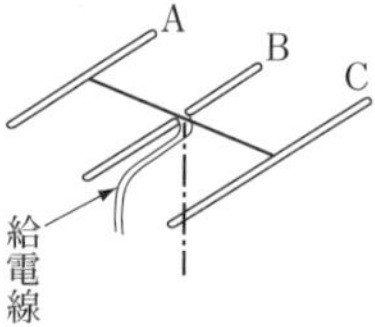


**出題頻度：★★★★★**

〔22 − 16〕　図に示した八木アンテナ（八木・宇田アンテナ）において、最も強く電波を放射するのは、どの方向か。

ただし、エレメントの長さは、A＜B＜Cの関係にある。

1．ⓐ
2．ⓑ
3．ⓒ
4．ⓓ

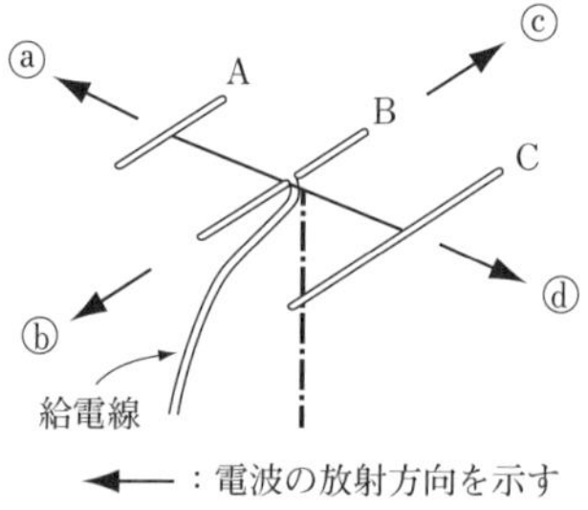

**出題頻度：★**

〔22 − 17〕　図に示した八木アンテナ（八木・宇田アンテナ）において、どの方向の電波を最も強く受信するか。

ただし、エレメントの長さは、A＜B＜Cの関係にある。

1．ⓐ
2．ⓑ
3．ⓒ
4．ⓓ

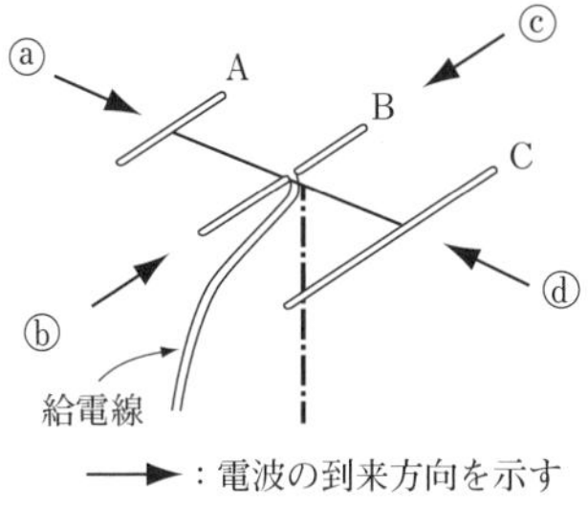


**出題頻度：★★**

〔22 − 18〕　28〔MHz〕用の八木アンテナ（八木・宇田アンテナ）の放射器の長さは、ほぼ幾らか。

1．3〔m〕　　3．11〔m〕
2．5〔m〕　　4．21〔m〕

**出題頻度：★★★★★**

〔22 − 19〕　八木アンテナ（八木・宇田アンテナ）の導波器の素子数が増えた場合、アンテナの性能はどうなるか。

1．指向性が広がる。
2．最大指向方向が逆転する。
3．利得が上がる。
4．致達距離が短くなる。

**出題頻度：★★★★★**

〔22 − 20〕　八木アンテナ（八木・宇田アンテナ）の導波器が無くなった場合、アンテナの性能はどうなるか。

1．全方向性（無指向性）になる。
2．指向方向が逆転する。
3．指向性が広がる。
4．偏波面が変わる。

**出題頻度：★★**

共〔22 − 21〕　八木アンテナ（八木・宇田アンテナ）において、給電線はどの素子につなげばよいか。

1．放射器
2．すべての素子
3．導波器
4．反射器

**出題頻度：★★**

共〔22 − 22〕　八木アンテナ（八木・宇田アンテナ）をスタック（積重ね）に接続することがあるが、この目的は何か。

1．指向性を広くするため
2．指向性を鋭くするため
3．固有波長を短くするため
4．固有波長を長くするため

**出題頻度：★★★**

〔22 − 23〕　次の記述は、八木アンテナ（八木・宇田アンテナ）について述べたものである。誤っているのはどれか。

1．指向性アンテナである。
2．反射器、放射器及び導波器で構成される。
3．導波器の素子数の多いものは指向性が鋭い。
4．接地アンテナの一種である。

**出題頻度：★★★**

〔22 − 24〕　図は、周波数の違いにより電波の伝わり方が異な

ることを示したものである。

［A］及び［B］の周波数の組合せで、正しいものは次のうちどれか。

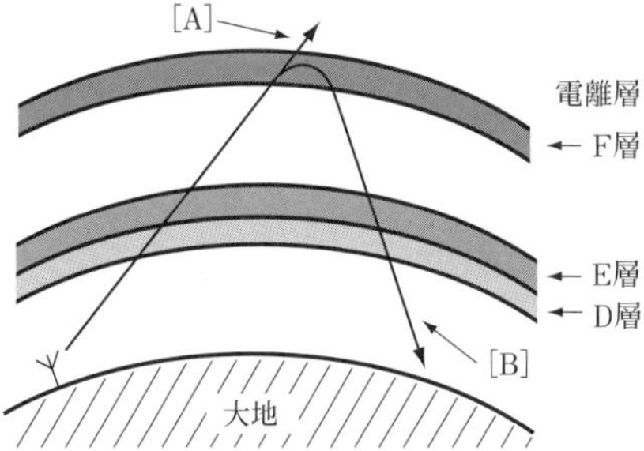


1．A：145〔MHz〕　B：　7〔MHz〕
2．A：　7〔MHz〕　B：145〔MHz〕
3．A：　7〔MHz〕　B：435〔MHz〕
4．A：435〔MHz〕　B：145〔MHz〕

**出題頻度：★**

共〔22 − 25〕 次に挙げた、アンテナの給電方法の記述で、正しいものはどれか。

1．給電点において、電流分布を最小にする給電方法を電流給電という。
2．給電点において、電圧分布を最小にする給電方法を電圧給電という。
3．給電点において、電流分布を最小にする給電方法を電圧給電という。
4．給電点において、電圧分布を最大にする給電方法を電流給電という。

出題頻度：★★

〔22 − 26〕 同軸給電線の特性で望ましくないのは、次のうちどれか。

1．高周波エネルギーを無駄なく伝送する。
2．特性インピーダンスが均一である。
3．給電線から電波が放射されない。
4．給電線で電波が受信できる。

出題頻度：★★★

共〔22 − 27〕 給電線の特性のうち、適切でないものは次のうちどれか。

1．損失が少ないこと
2．電波が放射できること
3．外部から電気的影響を受けないこと
4．特性インピーダンスが一定であること

出題頻度：★★

〔22 − 28〕 超短波（VHF）帯を使った見通し外の遠距離の通信において、伝搬路上に山岳が有り、送受信点のそれぞれからその山頂が見通せるとき、比較的安定した通信ができることがあるのは、一般にどの現象によるものか。

1．電波の干渉　　3．電波の直進性
2．電波の屈折　　4．電波の回折

出題頻度：★

〔22 − 29〕 次に挙げた、アンテナの給電方法の記述で、正しいものはどれか。

1．給電点において、電流分布を最小にする給電方法を電流給電という。
2．給電点において、電流分布を最大にする給電方法を電圧給電という。

3．給電点において、電圧分布を最大にする給電方法を電圧給電という。
4．給電点において、電圧分布を最大にする給電方法を電流給電という。

**出題頻度：★★**

〔22 − 30〕 7〔MHz〕用の半波長ダイポールアンテナの長さは、ほぼ幾らか。

1．43〔m〕　　3．11〔m〕
2．21〔m〕　　4．　5〔m〕

**出題頻度：★★★**

〔22 − 31〕 半波長ダイポールアンテナを使用して電波を放射したとき、アンテナ電流の値が 0.2〔A〕であった。このときの放射電力の値として、最も近いのはどれか。ただし、熱損失となるアンテナ導体の抵抗分は無視するものとする。

1．8〔W〕　　3．3〔W〕
2．5〔W〕　　4．2〔W〕

**出題頻度：★★**

〔22 − 32〕 通常、水平面内の指向性が全方向性（無指向性）として使用されるアンテナは、次のうちどれか。

1．垂直半波長ダイポールアンテナ
2．八木アンテナ（八木・宇田アンテナ）
3．パラボラアンテナ
4．水平半波長ダイポールアンテナ

**出題頻度：★★**

〔22 − 33〕 水平面内の指向性が図のようになるアンテナは、次のうちどれか。ただし、点Ｐは、アンテナの位置を示す。

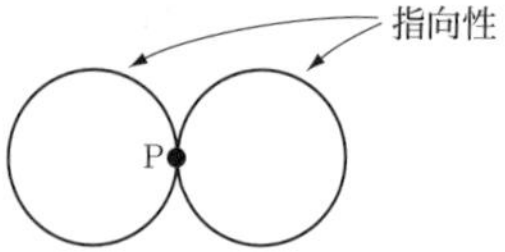


1．ブラウン(グランドプレーン) アンテナ
2．ホイップアンテナ
3．八木アンテナ（八木・宇田アンテナ)
4．水平半波長ダイポールアンテナ

# ナンバー〔23〕の試験問題

★試験問題番号〔23〕のキー・ポイント

ナンバー〔23〕は、電波の伝わり方についての出題です。

①波長を簡単に求める式は、$\lambda$〔m〕＝300/$f$〔MHz〕。
②周波数を求める式は、$f$〔MHz〕＝300/$\lambda$〔m〕。
③$\lambda/4$ 波長の垂直接地アンテナの接地抵抗は、小さい方が良い。
④陸上を移動する無線局は、水平面無指向性のアンテナを使用。
⑤電離層は、太陽に最も影響される。
⑥電離層反射に、送信電力は特に関係なし。
⑦短波（HF）は、電離層と地球表面との間を反射しながら伝わるので地球の裏側とも通信可能。
⑧短波の通信は、昼に高い方の 21〔MHz〕を使い、夜間になったら 7〔MHz〕に切り替える。
⑨電離層突き抜けの減衰は周波数が高い程小さく、反射のときの減衰は周波数が高い程大きい。
⑩電離層突き抜けの減衰は、周波数が低い程大、反射は低い程小。
⑪電離層は、地上より低い方から D 層、E（$E_S$）層、F 層。
⑫地表波は、大地の表面に沿って伝わる電波。
⑬超短波で距離を延ばしたいとき、アンテナの高放射角は不利。
⑭超短波の伝搬は直接波と大地反射波。おもに、見通し伝搬。
⑮アンテナが高いほど、直接波の距離は延びる。
⑯スポラジック E 層は夏季に多く発生、VHF 帯がよく飛ぶ。
⑰フェージングで、周波数が時間的に変動することはない。
⑱不感地帯は短波において地表波が弱まり、電離層波は戻ってこない、感度がなくなる地帯。不感地帯は、気象とは関係なし。

**出題頻度：★★★**

〔23 − 1〕　次の記述の［　］内に入れるべき字句の組合せで、正しいものはどれか。

電波は、電界と磁界が［A］になっており、［B］が大地と平行になっている電波を水平偏波という。

1．A：直角　　B：電界
2．A：直角　　B：磁界
3．A：平行　　B：電界
4．A：平行　　B：磁界

**出題頻度：★★**

〔23 − 2〕　電波の波長を$\lambda$〔m〕、周波数を$f$〔MHz〕としたとき、次式の［　］内に入れるべき数字は、次のうちどれか。

$$\lambda = \frac{[\quad]}{f} \qquad \text{〔m〕}$$

1．200
2．300
3．600
4．800

**出題頻度：★**

〔23 − 3〕　波長 10〔m〕の電波の周波数は、幾らになるか。

1．30〔MHz〕
2．50〔MHz〕
3．60〔MHz〕
4．80〔MHz〕

**出題頻度：★★**

〔23 − 4〕　1/4 波長垂直接地アンテナの説明で、誤っているのはどれか。

1．電流分布は先端で零、底部で最大となる。

2．接地抵抗が大きいほど効率がよい。
3．固有周波数の奇数倍の周波数にも同調する。
4．指向性は、水平面内では無指向性である。

**出題頻度：★★★★**

〔23－5〕　次の記述は、図に示したアンテナについて述べたものである。［　］内に入れるべき字句の組合せで、正しいのはどれか。

図のアンテナは、［A］アンテナと呼ばれ、電波の波長を$\lambda$で表したとき、アンテナの長さ $l$ は［B］であり、水平面内の指向性は全方向性（無指向性）である。

1．A：ダイポール　　　　　　　B：$\lambda/4$
2．A：ブラウン（グランドプレーン）B：$\lambda/4$
3．A：ダイポール　　　　　　　B：$\lambda/2$
4．A：ブラウン（グランドプレーン）B：$\lambda/2$

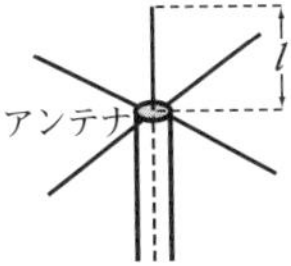


**出題頻度：★**

〔23－6〕　陸上を移動する無線局が通常の通信で使用するアンテナの指向特性は、次のうちどれが適しているか。

1．水平面指向特性
2．水平面無指向特性
3．垂直面無指向特性
4．垂直面指向特性

**出題頻度：★★★**

〔23－7〕　次に挙げたアンテナのうち、最も指向特性の鋭いものはどれか。

1．水平半波長ダイポールアンテナ
2．八木アンテナ（八木・宇田アンテナ）
3．ホイップアンテナ
4．ブラウン（グランドプレーン）アンテナ

**出題頻度：★★★★★**

〔23 − 8〕　電離層が生成されるのに、最も影響のあるのは、次のうちどれか。

1．低気圧
2．太陽
3．海水温度
4．流星

**出題頻度：★★★★**

〔23 − 9〕　電波が電離層で反射される条件として特に関係ないものはどれか。

1．送信電力
2．電子密度
3．入射角
4．周波数

**出題頻度：★★★**

〔23 − 10〕　短波（HF）が地球の裏側まで到達して通信できることがあるのはなぜか。

1．電離層と地球表面との間を反射しながら伝わるため
2．人工衛星を中継して送るのに適しているため
3．大地の中を伝わる性質があるため
4．地表波の減衰が少ないため

**出題頻度：★★**

共〔23 − 11〕　3.5〔MHz〕から 28〔MHz〕までのアマチュアバンドにおいて、主に利用する電波の伝わり方は、次のうちどれか。

1．直接波
2．対流圏波
3．大地反射波
4．電離層波

出題頻度：★★★

〔23 － 12〕　昼間 21〔MHz〕帯の電波で通信を行っていたが、夜間になって遠距離の地域が通信不能となった。そこで周波数帯を切り替えたところ再び通信が可能となった。通信を可能にした周波数バンドは次のうちどれか。

1．　7〔MHz〕帯
2．　28〔MHz〕帯
3．　50〔MHz〕帯
4．144〔MHz〕帯

出題頻度：★

〔23 － 13〕　次の記述の［　］内に入れるべき字句の組合せで、正しいのはどれか。

電離層反射波を使用して昼間に通信が可能な場合であっても、夜間に電離層の電子密度が［A］なり電波が突き抜ける場合は、［B］周波数の電波に切り換えて通信を行う。

1．A：小さく　　B：低い
2．A：大きく　　B：高い
3．A：小さく　　B：高い
4．A：大きく　　B：低い

出題頻度：★★★

〔23 － 14〕　次の記述の［　］内に入れるべき字句の組合せで、正しいのはどれか。

電波が電離層を突き抜けるときの減衰は、周波数が高いほど［A］、反射するときの減衰は、周波数が高いほど［B］なる。

1．A：大きく　　B：大きく
2．A：小さく　　B：大きく
3．A：小さく　　B：小さく
4．A：大きく　　B：小さく

出題頻度：★★

〔23 − 15〕　次の記述の［　］内に入れるべき字句の組合せで、正しいのはどれか。

電波が電離層を突き抜けるときに受ける減衰は、周波数が［A］ほど少なく、また、反射されるときに受ける減衰は、周波数が［B］ほど大きくなる。

1．A：高い　　B：低い
2．A：低い　　B：低い
3．A：低い　　B：高い
4．A：高い　　B：高い

出題頻度：★★

共〔23 − 16〕　次の記述の［　］内に入れるべき字句の組合せで、正しいのはどれか。

電波が電離層を突き抜けるときの減衰は、周波数が低いほど［A］、反射するときの減衰は、周波数が低いほど［B］なる。

1．A：大きく　　B：大きく
2．A：小さく　　B：大きく
3．A：大きく　　B：小さく
4．A：小さく　　B：小さく

出題頻度：★

〔23 − 17〕　電離層のうちで、地上から見て最も高いのはどの層か。

1．E層
2．F層
3．D層
4．Es層

**出題頻度：★**

共〔23 − 18〕　地表波の説明で正しいのはどれか。

1．見通し距離内の空間を直線的に伝わる電波
2．大地の表面に沿って伝わる電波
3．電離層を突き抜けて伝わる電波
4．大地に反射して伝わる電波

**出題頻度：★★★**

〔23 − 19〕　地上波の伝わり方で、誤っているのはどれか。

1．電離層で反射されて伝わる。
2．大地の表面に沿って伝わる。
3．大地で反射されて伝わる。
4．見通し距離内の空間を直接伝わる。

**出題頻度：★★**

〔23 − 20〕　超短波（VHF）帯において、通信可能な距離を延ばすための方法として、誤っているのは次のうちどれか。

1．アンテナの高さを高くする。
2．アンテナの放射角を高角度にする。
3．鋭い指向性のアンテナを用いる。
4．利得の高いアンテナを用いる。

**出題頻度：★★**

〔23 − 21〕　超短波（VHF）帯の電波の伝搬は、主として次のどれによっているか。

1．直接波と大地反射波
2．地表波と電離層反射波
3．直接波と電離層反射波
4．地表波と大地反射波

出題頻度：★★

〔23 − 22〕 超短波（VHF）の伝わり方で正しいのはどれか。

1．主に見通し距離内を伝わる。
2．主に地表波が伝わる。
3．昼間と夜間では伝わり方が大きく異なる。
4．電離層と大地との間で反射を繰返して伝わる。

出題頻度：★★

〔23 − 23〕 超短波の伝わり方の特徴で、誤っているのは次のうちどれか。

1．直接波を利用できない。
2．電離層を突き抜ける
3．大地で反射する。
4．地表波はすぐ減衰する。

出題頻度：★★

〔23 − 24〕 図に示す電波通路A、Bのうち、Aの伝わり方をするのは、次のうちどれか。

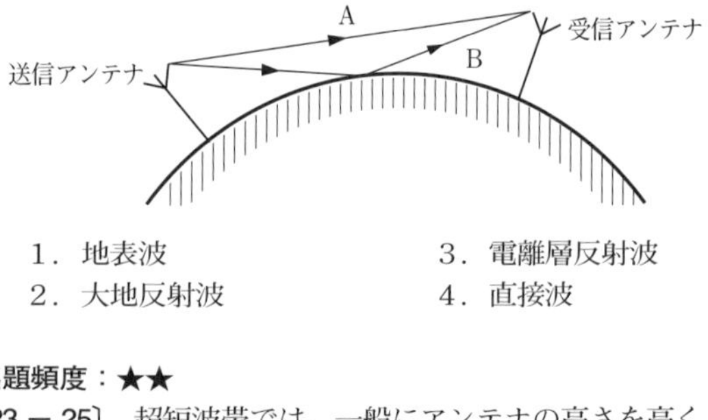


1．地表波
2．大地反射波
3．電離層反射波
4．直接波

出題頻度：★★

〔23 − 25〕 超短波帯では、一般にアンテナの高さを高くした方が電波の通達距離が延びるのはなぜか。

1．見通し距離が延びるから
2．スポラジックＥ層反射によって伝わりやすくなるから
3．空電雑音の影響が少なくなるから

4．地表波の減衰が少なくなるから

**出題頻度：★★**

〔23 − 26〕 スポラジックＥ層についての記述のうち、正しいのは次のうちどれか。

1．主として春季に多く発生する。
2．主として夏季に多く発生する。
3．主として秋季に多く発生する。
4．主として冬季に多く発生する。

**出題頻度：★**

〔23 − 27〕 次の文の［　］内に当てはまる字句の組合せは、下記のうちどれか。

スポラジックＥ層は、［Ａ］の昼間に多く発生し、［Ｂ］の電波も反射することがある。

1．Ａ：夏季　　Ｂ：UHF
2．Ａ：夏季　　Ｂ：VHF
3．Ａ：冬季　　Ｂ：VHF
4．Ａ：冬季　　Ｂ：UHF

**出題頻度：★★★**

〔23 − 28〕 超短波（VHF）の電波が異常に遠方まで伝わることがあるが、その原因と関係のないものはどれか。

1．山岳による回折
2．スポラジックＥ層
3．地表波
4．散乱現象

**出題頻度：★★★**

〔23 − 29〕 フェージングが起こる原因で、誤っているのは次のうちどれか。

1．電波の減衰の程度が時間的に変動するため
2．電波の周波数が時間的に変動するため
3．電離層で電波が反射したり、突き抜けたりするため
4．異なった伝搬経路を通った電波が相互に干渉するため

**出題頻度：★★**

共〔23－30〕　次の文の［　］内に当てはまる字句の組合せは、下記のうちどれか。

送信所から短波帯の電波を発射したとき、［A］が減衰して受信されなくなった地点から、［B］が最初に地表に戻ってくる地点までを不感地帯という。

1．A：直接波　　B：電離層反射波
2．A：地表波　　B：大地反射波
3．A：直接波　　B：大地反射波
4．A：地表波　　B：電離層反射波

**出題頻度：★**

〔23－31〕　短波帯の伝搬で生じる不感地帯と特に関係がないものはどれか。

1．気象　　3．周波数
2．電離層　　4．送信電力

**出題頻度：★★**

〔23－32〕　アンテナから電波を放射するのに最も役立っていると考えられる抵抗は、次のうちどれか。

1．漏れ抵抗　　3．導体抵抗
2．放射抵抗　　4．接地抵抗

**出題頻度：★★★**

共〔23－33〕　次の記述の［　］内に入れるべき字句の組合せで、正しいものはどれか。

送信所から発射された短波（HF）帯の電波が、［A］で反射されて、初めて地上に達する地点と送信所との地上距離を［B］という。

1．A：大地　　B：焦点距離
2．A：大地　　B：跳躍距離
3．A：電離層　B：焦点距離
4．A：電離層　B：跳躍距離

**出題頻度：★**

〔23 − 34〕 短波（HF）帯の伝搬で生ずる不感地帯と特に関係がないものはどれか。

1．変調方式　　3．周波数
2．電離層　　4．昼間と夜間

**出題頻度：★★★**

〔23 − 35〕 通常、水平面内の指向性が全方向性（無指向性）として使用されるアンテナは、次のうちどれか。

1．八木アンテナ（八木・宇田アンテナ）
2．垂直半波長ダイポールアンテナ
3．パラボラアンテナ
4．水平半波長ダイポールアンテナ

**出題頻度：★★**

〔23 − 36〕 波長 10〔m〕の電波の周波数は、幾らになるか。

1．15〔MHz〕
2．30〔MHz〕
3．60〔MHz〕
4．90〔MHz〕

## 無線工学

# 〔24〕《ナンバー》の試験問題

★試験問題番号〔24〕のキー・ポイント

ナンバー〔24〕は、測定に関する問題です。テスタの使い方、倍率器、分流器の働きが出題されます。

①電圧計で電池の電圧を測るときは、そのメータ目盛（測定）は余裕のあるものを選ぶこと。たとえば、6〔V〕の電池なら10〔V〕メータを使用。メータの＋は電池の＋、メータの－は電池の－へつなぐ。

②倍率器は電圧の拡大器。抵抗 $R$ を直列に接続。$R = r(N-1)$。

③分流器は電流の拡大器。抵抗 $R$ を並列に接続。$R = r/(N-1)$。

④テスタは、使う前にゼロ点調整。２本のテスト棒の先を短絡させて、メータの針をゼロ位置に半固定抵抗器で合わせる。

⑤ SWR メータは、定在波比の測定器。アンテナと給電線との整合状態を調べる。

⑥ SWR メータは、アンテナの給電点に近い部分に挿入。

⑦進行波電力 95〔W〕、反射波電力 5〔W〕のとき、アンテナへの供給電力は 95－5＝90〔W〕。

⑧ディップメータは、共振回路の共振周波数や吸収型周波計として送信周波数の測定、寄生発射の有無などの測定ができる。

⑨「アンテナと給電線の整合状態を調べる」というのは、ディップメータではなく、SWR メータの役目。

⑩ディップメータは回路に疎結合し、発振出力の勢力が吸収されると、ディップ（メータの振れが小さくなる）点から目盛で周波数を直読できる測定器。

# 試験問題番号〔24〕に出る問題

**出題頻度：★★**

〔24 − 1〕　一次巻線と二次巻線の比が 1：3 の電源変圧器において、一次側に AC100〔V〕を加えたとき、二次側に現れる電圧は幾らか。

1．33.3〔V〕
2．173 〔V〕
3．300 〔V〕
4．900 〔V〕

**出題頻度：★★★★**

共〔24 − 2〕　次の記述の［　］内に入れるべき字句の組合せで、正しいのはどれか。

直列抵抗器（倍率器）は［A］の測定範囲を広げるために用いられるもので、計器に［B］に接続して使用する。

1．A：電流計　　B：並列
2．A：電流計　　B：直列
3．A：電圧計　　B：並列
4．A：電圧計　　B：直列

**出題頻度：★★★★★★★**

共〔24 − 3〕　図に示すように、破線で囲んだ電圧計 $V_0$ に、$V_0$ の内部抵抗 $r$ の 3 倍の値の直列抵抗器（倍率器）$R$ を接続すると、測定範囲は $V_0$ の何倍になるか。

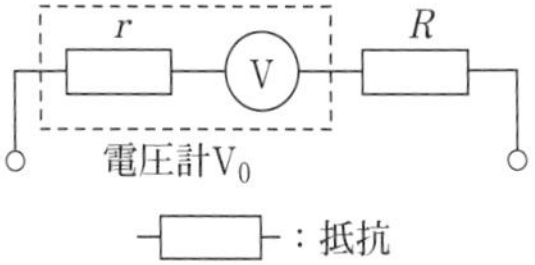


1．2倍
2．3倍
3．4倍
4．5倍

**出題頻度：★★**

〔24 − 4〕　内部抵抗 50〔kΩ〕の電圧計の測定範囲を 20 倍にするには、直列抵抗器（倍率器）の抵抗値を幾らにすればよいか。

1．　2.5〔kΩ〕
2．　25〔kΩ〕
3．　950〔kΩ〕
4．1,000〔kΩ〕

**出題頻度：★★★★★★★★**

〔24 − 5〕　次の記述の［　］内に入れるべき字句の組合せで、正しいのはどれか。

分流器は、［A］の測定範囲を広げるために用いられるもので、計器に［B］に接続して用いられる。

1．A：電流計　　B：並列
2．A：電流計　　B：直列
3．A：電圧計　　B：並列
4．A：電圧計　　B：直列

**出題頻度：★★★★★**

〔24 − 6〕　図に示すように、破線で囲んだ電流計 $A_0$ に、$A_0$ の内部抵抗 $r$ の 4 分の 1 の値の分流器 $R$ を接続すると、測定範囲は $A_0$ の何倍になるか。

1．2 倍
2．4 倍
3．5 倍
4．6 倍

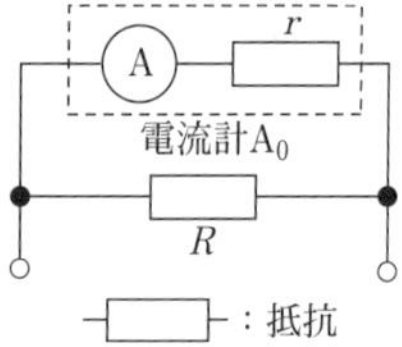


**出題頻度：★★★★★★**

〔24 − 7〕　アナログ方式の回路計（テスタ）で直流抵抗を測定をするときの準備の手順で、正しいのはどれか。

1．0〔Ω〕調整をする→測定レンジを選ぶ→テストリード棒（テスト棒）を短絡する。
2．測定レンジを選ぶ→テストリード棒（テスト棒）を短絡する→0〔Ω〕調整をする。
3．テストリード棒（テスト棒）を短絡する→0〔Ω〕調整をする→測定レンジを選ぶ。
4．測定レンジを選ぶ→0〔Ω〕調整をする→テストリード棒（テスト棒）を 短絡する。

**出題頻度：★★★★★★★★★★**

〔24 − 8〕 アナログ方式の回路計（テスタ）で抵抗値を測定するとき、準備操作としてメータ指針のゼロオーム調整を行うには、２本のテストリード棒（テスト棒）をどのようにしたらよいか。

1．テストリード棒（テスト棒）は、先端を接触させて短絡（ショート）状態にする。
2．テストリード棒（テスト棒）は、測定する抵抗の両端に、それぞれ先端を確実に接触させる。
3．テストリード棒（テスト棒）は、先端を離し開放状態にする。
4．テストリード棒（テスト棒）は、測定端子からはずしておく。

**出題頻度：★★★**

〔24 − 9〕 SWR メータで測定できるのは、次のうちどれか。

1．周波数　　3．定在波比
2．電気抵抗　　4．変調度

**出題頻度：★★★**

共〔24 − 10〕 測定器を利用して行う下記の操作のうち、定在波比測定器（SWRメータ）が使用されるのは、次のうちどれか。

1．送信周波数を測定するとき
2．寄生発射の有無を調べるとき
3．共振回路の共振周波数を測定するとき
4．アンテナと給電線との整合状態を調べるとき

**出題頻度：★**

〔24 － 11〕　定在波比測定器（SWRメータ）が使用されるのは、次のどの場合か。

1．送信周波数を測定するとき
2．寄生発射の有無を調べるとき
3．アンテナと給電線との整合状態を調べるとき
4．共振回路の共振周波数を測定するとき

**出題頻度：★★★★★★**

共〔24 － 12〕　定在波比測定器（SWR メータ）を使用して、アンテナと同軸給電線の整合状態を正確に調べるとき、同軸給電線のどの部分に挿入したらよいか。

1．同軸給電線の中央の部分
2．同軸給電線の任意の部分
3．同軸給電線の、送信機の出力端子に近い部分
4．同軸給電線の、アンテナの給電点に近い部分

**出題頻度：★★**

〔24 － 13〕　アンテナへ供給される電力を通過形電力計で測定したら、進行電力 95〔W〕、反射電力 5〔W〕であった。アンテナへ供給された電力は幾らか。

1．19〔W〕
2．90〔W〕
3．95〔W〕
4．100〔W〕

**出題頻度：★**

共〔24－14〕 ディップメータの使用で誤っているのはどれか。

1．送信周波数を測定するとき
2．寄生発射の有無を調べるとき
3．共振回路の共振周波数を測定するとき
4．アンテナの給電線の整合状態を調べるとき

**出題頻度：★★★**

〔24－15〕 次のうち、ディップメータが使用できないのはどれか。

1．送信周波数を測定するとき
2．寄生発射の有無を調べるとき
3．共振回路の共振周波数を測定するとき
4．空中線電力を測定するとき

**出題頻度：★★★★★★★**

共〔24－16〕 次の記述の［　］内に入れるべき字句の組合せで、正しいのはどれか。

ディップメータによる回路の共振周波数の測定要領は、次のとおりである。

測定しようとする回路に、ディップメータの発振コイルを［A］に結合し、可変コンデンサの容量を変化させる。ディップメータの発振周波数がその回路の共振周波数に一致すると、ディップメータの発振出力が［B］されて、電流計の指示が［C］になる。このときの可変コンデンサのダイヤル目盛から、その回路の共振周波数が直読できる。

| | | | |
|---|---|---|---|
| 1． | A：疎 | B：吸収 | C：最小 |
| 2． | A：疎 | B：相加 | C：最大 |
| 3． | A：密 | B：吸収 | C：最大 |
| 4． | A：密 | B：相加 | C：最小 |

**出題頻度：★★★**

共〔24－17〕　図に示すように、破線で囲んだ電圧計 $V_0$ に、$V_0$ の内部抵抗 $r$ の４倍の値の直列抵抗器（倍率器）$R$ を接続すると、測定範囲は $V_0$ の何倍になるか。

1．２倍
2．３倍
3．４倍
4．５倍

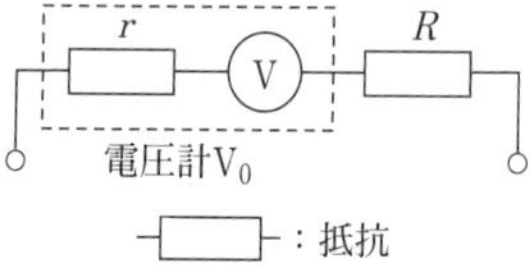


**出題頻度：★★★★★**

〔24－18〕　端子電圧２〔V〕の蓄電池３個を図のように接続し、端子ａｂ間の電圧を測定するには、最大目盛値が何ボルトの直流電圧計を用いればよいか。また、電圧計の端子をどのように接続したらよいか。次の組合せのうちから、正しいものを選べ。

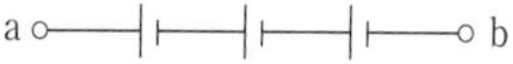


| | 最目盛値 | 接続方法 |
|---|---|---|
| 1． | 5〔V〕 | ⊕端子をａに、⊖端子をｂにつなぐ。 |
| 2． | 5〔V〕 | ⊕端子をｂに、⊖端子をａにつなぐ。 |
| 3． | 10〔V〕 | ⊕端子をａに、⊖端子をｂにつなぐ。 |
| 4． | 10〔V〕 | ⊕端子をｂに、⊖端子をａにつなぐ。 |

**出題頻度：★**

〔24－19〕　定在波比測定器（SWR メータ）を使用して、アンテナと同軸給電線の整合状態を正確に調べるとき、同軸給電線のどの部分に挿入したらよいか。

1．アンテナと送信機との間の中央の部分
2．アンテナと送信機との間の任意の部分
3．アンテナの給電点に近い部分
4．送信機の出力端子に近い部分

**出題頻度：★**

〔24 − 20〕 図に示す、アナログ方式の回路計（テスタ）で抵抗値を測定するとき、準備の手順として正しいのはどれか。

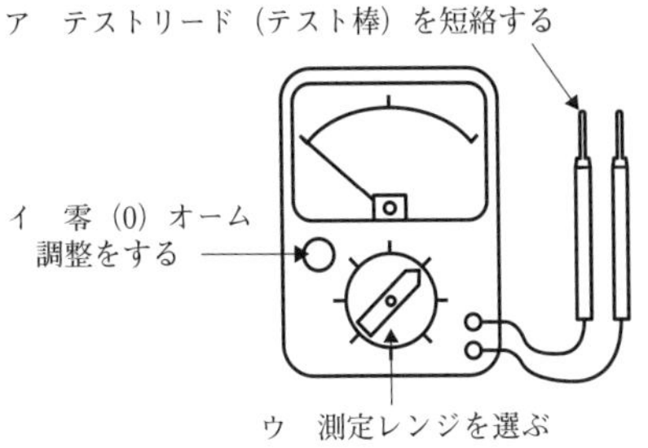


1．イ → ウ → ア
2．ウ → ア → イ
3．ア → イ → ウ
4．ウ → イ → ア

# 第4級・解説と正解

まぎらわしい問題や基本的に覚えておかなければならない問題に対して、可能な限り簡単な解説が加えてあります。

答を確認するだけでなく、必ず読んでおきましょう。

## 第4級

# 法　規〔1〕



**1-1** 無線局は、「無線設備とその操作をする者の総体。受信のみを含まない。」です。[無線局は設備と人間]　(正解：1)

**1-2** アマチュア業務は、「自己訓練、通信及び技術的研究の業務」です。[興味で行う自己訓練]　(正解：1)

**1-3** アマチュア業務は、個人的な「無線技術」の興味によって行うものです。[個人的なムギ(無線技術)の興味]　(正解：1)

**1-4** アマチュア業務は、興味によって行う「自己訓練、通信」の業務です。[興味で行う自己訓練、通信]　(正解：3)

**1-5** 免許状には、空中線の型式及び構成は記載されません。[免許状に空中線記載なし]　(正解：3)

**1-6** 免許状に、無線従事者の資格の記載はありません。[免許状に資格記載なし]　(正解：4)

**1-7** 免許の有効期間は、免許の日から起算して５年です。[免許は５年有効]　(正解：3)

**1-8** 再免許申請は５年の有効期間満了前１か月以上、６か月を超えない期間に行います。　(正解：1)

**1-9** 再免許申請は、有効期間満了６か月前から１か月前までの間に行います。　(正解：4)

**1-10** 再免の指定事項は、「電波の型式及び周波数」です。[再免の指定事項は、電波の型式及び周波数、呼出符号、空中線電力、運用許容時間]　(正解：4)

**1-11** 再免の指定事項は、「呼出符号又は呼出名称」です。[呼出符号(コールサイン)は再免の指定事項]　(正解：3)

**1-12** 再免の指定事項は「空中線電力」です。もう一つ、「無線設備の設置場所」は免許状の記載事項ではありますが、再免許のときの指定事項ではありません。　(正解：1)

**1-13** 「空中線の型式及び構成」は、再免許の指定事項ではありません。[再免に空中線記載なし]　(正解：3)

**1-14** 「無線設備の設置場所を変更するとき」は、記載事項の変更ですからあらかじめ許可が必要です。
[設置場所変更は、あらかじめ許可を受ける]　(正解：3)

**1-15** 設置場所変更は、「あらかじめ許可を受ける」です。
(正解：2)

**1-16** 指定事項の変更ですから、答は「その旨を申請する」です。　(正解：2)

**1-17** 免許が失効したら、空中線を撤去しなければなりません。
[アンテナの撤去は、免許が失効したとき]　(正解：1)

**1-18** 免許の失効は、「遅滞なく」空中線を撤去しなければなりません。　(正解：1)

**1-19** 免許の失効は、遅滞なく「空中線」を撤去しなければなりません。　(正解：4)

**1-20** 遅滞なく「空中線を撤去する」です。　(正解：1)

**1-21** アマチュア局の開局免許申請をします。　(正解：3)

**1-22** 通信及び「技術的研究」の業務をいいます。(正解：1)

**1-23** もっぱら個人的な無線技術の興味によって行う「自己訓練」。「自クン」と覚えます。　(正解：3)

**1-24** アマチュア業務は、「自己訓練、通信及び技術的研究の業務」です。[興味で行う自己訓練]　(正解：1)

**1-25** 無線設備の変更の工事は勝手にやってはいけません。「あらかじめ許可を受ける」ことが必要です。　(正解：1)

**1-26** 無線設備の設置場所の変更は、「あらかじめ総務大臣に申請し、その許可」を受けます。　(正解：4)

**1-27** 免許有効期間は、免許の日から起算して「5年」です。[有効期間5年間。再免許申請で更新継続。]　(正解：3)

**1-28** 再免の指定事項は、「電波の型式及び周波数」です。
(正解：4)

**1-29** 再免の指定事項は、「呼出符号又は呼出名称」です。
(正解：2)

# 法　規〔2〕

**2-1**　無線局は、「無線設備とそれを操作する者の総体。受信のみを含まない。」です。　（正解：1）

**2-2**　アマチュア業務は、「自己訓練」の言葉がポイントです。　（正解：3）

**2-3**　免許有効期間は、免許の日から起算して「５年」です。[有効期間５年間。再免許申請で更新継続。]　（正解：3）

**2-4**　再免許のとき、指定事項は「電波の型式及び周波数」です。　（正解：1）

**2-5**　再免許のとき、指定事項は「呼出符号（呼出名称）」です。　（正解：3）

**2-6**　間違い探しの問題です。選択肢の 1. から 3. は指定されますが、「無線設備の設置場所」は免許状の記載事項ですが、再免許のときの指定事項ではありません。　（正解：4）

**2-7**　設置場所の変更ですから、「あらかじめ許可を受ける」です。よく出てくる正解ですから、「あらかじめ許可を受ける」という言葉を丸暗記しましょう。　（正解：2）

**2-8**　選択肢の 4. と間違いやすいのですが、「無線設備の設置場所を変更しようとするとき」が正解です。　（正解：3）

**2-9**　無線設備の変更の工事は勝手にやってはいけません。「あらかじめ許可を受ける」ことが必要です。　（正解：4）

**2-10**　通信事項も免許状の指定（記載）事項ですから、変更しようとするときには、申請して許可を受けなければなりません。[通信事項の変更、許可が必要]　（正解：4）

**2-11**　無線設備の変更工事は、「あらかじめ許可」が必要です。　（正解：3）

**2-12**　無線設備の「変更の工事」をするときは、あらかじめ許可が必要です。　（正解：4）

**2-13**　指定事項の変更の手続ですから、「その旨を申請する」

が正解です。指定事項の変更手続を行うと、新しい免許状が免許状の訂正に代えて交付されます。　**(正解：4)**

これを整理すると、次のように分類されます。

① 免許人が通信の相手方、通信事項若しくは無線設備の設置場所の変更、無線設備の変更の工事をしようとするとき　→　正解は、「あらかじめ許可を受ける」

② 免許人が指定の変更(周波数、呼出符号、電波の型式、空中線電力、運用許容時間)を受けようとするとき　→　正解は、「その旨を申請する」

③ 免許人は、免許状に記載した事項に変更を生じたときには　→　正解は、「訂正を受ける」

**2-14** 指定事項(周波数)の変更ですから、「その旨を申請する」が正解です。　**(正解：2)**

**2-15** 指定事項(空中線電力)の変更ですから、「その旨を申請する」が正解です。　**(正解：1)**

**2-16** 指定事項(電波の型式)の変更ですから、「その旨を申請する」が正解です。　**(正解：3)**

**2-17** 空中線の撤去は、「無線局の免許がその効力を失ったとき」です。[アンテナ撤去は免許失効のとき]　**(正解：1)**

**2-18** 免許失効のときは、「遅滞なく」空中線を撤去します。　**(正解：4)**

**2-19** 免許失効のときは、遅滞なく「空中線」を撤去します。　**(正解：4)**

**2-20** 無線局の廃止は、免許人の都合で廃止するわけですから、申請でなく、「その旨を届け出る」が正解です。　**(正解：3)**

**2-21** 電波利用料は、毎年その免許の日に応当する日から起算して30日以内に納めなければなりません。　**(正解：2)**

**2-22** 無線局の廃止は、免許人の都合で廃止するわけですから、申請でなく、「その旨を届け出る」が正解です。**(正解：3)**

# 法　規〔3〕



**3-1**　定義の問題です。「無線設備とは、無線電信、無線電話その他電波を送り、又は受けるための電気的設備をいう。」選択肢 1. の「通信設備をいう。」と間違わないように！
[無線設備は、電波を送り、又は受ける電気的設備。]（正解：2）

**3-2**　送信設備は、「送信装置」と空中線（アンテナ）がコンビ(組)になったものです。（正解：2）

**3-3**　送信装置と送信空中線系とから成る設備は、「送信設備」です。問〔3－1〕の答の「電気的設備」と間違わないように！（正解：2）

**3-4**　送信空中線系（送信アンテナ）は、送信装置の発生する「高周波エネルギー(送信電力)」を空間へ送り出すためのものです。（正解：2）

**3-5**　無線電話は、電波を利用して「音声その他の音響」を送ったり、受けたりするための通信設備です。[無線電話は、音声その他の音響の送信／受信の通信設備]（正解：4）

**3-6**　電波の質の１つである「高調波の強度」が入ります。[電波の質は、周波数の偏差、周波数の幅、高調波の強度等の３つが省令で定めるところに適合していること。]（正解：3）

**3-7**　電波の質である「周波数の偏差及び幅（周波数のずれと占有帯幅のこと）」が入ります。（正解：1）

**3-8**　電波の質である「周波数の偏差及び幅」が正解です。（正解：4）

**3-9**　前問の答は「周波数の偏差及び幅」になっていますが、「偏差」だけであっても規定に入っていなければなりません。（正解：4）

**3-10**　電波の質の１つである「高調波の強度等」が正解です。（正解：2）

**3-11**　J3E の記号のうち、J は単側波帯の抑圧搬送波のもの、

３はアナログ信号のこと、Ｅは電話を示します。振幅変調の電話で、側波帯（サイドバンド）が１つ（シングル）、そして搬送波（キャリア）がないもの（抑圧搬送波）、すなわち、J3E は、SSB（シングルサイドバンド）のことです。　（正解：３）

**3 - 12**　前問と同じく、「J3E」を説明した問題です。（正解：３）

**3 - 13**　A3E ですから振幅変調（A）のアナログ電話（3E）ということがわかります。両側波帯です。中波ラジオのＡＭ放送は、この変調方式です。［A3E は、両側波帯と覚えましょう］

（正解：４）

**3 - 14**　周波数変調（F）のアナログ電話（3E）の記号は「F3E」です。F3E と FM は同じものです。　（正解：３）

**3 - 15**　前問と選択肢が一部違いますが「F3E」です。（正解：３）

**3 - 16**　前問と選択肢が一部異なる問題です。答は「F3E」です。F2A というのは、周波数変調された電信のことです。（正解：１）

**3 - 17**　電波の大もとである発振回路は安定でなければなりません。発振回路は、「外囲の温度若しくは湿度の変化」により周波数に影響を受けないものでなければなりません。（正解：１）

**3 - 18**　発振回路は、温度若しくは「湿度の変化」で発振周波数に影響を受けないものでなければなりません。　（正解：１）

**3 - 19**　送信装置は、電源電圧又は負荷の変化によって、「発振周波数」に影響を与えないものでなければなりません。

（正解：３）

**3 -20**　移動局の送信装置は、常に「振動又は衝撃」を受ける機会が多いわけですが、それに耐えて周波数が安定なものでなければなりません。

［移動局の送信装置は、振動や衝撃に強いこと。］　（正解：１）

**3 -21**　間違い探しの問題です。空中線は与えられた送信電力を大空に送り出す動きをしますから、「空中線電力を許容偏差内に維持する働き」は、まったくありません。　（正解：３）

**3 -22**　空中線は、効率よく電波を遠くへ飛ばすため、「空中線の利得及び能率がなるべく大であること。」と定められていま

す。　（正解：2）

**3-23**　その通信を第三者が聞いてもわからないように隠す機能（秘話装置など）を付けてはいけません。　（正解：2）

**3-24**　電波の質を表すものは「高調波の強度等」です。（正解：2）

**3-25**　両側波帯の記号はA、単一チャネルのアナログ信号は３、電話はEなので A3E です。　（正解：4）

**3-26**　前問と似ていますが、単側波帯の設問です。抑圧搬送波はＪです。記号は J3E です。　（正解：3）

**3-27**　周波数変調はＦで、アナログ単一チャネルは３、電話はEですから、記号は F3E です。　（正解：1）

**3-28**　前問と同様、F3E が答えです。　（正解：3）

**3-29**　電波の質を表すものは「周波数の偏差」です。（正解：4）

**3-30**　送信設備は、「送信装置」と空中線（アンテナ）がコンビ（組）になったものです。　（正解：2）

# 法　　規〔4〕

**4-1**　第4級アマチュア無線技士(略して4アマ)が操作を行うことができる周波数範囲は、「21メガヘルツ以上又は8メガヘルツ以下」です。[21メガから上、8メガから下と覚えましょう。その間には、第3級以上にならないと運用できない周波数帯があります。]　(正解：2)

**4-2**　30メガヘルツを境目として、それ以下は10ワット。「30いか天」と覚えます。　(正解：1)

**4-3**　30メガヘルツ以上では、最大20ワットの空中線電力を操作できます。　(正解：2)

**4-4**　30メガヘルツ以上では、空中線電力は「20ワット以下」です。　(正解：2)

**4-5**　設問に「無線設備の操作に関する……」と書いてあるように、空欄には「無線設備」が入ります。　(正解：4)

**4-6**　無線従事者の免許を取り消され、取消しの日から2年を経過しない者は、試験に合格しても免許が与えられないことがあります。[免許取消しの日から2年を経過しない者がポイント！]　(正解：3)

**4-7**　前問と選択肢が異なりますが、答は「免許の取消しを受けて2年を経過しない者」です。　(正解：4)

**4-8**　業務に従事しているときには、免許証は常に「携帯」します。車の運転免許証と同じように考えてください。
[免許証は携帯する]　(正解：4)

**4-9**　正解は、免許証を「携帯する」です。無線局の免許状と勘違いをしないように。　(正解：1)

**4-10**　前問と選択肢が異なりますが、答は「携帯する」です。　(正解：1)

**4-11**　前問と同様、答は「携帯する」です。　(正解：1)

**4-12**　免許証は、業務中、「携帯」します。　(正解：4)

**4 - 13** 「氏名に変更を生じたとき」は、免許証の訂正を受けます。 （正解：1）

**4 - 14** 汚した場合の免許証再交付は、「免許証と写真１枚」を添えて申請します。 （正解：1）

**4 - 15** 再交付後、失った免許証を発見したときは、「10日以内」に返納しなければなりません。 （正解：2）

**4 - 16** 免許の取消しの処分を受けたら、免許証は「10日以内」に返納しなければなりません。 （正解：3）

**4 - 17** 無線従事者が死亡し、または失そうの宣言を受けたとき、死亡または失そう宣告の届出義務者は、遅滞なく無線従事者免許証を返納しなければなりません。 （正解：3）

**4 - 18** 無線従事者免許証は５年経過しても再交付の必要はありません（無線局免許状の５年と間違えないこと）。（正解：2）

# 法　　規〔5〕

**5-1**　電波の質が悪く、総務省令に適合していないとき、電波の発射の停止を命じられることがあります。　（正解：4）

**5-2**　「臨時に電波の発射の停止」を命じられます。（正解：3）

**5-3**　「電波の質又は空中線電力」の検査があります。（正解：2）

**5-4**　臨時検査は、「電波の質が悪いとき、又は発射停止を命ぜられた局が対策をした旨の申し出があったとき、その他必要があるとき」に行われます。　（正解：4）

**5-5**　電波法違反は、運用の停止もしくは空中線電力、「周波数」、運用時間の制限を受けることがあります。　（正解：3）

**5-6**　免許人が電波法に違反したときの運用停止は「３月以内」です。[運停は、３月（３か月）以内]　（正解：2）

**5-7**　「電波法に違反したとき」、無線従事者は３か月以内の業務の従事を停止されることがあります。　（正解：2）

**5-8**　３か月以内の従事停止は、「電波法に違反したとき」です。　（正解：2）

**5-9**　不正な手段により無線設備の設置場所の変更許可を受けたら、「免許の取消し」です。　（正解：2）

**5-10**　不正な手段により無線設備の設置場所の変更の許可を受けたときは、「免許の取消し」処分になります。（正解：4）

**5-11**　不正な手段による指定事項（周波数）の変更は、「免許の取消し」です。　（正解：2）

**5-12**　不正な手段により無線設備の変更の工事の許可を受けたら、「免許の取消し」です。　（正解：3）

**5-13**　不正な手段で無線局の免許を受けたときは、「免許の取消し」です。　（正解：1）

**5-14**　正当な理由なく、「６月（６か月）」以上運用を休止したときは、免許を取り消されることがあります。　（正解：1）

**5-15**　無線局の免許取消しは、「不正な手段により無線局の免

許を受けたとき」です。 (正解：3)

**5 - 16** 無線従事者免許証(従免)取消しは、「電波法に基づく処分に違反したとき」です。 (正解：3)

**5 - 17** 「違反したとき」は、従免の取消しです。 (正解：3)

**5 - 18** 従免の取消しは、「不正な手段により免許を受けたとき」です。 (正解：2)

**5 - 19** 従免の取消しは、「電波法に基づく命令又はこれらに基づく処分に違反したとき」です。 (正解：3)

**5 -20** 非常通信を行ったときは、「総務大臣に報告」しなければなりません。 (正解：4)

**5 -21** 違反して運用した無線局を見つけたときは、文書により「総務大臣に報告」します。 (正解：1)

**5 -22** 3月(3か月)以内の運用停止は、電波法違反のときです。 (正解：4)

**5 -23** 電波利用料は、毎年その免許の日に応当する日から起算して30日以内に納めなければなりません。 (正解：2)

**5 -24** 発射する電波の質が悪いと、臨時に電波の発射停止を命じられることがあります。 (正解：2)

**5 -25** 3月(3か月)以内の運用停止、運用許容時間、周波数または「空中線電力」の制限を受けることがあります。(正解：2)

**5 -26** 発射する電波の質が悪いとき、「臨時に電波の発射の停止」を命じられます。 (正解：4)

**5 -27** 無線従事者免許証(従免)取消しは、「電波法に基づく命令又は処分に違反したとき」です。 (正解：1)

**5 -28** 3月(3か月)以内の運用停止、運用許容時間、周波数または「空中線電力」の制限を受けることがあります。(正解：3)

**5 -29** 周波数の制限を受けることがあります。 (正解：3)

**5 -30** 処分は「3か月以内の業務の従事停止」です。(正解：1)

**5 -31** 違反したときは、「運用の停止」です。 (正解：2)

**5 -32** 違反したときは、「運用の停止」です。 (正解：4)

# 法　規〔6〕

**6-1**　「発射する電波の質が総務省令で定めるものに適合していないとき」は、臨時に電波の発射の停止です。　**(正解：4)**

**6-2**　電波の質が悪いとき、「臨時に電波の発射停止」命令があります。　**(正解：3)**

**6-3**　電波の発射を命じて、「発射する電波の質又は空中線電力」の検査を行います。　**(正解：2)**

**6-4**　臨時検査は、「電波の質が悪いとき、又は発射停止を命ぜられた局が対策をした旨の申し出があったとき、その他必要があるとき」に行われます。　**(正解：1)**

**6-5**　電波法に基づく処分に違反したときは、無線局の「運用の停止」処分を受けます。　**(正解：1)**

**6-6**　「電波法に違反したとき」は、3月(3か月)以内の運用停止処分を受けます。　**(正解：1)**

**6-7**　電波法に違反したとき、無線従事者が受ける処分は、「3か月以内の業務の従事停止」です。　**(正解：1)**

**6-8**　不正な手段での指定変更(呼出符号)は、「免許の取消し」です。　**(正解：2)**

**6-9**　不正な手段での指定事項(電波の型式)の変更は、「免許の取消し」です。　**(正解：1)**

**6-10**　不正な手段での指定事項(空中線電力)の変更は、「免許の取消し」です。　**(正解：1)**

**6-11**　「電波法に基づく命令に違反したとき」は、従免を取り消されます。　**(正解：2)**

**6-12**　「不正な手段により免許を受けたとき」は、従免を取り消されます。　**(正解：2)**

**6-13**　前問と選択肢が異なりますが、同様に、「不正な手段により免許を受けたとき」は従免を取り消されます。**(正解：2)**

**6-14**　「電波法若しくは……に基づく処分に違反したとき」は、

従免を取り消されます。　（正解：1）

**6-15**　非常通信を行ったら、「総務大臣に報告」します。　（正解：4）

**6-16**　行った通信を報告する必要があるのは、「非常通信」です。　（正解：2）

**6-17**　電波法違反の局を見つけたら、「総務大臣に報告」します。　（正解：1）

**6-18**　電波法を違反して運用した無線局を認めたときには、「総務省令で定める手続により報告」します。　（正解：3）

**6-19**　前問と若干異なりますが、同様に、違反局は、「総務省令で定める手続により報告」します。　（正解：1）

**6-20**　免許を受けた日から「30日以内」に納めます。（正解：2）

**6-21**　電波利用料は30日以内に納めます。　（正解：2）

**6-22**　電波法に基づく処分に違反したときは、３か月以内の無線局の運用の停止または期間を定めて運用許容時間、「周波数」もしくは空中線電力を制限されることがあります。

（正解：2）

**6-23**　電波法に基づく処分に違反したときは、３か月以内の「運用停止処分」を受けます。　（正解：4）

**6-24**　電波法に基づく処分違反は、「空中線電力の制限」を受けることがあります。　（正解：1）

**6-25**　処分に違反したら、「周波数」または空中線電力の制限を受けることがあります。　（正解：1）

**6-26**　「発射する電波の質が総務省令で定めるものに適合していないとき」は電波発射の停止を命じられます。　（正解：1）

**6-27**　「周波数の制限」を受けることがあります。（正解：1）

**6-28**　電波法に基づく処分に違反したときは、無線局の「運用の停止」処分を受けます。　（正解：2）

**6-29**　「空中線電力」の制限を受けることがあります。（正解：1）

**6-30**　無線局の「運用の停止」処分を受けます。　（正解：1）

# 法　規〔7〕

**7-1**　電波の型式は「免許状」に記載されたところにより運用します。[指定事項は、すべて免許状通りに運用！]（正解：2）

**7-2**　前問と同様、電波の型式や周波数は、「免許状」に記載されたところにより運用します。（正解：2）

**7-3**　前問と同様、運用の周波数は、「免許状」に記載のものにより行います。（正解：4）

**7-4**　呼出符号は、「免許状」に記載されたところにより運用します。（正解：3）

**7-5**　無線設備の設置場所は、「免許状」に記載されたところにより運用します。（正解：3）

**7-6**　空中線電力は、「免許状に記載されたもので必要最小のもの」で運用します。10ワットの免許だから、いつも10ワットで運用するというのではなく、10ワット以下で済む場合はパワーを小さくします。4アマは20ワット以上は出せませんが、低い分には、1ワットでも0.1ワットでも良いのです。（正解：4）

**7-7**　空欄には、「免許状」が入ります。（正解：3）

**7-8**　「非常通信」は、免許状の目的範囲を超えて運用できます。（正解：1）

**7-9**　前問と選択肢が異なりますが、免許状の目的の範囲を超えて運用できるのは、「非常通信を行うとき」です。

（正解：1）

**7-10**　非常時等を除き、他人の依頼による通報の送信はできません。（正解：4）

**7-11**　アマチュア局の行う通信に使用してはならない用語は、「暗語」です。[暗語は、使用禁止]（正解：4）

**7-12**　「暗語」は、使用禁止です。（正解：4）

**7-13**　放送の受信に支障を与える場合は、「速やかに、電波の発射」を中止します。（正解：2）

**7-14** 誰が送信しているのか明らかにするために、「自局の呼出符号（コールサイン）」を付けて通信します。（正解：３）

**7-15** 内容を繰り返して送信する場合は、「通報の各通ごと又は１連続ごとに“反復”を前置」します。（正解：４）

**7-16** 確実に受信したときの略語は、「了解」又は「OK」です。アマチュア無線は、一方が送信しているときには一方が受信し、次に送信と受信が入れ替って交信します。相手局が「どうぞ」といって受信に移ったとき、今までの話が全部了解できていたら「了解」又は「OK」といって、通報に入ります。（正解：３）

**7-17** 試験電波のときには、抵抗器で作った擬似空中線回路（アンテナの代わりに抵抗器を用いたダミーアンテナ）を使い、電波を外に発射せずに機器のテストをします。（正解：３）

**7-18** 擬似空中線回路（ダミーアンテナ）は、機器の試験や調整を行うときに使用します。（正解：３）

**7-19** 移動局の免許状は、「無線設備の常置場所」に置きます。（正解：１）

**7-20** 免許が失効したときは、免許状を１か月以内に返納します。[失効したら１か月以内に免許状返納]（正解：１）

**7-21** １か月以内の免許状の返納は、「免許がその効力を失ったとき」です。（正解：１）

**7-22** 旧免許状は、「遅滞なく返納」します。（正解：３）

**7-23** 旧免許状は「遅滞なく返納」します（「免許失効の場合の１か月以内に返納」と間違えないこと）。（正解：１）

**7-24** 免許状を汚して再交付申請する場合には、「理由を記載した申請書を提出」します。（正解：１）

**7-25** 免許人は、申請書に必要書類を添えて訂正を受けます。（正解：４）

**7-26** 無線局の廃止、または取消し処分を受けたときは１か月以内に免許状を返納しなければなりません。（正解：１）

**7-27** 無線通信は、「正確」に行います。（正解：４）

**7-28** ただいま試験中は「３回」送信します。（正解：１）

# 法　規〔8〕

**8-1**　空中線電力は、「免許状に記載されたものの範囲内で通信を行うため必要最小のもの」です。
[必要最小限のパワーで交信]　(正解：4)

**8-2**　「非常通信」は、免許状に記載された目的の範囲を超えて運用できます。　(正解：4)

**8-3**　前問と同様に、「非常通信」は、免許状の目的の範囲を超えて運用できます。　(正解：1)

**8-4**　空欄には、「法律に別段の定めがある」が入ります。秘密の保護は、空欄の場所がいろいろなところに移動した設問になっていますので、ちょっと長いのですが次の文を丸暗記しましょう。[何人も法律に別段の定めがある場合を除くほか、特定の相手方に対して行われる無線通信を傍受してその存在若しくは内容を漏らし、又はこれを窃用してはならない。]
(正解：3)

**8-5**　空欄には、「特定の相手方」が入ります(秘密の保護は、特定の相手方に対して行われる通信についてです。ラジオを聞いて、その内容を他人に話しても、この場合は別に支障ありません)。　(正解：2)

**8-6**　空欄には、「傍受」が入ります。　(正解：2)

**8-7**　混信は、他局の運行を「妨害」する電波です。(正解：1)

**8-8**　非常時等を除き、アマチュア局は、他人に依頼された通信はできません。[他人依頼の通報禁止]　(正解：4)

**8-9**　空欄には、「周波数帯幅」が入ります。変調された電波は、周波数帯幅(占有周波数帯幅)を持っています。アマチュアバンドのエッジ(端)で運用した場合、中心の周波数はバンド内に入っていても、側波帯がオフバンドすることがあります。側波帯が外に出てはいけないという注意事項です。(正解：4)

**8-10**　TVI、BCIが発生した場合には、直ちにその周波数の

電波の発射をストップします。（正解：2）

**8-11** 無線通信は、「正確」に行います。（正解：4）

**8-12** 通信上の誤りを知ったときには、「直ちに訂正」しなければなりません。（正解：3）

**8-13** 一括して呼び出す場合、各局は「３回」送信します。（正解：1）

**8-14** 自局が呼ばれていることはわかるが、その呼出しをしている局名がよくわからないときには、「誰かこちらを呼びましたか」を使って直ちに応答します。（正解：2）

**8-15** 「終り」の略語は、通報の送信を終わるときに使用します。１.や４.の選択肢ではありません。（正解：2）

**8-16** 「さようなら」は、通信が終了したときに使用します。選択肢 3.の「通報の送信を終了したとき」ではありません。（正解：1）

**8-17** 確実受信の略語は、「了解」又は「ＯＫ」です。（正解：4）

**8-18** 機器の試験を行うとき、空中線（アンテナ）を付けて行うと他の局に混信を与えることがありますから、外には電波が出ない擬似空中線回路（アンテナと同じインピーダンスの抵抗器）を使用します。（正解：3）

**8-19** 「無線設備の機器の試験又は調整を行うとき」は、擬似空中線回路（ダミーアンテナ）を使用します。（正解：3）

**8-20** 試験電波は、曇りや雨が降っていても「本日は晴天なり」の略語を使用します。（正解：2）

**8-21** 機器の調整中は、「他の無線局から停止の要求がないかどうか」、聴守（ワッチ）します。（正解：1）

**8-22** 移動局の免許状は、「無線設備の常置場所」に備え付けておきます。（正解：1）

**8-23** 免許の失効は、「１か月以内に免許状を返納」します。（正解：1）

**8-24** １か月以内に免許状を返納するのは、「免許がその効力

を失ったとき」です。 （正解：1）

**8-25** 再交付を受けた場合、旧免許状は「遅滞なく返納」します。 （正解：3）

**8-26** 免許状を再交付してもらうときは、「理由を記載した申請書を提出」します。 （正解：4）

**8-27** 移動局は無線設備の常置場所に免許状を備え付けます。 （正解：2）

**8-28** アマチュア局の行う通信に使用してはならない用語は、「暗語」です。[暗語は、使用禁止] （正解：3）

**8-29** 「通信に使用する用語は、できる限り簡潔」でなければなりません。 （正解：2）

**8-30** 「臨時に電波の発射の停止を命令のとき」は、該当しません。 （正解：2）

**8-31** 空欄には「特定の相手方」が入ります。 （正解：2）

**8-32** 免許状を「1か月以内に返納」します。 （正解：3）

# 法　規〔9〕



**9-1**　非常事態の発生時に行うのが「非常通信」ですから、他の無線局に混信その他の妨害を与える場合でも運用できます。
（正解：4）

**9-2**　非常時等を除き、他人の依頼による通報はできません。
（正解：4）

**9-3**　ＴＶＩやＢＣＩが発生したら、「速やかに電波の発射を中止」します。　（正解：4）

**9-4**　すでに通信している局に混信を与える旨を知らされたら、「直ちに呼出しを中止」します。　（正解：4）

**9-5**　出所をはっきりさせるため、「自局の呼出符号（コールサイン）」を付けます。　（正解：3）

**9-6**　「通信に使用する用語は、できる限り簡潔」でなければなりません。　（正解：2）

**9-7**　通信上の誤りを知ったときは、「直ちに訂正」しなければなりません。　（正解：3）

**9-8**　相手の呼出符号がわからない場合は、「誰かこちらを呼びましたか」を用いて、直ちに応答します。　（正解：1）

**9-9**　前問と同様に、「誰かこちらを呼びましたか」を用いて応答します。　（正解：1）

**9-10**　自局が呼ばれているかはっきりしないときには、「自局に対する呼出しであることが確実にわかる」まで応答してはいけません。
（正解：4）

**9-11**　応答するとき、相手局の呼出符号（コールサイン）は、「3回以下」です。　（正解：1）

**9-12**　非常通信を行う場合は、応答事項に「非常」3回を前置します。　（正解：3）

**9-13**　長時間継続して送信するときは、「10分」ごとに自局の呼出符号を送信します。

[長時間通信、10分ごとにコールを送信]　(正解：1)

**9-14** 反復を求めるときは、「"反復"の次に反復する箇所」を示します。　(正解：4)

**9-15** すぐに受信できないときは、「"お待ちください"の次に待つべき時間(分)及び理由」を送信します。　(正解：4)

**9-16** 確実受信の略語は、「了解」又は「OK」です。(正解：3)

**9-17** 試験電波は、「本日は晴天なり」を使用します。
(正解：4)

**9-18** "本日は晴天なり"と呼出符号の送信は、「10秒間」を超えてはなりません。　(正解：2)

**9-19** 試験電波の発射は、他の通信に混信を与えてはいけません。「他の無線局から停止の要求がないかどうか」しばしば聴守します。　(正解：4)

**9-20** 前問と同様に、発射する前は、「他の通信に混信を与えないこと」を確かめなければなりません。　(正解：2)

**9-21** 有線通信が復旧したら、非常通信は「速やかにその取扱いを停止」します。　(正解：2)

**9-22** 免許失効は、免許状を「1か月以内に返納」します。
(正解：1)

**9-23** 免許状の1か月以内の返納は、「免許がその効力を失ったとき」です。　(正解：1)

**9-24** 記載事項に変更を生じたとき、免許状の訂正を受けます(指定事項の変更と間違えないように注意)。
[記載事項に変更を生じたときは、免許状の訂正]　(正解：4)

**9-25** 50ワット以下で確実に連絡がとれる場合の呼出しに当てはまりますから、「こちらは」及び「自局の呼出符号…3回以下」を省略できます。したがって、「相手局の呼出符号…3回以下」だけで良いことになります。[簡易呼出しは相手コール(呼出符号)のみ]　(正解：1)

**9-26** 移動局の免許状は、「無線設備の常置場所」に備え付けます。　(正解：2)

**9-27**　免許状を１か月以内に返納します。　（正解：3）

**9-28**　免許状の記載事項の変更ですから、「総務大臣に提出し、訂正」を受けます。　（正解：2）



## 無線従事者と無線局免許の同時申請

いままでは、無線従事者免許証をもらってから運用する周波数や電波型式を考えて無線局開局の申請をしていました。たとえば、国内や海外のハムと交信したいのでHF帯に出たいとか、モービル運用をしたいので144/430MHzで運用したいとか、手軽にハンディ機で運用、あるいはHF帯から430MHzなどオールバンドで運用したいなど、高性能な無線機が市販されていますので，トランシーバー選びのプランニングも楽しいことです。

すでに使用トランシーバーを決めて開局プランニングを終え、すぐにでも開局したいという方に朗報です。令和５年９月25日より、アマチュア無線従事者資格の国家試験合格や養成課程修了から、アマチュア無線局の開設・運用までの期間が大幅に短縮できるように、「アマチュア無線従事者免許」と「アマチュア無線局免許」を、同時に申請することができるようになりました。

申請書（無線従事者免許の申請書、無線局免許等の申請書）の提出先は、いずれも、アマチュア無線局の設置場所や常置場所（住所等、無線機が通常置かれている場所。）を担当する総合通信局等です。なお、必ずしも同時に申請する必要はありません。アマチュア無線従事者免許の申請を提出した後は、いつでも、アマチュア無線局免許の申請ができます。

また、アマチュア無線局免許を申請するときには、使用する無線機の準備が必要です。使用する無線機は、技術基準適合証明等のマーク（〶）が付いた無線機がお勧めです。

詳しくは、総務省「電波利用ホームページ」の「同時申請（無線従事者免許と無線局免許）」をご覧ください。

# 法　　規〔10〕

**10-1** 指定事項(電波の型式)は、免許状に記載されているところにより運用します。 (正解：4)

**10-2** 混信は､他局の正常業務運行を「妨害」する電波の発射、輻射又は誘導をいいます。 (正解：1)

**10-3** 非常時等を除き、他人依頼の通報はできません。 (正解：2)

**10-4** 通信に、「暗語」は使用してはなりません。 (正解：2)

**10-5** 誰が行っている無線通信かわかるように、「自局の呼出符号」を付けます。 (正解：3)

**10-6** 無線通信は「正確」に行います。 (正解：4)

**10-7** 呼出しをするときは、送信する前に「受信機」を最良の感度に調整します。 (正解：3)

**10-8** 一括呼出し、すなわちCQの出し方の問題です。「各局：3、こちらは：1、自局の呼出符号：3以下、どうぞ：1」ですから、各局は「3回」繰り返します。 (正解：1)

**10-9** 決まった相手局を呼び出すときは、「相手呼出符号：3以下、こちらは：1、自局呼出符号：3以下」です。
[3以下、1、3以下] (正解：1)

**10-10** 自局が呼ばれていることはわかるが、その局の呼出符号が聞き取れない。そんなときは、呼出符号の代わりに「誰かこちらを呼びましたか」を使って応答します。 (正解：3)

**10-11** 前問と同様に、「誰かこちらを呼びましたか」を使って応答します。 (正解：1)

**10-12** 前問と間違えやすい問題ですが、よく読むと大きく異なります。自局に対する呼出しかどうかはっきりしないときは、その呼出しが反復され、「自局に対する呼出しであることが確実に判明するまで応答してはいけません。」 (正解：4)

**10-13** 応答する場合、相手局の呼出符号は「3回以下」です。

（正解：１）

**10-14** 応答は「３以下、１、１」ですから、自局の呼出符号は「１回」です。 （正解：４）

**10-15** 応答する場合、相手局の呼出符号は「３回以下」です。 （正解：２）

**10-16** 「終わり」の略語は、通報の送信を終わるときに使います。[終わりは通報の終了] （正解：２）

**10-17** 長時間の継続送信は10分ごとを標準に、「こちらは」と「自局の呼出符号」を送信します。 （正解：３）

**10-18** 前問と同様です。 （正解：２）

**10-19** 反復を求めるとき、「“反復”の次に反復箇所」を示します。 （正解：４）

**10-20** 反復するときは、「通報の各通ごと又は１連続ごとに“反復”を前置」します。 （正解：３）

**10-21** 応答事項の次に、「どうぞ」を送信します。（正解：２）

**10-22** 確実に受信したときの略語は、「了解」又は「ＯＫ」です。 （正解：４）

**10-23** 呼出しを繰り返しても応答がないときは、「３分間」の間隔をおきます。 （正解：１）

**10-24** 試験電波の「本日は晴天なり」と「自局の呼出符号」は、「10秒間」を超えてはいけません。 （正解：２）

**10-25** 「非常」の略語は、「３回」前置します。 （正解：３）

**10-26** 免許状の記載事項に変更を生じたときは、「免許状の訂正」を受けます。 （正解：４）

**10-27** 50ワット以下で確実に連絡がとれる場合の簡易化応答になりますから、「相手局の呼出符号…３回以下」を省略できます。したがって、「こちらは」と「自局の呼出符号…１回」だけになります。[簡易応答は、「こちらは」と「自局の呼出符号」のみ]

（正解：２）

**10-28** 移動局の無線設備の常置場所に免許状を備え付けます。

（正解：２）

# 法　規〔11〕

**11-1**　免許状に記載された目的の範囲を超えて運用できるのは、「非常通信」です。　(正解：2)

**11-2**　空欄には、「存在若しくは内容」が入ります。(正解：2)

**11-3**　混信は、業務の運行を「妨害」する電波です。(正解：4)

**11-4**　非常時等を除き、他人の依頼による通報は、「送信できません。」　(正解：4)

**11-5**　空欄には「周波数帯幅」が入ります。変調された電波は、周波数帯幅(占有周波数帯幅)を持っています。アマチュアバンドのエッジ(端)で運用するときには、中心の周波数はバンド内に入っていても、側波帯がオフバンドすることがあります。その注意事項です。　(正解：4)

**11-6**　テレビやラジオに受信障害が発生したら、「速やかに当該周波数による電波の発射を中止」します。　(正解：2)

**11-7**　前問と選択肢が異なりますが、同様に、「速やかに当該周波数による電波の発射を中止」します。　(正解：4)

**11-8**　誰がその電波を出しているのかはっきりさせるため、「自局の呼出符号」を付けます。　(正解：3)

**11-9**　通信の用語は、「できるだけ簡潔(シンプル)」でなければなりません。　(正解：2)

**11-10**　機器の調整のとき、電波を発射する前に、「他の無線局の通信に混信を与えないか」、聴守(ワッチ)します。選択肢1.と間違えないように！　(正解：3)

**11-11**　「終り」の略語は、通報の終わりに使用します。
[終りは、通報の終了]　(正解：2)

**11-12**　「さようなら」は、「通信が終了したとき」に送信します。
[さようならは、通信の終了]　(正解：4)

**11-13**　送信中の誤り訂正は、「"訂正"を前置して、正しく送信した適当な語字から更に送信」します。　(正解：2)

**11-14** 前問と設問の言い回しが少し異なりますが、通報の訂正は、始めに「“訂正”の略語を前置して、正しく送信したところに戻って更に送信」します。 （正解：３）

**11-15** 通報の反復を求めるときは、「“反復”の次に反復する箇所」を示します。 （正解：４）

**11-16** すぐに受信したい場合は、送信から受信に切り替えるとき、「どうぞ」を送信します。 （正解：１）

**11-17** 通報を確実に受信したときには、「了解」又は「OK」を送信します。 （正解：４）

**11-18** 他の無線局に混信を与えないように、「擬似空中線回路(ダミーアンテナ)」を使用します。 （正解：２）

**11-19** お天気に関係なく、「本日は晴天なり」を用います。 （正解：２）

**11-20** 「本日は晴天なり」と「自局の呼出符号」の連続テストは、10 秒以内にします。 （正解：２）

**11-21** 機器の調整中は混信を与えて、「他の無線局から停止の要求がないかどうか」をしばしば聴守します。 （正解：４）

**11-22** 非常通信を行う場合は、呼出しまたは応答の初めに「非常」「非常」「非常」と３回「前置」します。 （正解：４）

**11-23** 非常通信を行う場合は、呼出事項に「非常」３回を「前置」します。 （正解：２）

**11-24** 応答回数は、「相手呼出符号：３下、こちらは：１、自局呼出符号：１、どうぞ：１」です。ただ、この出題には「どうぞ」１回が省略されていますから、「３下、１、１」の回数を覚えましょう。 （正解：４）

**11-25** 免許状の再交付を受けたら、旧免許状は「遅滞なく返します。」(再免許申請の旧免許状(失効免許)を返す場合とは異なります。要注意！) （正解：３）

**11-26** 「臨時に電波の発射の停止を命令のとき」は、該当しません。 （正解：３）

# 法　　規〔12〕

**12-1**　「非常通信」は、非常事態発生時に行う通信ですから、他のすべての通信に優先します。他局への混信や妨害を与える場合であっても、行うことができます。　（正解：4）

**12-2**　空欄には、「特定の相手方」が入ります。特定の相手方に対する通信を傍受して、「その内容を漏らしたり窃用すると、電波法違反」になります。　（正解：4）

**12-3**　非常時等を除き、他人の依頼による通報はできません。　（正解：4）

**12-4**　発射電波のエネルギーは、許された「周波数帯」から逸脱してはいけません。　（正解：2）

**12-5**　放送の受信に支障を与える場合は、「速やかに、その周波数による電波の発射をストップ」します。　（正解：2）

**12-6**　前問と選択肢が異なりますが、同様に、「速やかに電波の発射を中止」します。　（正解：3）

**12-7**　すでに通信している局に混信を与えるという通知を受けたときは、「直ちに呼出しを中止」します。　（正解：4）

**12-8**　無線通信の用語は、「できる限り簡潔」にします。
[用語は簡潔に]　（正解：2）

**12-9**　通信中、誤りを知ったときは、「直ちに訂正しなければならない」と決められています。　（正解：2）

**12-10**　相手の呼出符号の代わりに、「誰かこちらを呼びましたか」を使って応答します。　（正解：3）

**12-11**　前問と異なり、自局が呼ばれたのかどうか、はっきりしない場合ですから、「自局に対する呼出しであることが確実に判明」するまで応答してはいけません。　（正解：4）

**12-12**　長い話（通報）には、「10分」ごとを標準に「こちらは」と「自局の呼出符号」を入れます。　（正解：2）

**12-13** 直ちに通報を受信したい場合、応答事項の次に「どうぞ」を送信します。（正解：１）

**12-14** すぐに受信できない場合は、「お待ちください」と「分で表す時間と理由」を送信します。（正解：４）

**12-15** 周波数の変更の要求を受けた場合は、「了解」又は「OK」を送信し、直ちに周波数を変更します。（正解：２）

**12-16** 確実な受信には、「了解」又は「OK」を使用します。（正解：２）

**12-17** 繰り返し呼出しをしても応答がない場合、少なくとも「３分間」の間隔をおきます。（正解：３）

**12-18** 機器の試験や調整には、なるべく擬似空中線回路（ダミーアンテナ）を使用します。（正解：２）

**12-19** 調整又は試験電波を発射するときには、「他の無線局の通信に混信を与えないか」、よく聴守します。（正解：２）

**12-20** 非常呼出の設定は、「非常」を「３回」前置します。（正解：３）

**12-21** 非常呼出又は応答の設定は、「非常」「非常」「非常」と「３回」繰り返してから通報に入ります。（正解：３）

**12-22** 非常通信を受信した場合は、「混信を与えるおそれのある電波の発射を停止して傍受」します。（正解：１）

**12-23** 有線通信（有線の電話）が復旧したら、無線による非常通信は、「速やかにその取扱いを停止」します。（正解：２）

**12-24** 移動局の免許状は「無線設備の常置場所」に備えます。（正解：１）

**12-25** 記載事項の変更は、「訂正」を受けます。（正解：１）

**12-26** 再交付申請は、「理由を記載した申請書を提出」します。
[再交付を受けるのには理由を書いた申請書提出]（正解：１）

**12-27** 空中線電力は、免許状の範囲内で通信を行うため必要最小のもの。[必要最小のパワーで交信]（正解：１）

**12-28** 「こちらは　１回」と「自局の呼出符号　１回」の簡易な応答でよいのです。（正解：２）

**12-29** 試験電波の発射の前に、① ただいま試験中 3回、② こちらは 1回、③ 自局の呼出符号 3回、の順で送信します。
（正解：1）

## ★3アマを目指す方へのアドバイス

４アマに合格したら、すぐに３アマにチャレンジしましょう。すでに受験された完マル先輩方から、モールス受信の練習は１〜２週間では無理、まして一夜漬けでは全くダメですとアドバイスがありました。

耳で聴くモールス符号の電気通信術はなくなりましたので、符号（巻末のモールス符号カード）を覚えていれば正解を導き出すことは容易となりました。

モールス符号は頭で理解して覚えるというよりも、音を聴いて体で覚えた方が後々よいのですが、そうはいっても最初に各符号を覚えることは大変です。そこで、覚え方のヒントをお話しします。たとえば、道を歩いているときや電車に乗っているときも勉強の時間に当てるのです。つまり、道を歩いているときは電柱の広告、お店などの看板、電車の中では車内の吊り広告、駅の名前などのアルファベットを、頭の中でモールス符号に片っ端から構成していくのです。

また、実際にモールス符号で通信する場合は耳で聴く能力が必要です。そのためには、申請から受験までの２か月間、毎日１時間くらい（数十分間に分けてもOK）欠かさず、ICレコーダやアプリを入れたスマートフォンなどに録音したモールス符号を聴き続けることです。覚えていくことが楽しくなればしめたもの。モールス符号もラクに完全丸暗記できます。繰り返し訓練することが上達の早道です。３アマのライセンスに恥じないように頑張ってください。

# 無線工学〔13〕

**13-1**　インダクタンスの単位はヘンリー〔H〕です。
［インダヘンリーと名前のように覚えましょう］　（正解：3）

**13-2**　実効値は、最大値÷$\sqrt{2}$（1.41）＝ 140 ÷ 1.41 ≒ 100〔V〕
［実効値は、最大値÷ 1.4］　（正解：3）

**13-3**　周期は、「谷１つ＋山１つ」の図のＢの部分。振幅は、０のラインから山のテッペンまで（図のＣの部分）。（正解：2）

**13-4**　高圧電気の絶縁は、磁器が使用されます。
［マグネット（磁気）ではなく、セトモノ（磁器）の方］（正解：2）

**13-5**　磁力線の働く中（磁界）に導体を置いて、それに電流を流すと力を受けて、導体は動こうとします。これが有名な「フレミングの左手の法則」です。モータは、この原理によって回転します。この問題と次の問題は、「フレミングの左手の法則」で解くことができます。
（正解：2）

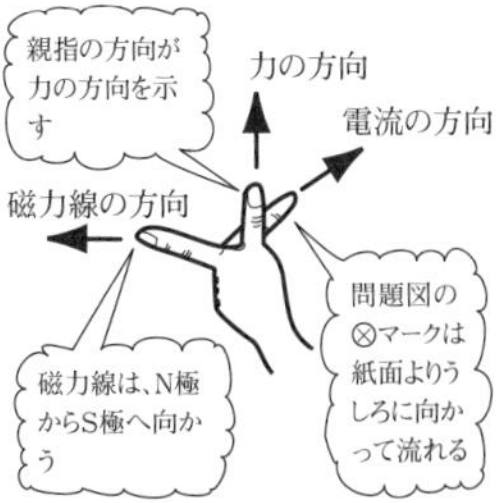


**13-6**　前問と同様に、「フレミングの左手の法則」で解くことができます。右図のようになります。　（正解：2）

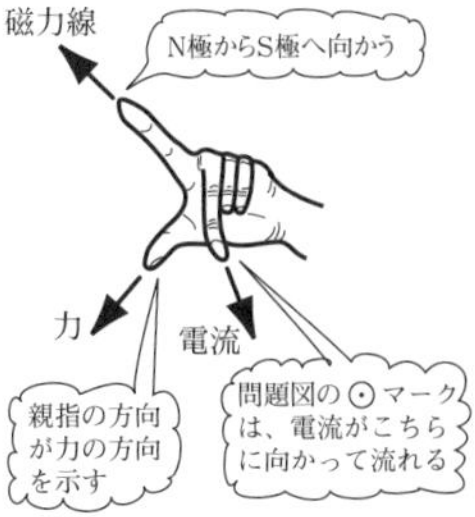

**13-7** 「アンペアの右ネジの法則」によりａ側がＳ極、そして、ｂ側がＮ極になります。 （正解：２）

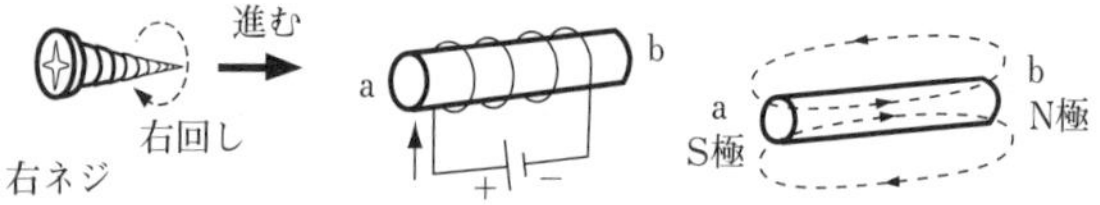


**13-8** コイルの断面積を大きくしても磁力線は強くなりません。選択肢の 1.、2.、4. は、磁界を強くする方法です。
[コイル断面積大は、磁界弱] （正解：３）

**13-9** コイルは、中が空心よりも磁性体を入れると、自己インダクタンスは大きくなります。
[磁性体を入れると、自己インダクタンスは増大] （正解：２）

**13-10** 図をよく見ますと、Ａ、Ｂの電磁石はコイルの巻き方は同じですが、電流が反対に流れます。したがって、電磁石Ａは左側がＳ極ですが、Ｂは右側がＳ極です。ですから、互いに反発し合います。[異極は引き合い、同極は反発！]（正解：１）

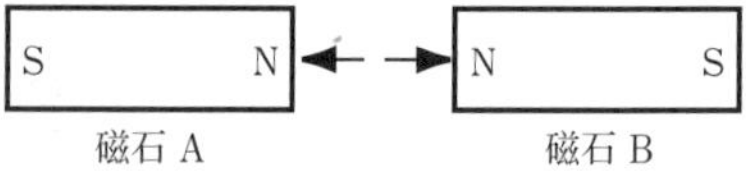


**13-11** 有名な「オームの法則」です。電流$I$、抵抗$R$、電圧$E$の関係を式で表したもので、３つのうち２つがわかれば、残りの１つを求めることができます。電圧は電流×抵抗、電流は電圧÷抵抗（$I=E/R$）です。[$I=E/R$ の丸暗記の言葉：愛（$I$）がいい（$E$）のである（$R$）] （正解：４）

**13-12** $R$ の値を半分にすると、電流は何倍になるかという問題です。$I=E/R$ の式で $R$ を 1/2 にしますと、$I=E/(R/2)=2 \cdot E/R$ となります。電流は元の２倍になります。[抵抗を半分にすると電流は流れやすく、２倍流れる] （正解：２）

**13-13** $I=E/R$ の式で $R$ を２倍にすると、$I=E/(2R)=1/2(E/R)$ になり、元の 1/2 になります。[抵抗を２倍にすると電流は流れにくく、半分（1/2）になる] （正解：１）

**13-14** 5〔Ω〕と10〔Ω〕は直列ですから、全体の抵抗値は15〔Ω〕です。これに150〔V〕を加えますと、流れる電流$I$は、$I=E/R=150/15=10$〔A〕です。a、b間は5〔Ω〕の両端の電圧ですから、$E=IR=10\times 5=50$〔V〕になります。　（正解：1）

**13-15** 前問と同じ回路ですが、ここでは10〔Ω〕の両端の電圧を求める問題です。回路の電流が10〔A〕ですから、$E=IR$から$E=10\times 10=100$〔V〕です。他の解き方は、前問で5〔Ω〕の両端が50〔V〕で、供給する電圧が150〔V〕ですから、$150-50=100$〔V〕であることがわかります。　（正解：2）

**13-16** 電力計算です。電力$P$を求める式は$P=EI=E^2/R$ですから、$500=100^2/R$から抵抗$R$を求めますと、

$R=100\times 100/500=10000/500=20$〔Ω〕　（正解：2）

**13-17** $R=4$〔Ω〕、$P=100$〔W〕、$E=?$の問題です。$P=E^2/R$の式から、$E^2=PR=4\times 100=400$

$E=\sqrt{400}=20$〔V〕　（正解：3）

**13-18** 電力の計算式$P=E^2/R$の式で、$E$を4倍にすると$P$は何倍になるかという問題です。$P=(4E)^2/R=16(E^2/R)$すなわち、16倍になります。[電力は電圧の自乗（2乗）に比例する。電圧を4倍にすると、電力は16（$4^2=16$）倍になる]　（正解：1）

**13-19** 2本の10〔Ω〕の並列に5〔Ω〕が直列になった回路です。先に10〔Ω〕の並列を計算して、それに5〔Ω〕を加えます。同じ抵抗値の並列は、その1本の値を本数で割れば良いので、$10/2=5$〔Ω〕です。全体の抵抗値は$5+5=10$〔Ω〕です。

（正解：2）

**13-20** コンデンサの並列計算は、足し算をするだけです。$20+30=50$〔μF〕　（正解：4）

**13-21** 抵抗の場合と反対の計算になり、並列は足し算、直列は同じ値ならその本数で割ります。並列部は$10+20=30$〔μF〕。次に、30〔μF〕と30〔μF〕の直列は、同じ値の直列接続ですから2で割って、$30\div 2=15$〔μF〕になります。　（正解：2）

**13-22** コイルとコンデンサのリアクタンスは、正反対です。コ

イルのリアクタンス $X_L$ と周波数 $f$ は「正比例」します ($X_L = 2\pi fL$)。コンデンサのリアクタンス $X_C$ と周波数 $f$ とは「反比例」します ($X_C = 1/(2\pi fC)$)。 (正解：3)

**13-23** 交流を流したときの抵抗（リアクタンス）に関係する問題です。コンデンサの交流抵抗（リアクタンス $X_C$）は $X_C = 1/(2\pi fC)$ ですから、容量が大きくなる程 $X_C$ は小さくなり、電流は流れやすくなります。[$X_C$ は、容量に反比例] (正解：3)

**13-24** コイル（インダクタンス）に交流電圧を加えたときの電流計算です。まず、コイルのリアクタンス（交流抵抗 $X_L$）を求め、次にオームの法則で電流を計算します。

$X_L = 2\pi fL = 2 \times 3.14 \times 50 \times 10 = 3140$〔Ω〕

$i = e/X_L = 100/3140 = 0.03$〔A〕$= 30$〔mA〕 (正解：3)

**13-25** コンデンサのリアクタンスは、$X_C = 1/(2\pi f C)$

$X_C = 1/(2 \times 3.14 \times 60 \times 75 \times 10^{-6}) = 1/(2.826 \times 10^{-2})$

$= 35.38 \fallingdotseq 35$〔Ω〕 (正解：3)

**13-26** 共振周波数は、$f = 1/\ 2\pi\sqrt{LC}$（$f$ イコール $2\pi$ ルート $LC$ 分の１）の式において、母分の $C$ を 1/4 にするわけです。ルートの中が 1/4 ですから $\sqrt{1/4} = 1/2$ になります。すなわち、分母が 1/2 になれば、反比例する $f$ は２倍になります。(正解：3)

**13-27** 並列共振回路が共振したときは、インピーダンス $Z$ は「最大」、流れ込む電流 $i$ は「最小」になります。

[並列共振回路の $Z$ と $i_0$ は最小] (正解：2)

**13-28** 周囲の温度上昇は、半導体自体の温度が上昇します。すると半導体の「抵抗が減少し、電流が増加」します。

(正解：2)

**13-29** トランジスタの電極の名称は、矢印の付いたものがエミッタ (E) で、時計回りにベース (B)、コレクタ (C) になります。[右回りに、EBC と覚えましょう] (正解：3)

**13-30** 一般のトランジスタと FET の電極を対比した問題です。電極は、ソース (S) －エミッタ (E)、ゲート (G) －ベース (B)、ドレイン (D) －コレクタ (C) が対比しています。

［ＳＥ、ＧＢ、ＤＣの電極が対比］　（正解：２）

**13-31** 矢印の付いたものがゲート (G) 電極です、入口 (門) の意味です。　（正解：２）

**13-32** 変調波の最大値＝(搬送波 $A$ の最大値)＋(信号波 $B$ の最大値) を求める問題です。$B$ が不明ですが、変調度 $M$ は 60〔%〕ですから、$M=B/A$ より、$B=A\times M=150\times0.6=90$〔V〕 変調波の最大値は、$150+90=240$〔V〕 です。　（正解：４）

**13-33** 変調度 $M=(B/A)\times100$〔%〕 出題の図に中心線を引いて、図から $A$ と $B$ を求めます。$A=30$、$B=15$ と出ますから、$B/A=(15/30)=0.5=50$〔%〕　（正解：３）

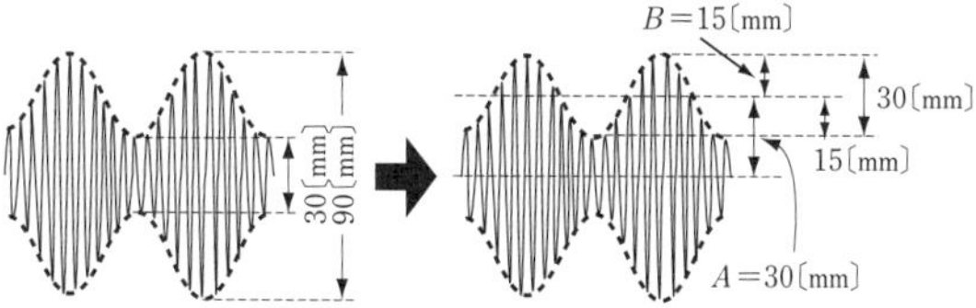


**13-34** 20〔Ω〕の２本の並列を先に計算します。同じ抵抗値の並列は、抵抗の本数で割りますから（20/2＝10〔Ω〕)。これに直列に５〔Ω〕を加えるわけですから、全体の抵抗値は $10+5=15$〔Ω〕になります。　（正解：２）

**13-35** 高圧電気の絶縁は、磁器が使用されます。

［マグネット (磁気) ではなく、セトモノ (磁器) の方］　（正解：２）

**13-36** リアクタンス $X_L$ は、$X_L=\omega L=2\pi fL=2\times3.14\times50\times20=6280$〔Ω〕＝6.28〔kΩ〕。　（正解：３）

**13-37** 搬送波の振幅が 15〔V〕場合、変調度 60〔%〕では $15\times0.6=9$〔V〕の信号波電圧となり、変調波の最大値 $A$ の値は $15+9=24$〔V〕となります。　（正解：２）

**13-38** 信号波 ($B$) の大きさは $90-60=30$〔V〕で、搬送波 ($A$) は 60〔V〕ですから、変調度は $M=(B/A)\times100$〔%〕で計算されます。よって、$M=(B/A)\times100=(30/60)\times100=50$〔%〕です。

（正解：４）

# 無線工学〔14〕

**14-1** 抵抗の並列接続は、抵抗値が同じなら、その本数で割れば合成抵抗の値が簡単に求められます（20/2＝10〔Ω〕）。さらに、直列接続として10〔Ω〕を足し算しますから、全抵抗は20〔Ω〕です。次に、回路の電流$I$を求めますと$I=E/R$から、$I=40/20=2$〔A〕です。a－b間10〔Ω〕の両端の電圧を求めます。$E=IR$から、$E=2\times10=20$〔V〕です。　**（正解：2）**

**14-2** 効率は、A級→B級→C級の順で良くなります。
**（正解：4）**

**14-3** A級は入力信号がないときも、「いつも電流が流れている」ので効率が悪い動作をします。
［A級は、いつも電流が流れている］　**（正解：3）**

**14-4** A級増幅は、入力信号の有無にかかわらず、いつでもコレクタ電流が流れている。　**（正解：3）**

**14-5** B級は、「A級より効率が良い」のが特徴です。
**（正解：4）**

**14-6** 効率良くて、ひずみが最大なのは、「C級増幅器」です。
**（正解：4）**

**14-7** 動作点Pが「坂の中央部にあるのはA級増幅」です。
**（正解：1）**

**14-8** 動作点Pが「坂の登り口にあるのはB級増幅」です。
**（正解：2）**

**14-9** 動作点Pが「坂の登り口より遠くにあるのはC級増幅」です。　**（正解：3）**

**14-10** 小さい信号を大きな信号にする回路は「増幅回路」です。
**（正解：2）**

**14-11** 「小さい振幅」の信号を、より「大きな振幅」の信号にする電子回路を増幅回路といいます。　**（正解：4）**

**14-12** 電流増幅率は、入力の電流変化でどれほど出力電流が変化するかという値です。式で解くと次のようになります。

電流増幅率＝(コレクタ電流の変化分)/(ベース電流の変化分)

＝(180－60)/(4－1)＝120/3＝40　　（正解：４）

**14-13**　トランジスタのベース電圧 $V_{BE}$ は順方向、そして、コレクタ電圧 $V_{CE}$ は逆方向の電圧を加えます。

[ベース順電圧、コレクタ逆電圧]　　（正解：３）

**14-14**　搬送波を発生するのは、「発振回路」です。

[電波の大もとをたどれば、発振回路]　　（正解：１）

**14-15**　選択肢の 1.、3.、4. は、発振周波数変動の原因となります。内部雑音は、周波数変動と無関係です。　　（正解：２）

**14-16**　振幅を変化させるのは、「振幅変調」です。（正解：２）

**14-17**　振幅変調度の式を求める問題です。

$M=(B/A)\times100$〔%〕

($A$：搬送波　$B$：信号波　$M$：振幅変調度)　　（正解：４）

**14-18**　搬送波 $A=150$〔V〕、変調度 $M=40$〔%〕のとき、信号波 $B$ の最大値は幾らかという問題です。

$M=(B/A)\times100$〔%〕　$B=M\times A$

$\therefore B=0.4\times150=60$〔V〕です。　　（正解：４）

**14-19**　搬送波 $A=150$〔V〕、信号波 $B=90$〔V〕のとき、変調度 $M$ は幾らかという問題です。

$M=B/\mathrm{A}=90/150=0.6$

この 0.6 を％に直すと、60〔%〕です。　　（正解：２）

**14-20**　(A) は、側波帯が１つで搬送波なし。J3E (SSB) です。

(B) は、両側波帯で搬送波あり。A 3E(AM) です。

[「山１つは J3E」、「山２つに棒１本は A 3E」]　　（正解：３）

**14-21**　DSB は、ダブルサイドバンドの略です。「側波帯がダブル (上側波帯と下側波帯)、そして搬送波付き」です。（正解：４）

**14-22**　SSB はシングルサイドバンドの略です。「上側波帯か下側波帯」の側波帯のいずれか１つです。　　（正解：２）

**14-23**　側波帯が１つしかない「SSB 波」が最も狭い電波です。

（正解：４）

第４級・工学〔14〕

**14-24** FM は、AM より「占有周波数帯幅が広い」電波です。
（正解：1）

**14-25** FM は、「占有周波数帯幅が広い」ので、誤りは 4. です。
（正解：4）

**14-26** FM の占有周波数帯幅を求める式は、$2(f_d+f_S)$ です。式に代入すると、$2(f_d+f_S)=2(5+3)=16$〔kHz〕です。
（正解：3）

**14-27** 音声を取り出すのは、「検波回路」の働きです。
（正解：1）

**14-28** 直線検波器は、入力と出力が直線関係にあるので「直線検波」と呼びます。（正解：1）

**14-29** 復調は検波と同じ意味です。FM のときには、復調という言葉で出題されます。図は「S字特性」と呼ばれ、FM 電波の復調に用いられます。FM の電波型式の記号は F3E です。
［Sの字は、F3E（FM）の復調］（正解：4）

**14-30** 混合された出力は、2つの周波数 $f$ と $f_0$ の和 $(f+f_0)$ と差 $(f-f_0)$ になります $(f \pm f_0)$。（正解：1）

**14-31** 搬送波を音声などで変化させる回路は、「変調回路」です。（正解：3）

**14-32** オーム〔Ω〕は一般に抵抗の単位ですが、コイルやコンデンサの交流に対する抵抗はリアクタンスで、単位は同じオーム〔Ω〕を使います。（正解：4）

**14-33** 図のトランジスタは NPN 型なので、ベースとコレクタはプラス（電池記号は長い方が＋）を加えます。（正解：2）

**14-34** 周波数弁別器は、周波数の変化を振幅の変化に変え、FM の復調（検波）に用いられます。（正解：1）

**14-35** 電流増幅率＝(コレクタ電流の変化分) /(ベース電流の変化分)
$=(240-180)/(4-3)=60$ （正解：4）

**14-36** 発振器と後段の結合は、「疎」にしますので、「密」にしてはいけません。（正解：2）

# 無線工学 〔15〕

**15-1** 車には雑音に強い「FM方式」が適しています。**（正解：3）**

**15-2** 水晶発振子は周波数が高くなる程「薄く」なり、割れやすいので、低い周波数の発振子を作り、「C級」の逓倍増幅器で高い周波数に持ち上げます。 **（正解：3）**

**15-3** 擬似負荷（ダミーロード、法規に出てくる“擬似空中線回路：ダミーアンテナ”と同じです）を用いて、「調整中に電波を外部に出さない」ようにします。 **（正解：3）**

**15-4** 緩衝増幅器は、「後ろの段の変化を発振器に与えない」ようにするクッションのような働きをします。 **（正解：2）**

**15-5** 「整数倍の周波数を取り出すのは、逓倍器の役目」です。選択肢の2.が誤りです。 **（正解：2）**

**15-6** 後段との結合を「密」にすると、後段の変化を発振器が受けやすくなりよくありません。 **（正解：3）**

**15-7** 1つの側波帯の幅は、送ろうとする音声周波数（低周波）の幅です。したがって、「高域の低下（ハイカット）は、占有周波数帯幅が狭くなり」、広がりません。 **（正解：4）**

**15-8** 過変調になると、「側波帯が広がります」（占有周波数帯幅が広がる）。 **（正解：1）**

**15-9** DSBは、両側波帯のAMのことです。AMは振幅変調のことですから「振幅が変化」します。 **（正解：2）**

**15-10** $f_c$が出力の周波数、$f_0$が基本の発振周波数ですから、その関係は、途中の逓倍数で決まります。×3（3倍）×2（2倍）ですから、合計で3×2＝6〔倍〕です。すなわち、$f_0 = f_c \div 6$です。分数で表すと、$f_0 = (1/6) f_c$ になります。 **（正解：4）**

**15-11** 搬送波が消える変調器は、「平衡変調器」です。
**（正解：3）**

**15-12** 平衡変調器の出力である上側波帯と下側波帯からいずれか一方を取り出し、単側波帯にする働きは「帯域フィルタ」です。

[一方の側波帯を取り出すのは、帯域フィルタの働き]

(正解：2)

**15-13** SSB の変調器は、「平衡変調器」です。 (正解：3)

**15-14** 平衡変調器の出力は、「上側波と下側波」です。

(正解：3)

**15-15** 帯域フィルタが上側通過ですから、$f_c+f_s$ (下側のときは$f_c-f_s$) です。 (正解：1)

**15-16** $f_s=1.5$〔kHz〕、$f_c=1{,}506.5$〔kHz〕で、上側の周波数は$f_s+f_c$ですから、出力には $1.5+1{,}506.5=1{,}508$〔kHz〕が現れます。 (正解：3)

**15-17** SSB 送信機の場合、平衡変調器の次にくるのは「帯域フィルタ」です。 (正解：2)

**15-18** SSB 送信機で、入力レベルを制限して送信電波のひずみを防ぐ回路は「ALC」(オートマチック・レベル・コントロールの略) です。 (正解：3)

**15-19** SSB の「電力」増幅器には、ひずまないように「ALC」回路が用いられます。 (正解：4)

**15-20** 音声で送信、受信の自動切替をするのは「VOX 回路」です。 (正解：2)

**15-21** F3E (FM) は、音声に従って「周波数が変化する」変調方式です。 (正解：3)

**15-22** F3E は、「周波数が変化する」変調方式です。(正解：3)

**15-23** FM は VHF、UHF の高い周波数で使用されるため逓倍器を用い、同時に「所要の周波数偏移」を得ています。(正解：3)

**15-24** FM は、「周波数偏移を大きくすると占有周波数帯幅も広く」なります。選択肢の 2. が誤りです。 (正解：2)

**15-25** 逓倍器は、「元の発振周波数を 2 倍とか 3 倍 (整数倍) して、希望の周波数」を作ります。 (正解：2)

**15-26** FM の変調波を得る回路は、FM 変調器です。しかし、選択肢の中に周波数変調器というのがありません。実は、選択肢の 4. の位相変調器が FM 変調器なのです。音声入力により位相が変化すれば、周波数が変化したことになるのです。
[FM 変調は、位相変調器でも可能]　（正解：4）

**15-27** 音声入力が大き過ぎて占有周波数帯幅の広がり過ぎを防ぐ働きをするのは「IDC 回路」、目的の高い周波数にするのが「周波数逓倍器」です。　（正解：1）

**15-28** 「平衡変調器」は、SSB 用の回路です。　（正解：4）

**15-29** SSB 送信機で、入力レベルを制限して送信電波のひずみを防ぐ回路は、「ALC」（オートマチック・レベル・コントロールの略）です。　（正解：3）

**15-30** A は占有周波数帯幅を制限する「IDC 回路」で、B は高い周波数にする「周波数逓倍器」です。　（正解：1）

**15-31** 動作点 P が「坂の登り口より遠くにあるのは C 級増幅」です。　（正解：3）

**15-32** 平衡変調器の出力である上側波帯と下側波帯からいずれか一方を取り出し、単側波帯にする働きは「帯域フィルタ」です。
[一方の側波帯を取り出すのは、帯域フィルタの働き]
（正解：1）

**15-33** 擬似負荷を用いて、「調整中に電波を外部に出さない」ようにします。　（正解：2）

**15-34** FM 方式は偏移を大きくしたら、「占有周波数帯幅は広く」なります。選択肢の 3. は誤りです。　（正解：3）

**15-35** 擬似負荷を用いて、「調整中に電波を外部に出さない」ようにします。　（正解：2）

**15-36** FM 波の占有周波数帯幅は、AM 波に比べて「広い」です。　（正解：4）

**15-37** 図は PLL（フェーズ・ロックド・ループ）回路を構成し、空欄には「電圧制御発振器」が入ります。IDC 回路を通った音声信号により発振器を制御して周波数変調波を得ています。
（正解：4）

# 無線工学〔16〕

**16-1** SSB (J3E) の図は、シングルサイドバンドですから、「山は1つ、搬送波なし」です。破線は、搬送波があった位置を示し、実際にはありません。 **(正解：3)**

**16-2** 送信機の条件として、Aは占有周波数帯幅は「狭い」、Bのスプリアスは「小さい」ことです。 **(正解：4)**

**16-3** 周波数が高くなると、水晶発振子が「薄く」なり作りにくいので、低い周波数の水晶発振子で発振させ、「C級」の逓倍器で高い周波数を得ています。 **(正解：3)**

**16-4** 緩衝増幅器は、「後段の影響を防ぐ働き」をします。 **(正解：4)**

**16-5** 緩衝増幅器は、「発振器の次段」に入れます。 **(正解：4)**

**16-6** 発振器と後段との結合を「密」にすると、後段の影響を受けやすくなります。「疎結合」にします。 **(正解：1)**

**16-7** プレストークボタン (PTTスイッチ) は送受信切替スイッチです。押したときにしゃべり、離すと受信になります。押したときは、「アンテナが送信機側につながって送信状態」になります。 **(正解：2)**

**16-8** 占有周波数帯幅は、側波帯の広さで決まります。側波帯は音声波（低周波）の分布の形をしますから、高域（高音）がカットされれば狭くなります。
[高域カットは、周波数帯幅が狭くなる] **(正解：3)**

**16-9** 過変調になると、「側波帯が広がり」ます。**(正解：3)**

**16-10** 逓倍器が3×2＝6〔逓倍〕ですから、$f_0$ は出力の $f_C$ の1/6になります。 **(正解：4)**

**16-11** DSBと比べ、SSBは「回路構成が複雑」です。誤りは4.です。 **(正解：4)**

**16-12** 側波帯（サイドバンド）を1つ（シングル）発射するの

はシングルサイドバンド (SSB) です。　(正解：４)

**16-13**　SSB 送信機で、搬送波を抑圧する (搬送波を取り除く) のは「平衡変調器」です。　(正解：１)

**16-14**　平衡変調器の出力は、搬送波が抑圧されているので「上側波」と「下側波帯」の２つの成分です。　(正解：１)

**16-15**　平衡変調器の出力は、上側波帯 ($f_c+f_s$) と下側波帯 ($f_c-f_s$) の２つが現れます。このうち、上側波帯を通すフィルタを使いますから、「$f_c+f_s$」が出力に現れます。　(正解：２)

**16-16**　平衡変調器の次には、「帯域フィルタ」が入ります。
[SSB 送信機で、平衡変調器の次は帯域フィルタ]　(正解：４)

**16-17**　SSB は初段で変調しますから、そのうしろに、ひずみの多いC級逓倍器は使えません。所要の周波数は混合器で作ります。[SSB 送信機には、逓倍なし]　(正解：１)

**16-18**　SSB 送信機で、入力レベルを制限する回路は「ALC」です。　(正解：３)

**16-19**　SSB 送信機では「電力」増幅器の入力レベルを制限し、ひずまないように「ALC」回路が用いられます。
[SSB には ALC 回路、FM には IDC 回路]　(正解：２)

**16-20**　FM 送信機は、周波数逓倍器で必要とする周波数偏移を得ています。
[FM 送信機は、逓倍器で周波数偏移を確保]　(正解：２)

**16-21**　FM 方式は偏移を大きくしたら、「占有周波数帯幅 (その電波がどのくらいバンドを占有するか) は広く」なります。選択肢の 4. は誤りです。　(正解：４)

**16-22**　FM の周波数偏移は、逓倍数に比例します。50〔MHz〕で２〔kHz〕の偏移は、３逓倍した 150〔MHz〕では偏移も３倍の６〔kHz〕になります。[逓倍数だけ偏移大]　(正解：３)

**16-23**　逓倍器は、「発振器の周波数を逓倍 (整数倍) して、希望の高い周波数」を作ります。逓倍器の働きは、このように高い希望周波数を作るのと、前問の周波数偏移 (デビエーション) を大きくする働きをします。　(正解：１)

**16-24** FM送信機ですから、空欄には、FM変調器が必要なのですが、その働きをするのが「位相変調器」です。**(正解：1)**

**16-25** FM送信機の構成で、音声信号入力の次は「IDC回路」、位相変調器の次は、「周波数逓倍器」です。 **(正解：4)**

**16-26** 音声入力が大き過ぎると周波数偏移が大きくなり、占有帯幅が広がって他の無線通信に迷惑をかけます。これを抑えて、あるレベル以上は「偏移を一定にする」インスタント・デビエーション・コントロール、略して、IDC回路が使用されます。

**(正解：4)**

**16-27** 音声信号は「IDC回路」を経由して、周波数変調器に行きます。[FM送信機にIDC回路] **(正解：2)**

**16-28** 検波器で音声を取り出して、それを低周波増幅器(オーディオアンプ)で増幅してスピーカを鳴らします。構成図では、(E)と(F)が逆になっています。 **(正解：3)**

**16-29** 周波数偏移を一定値以下に制限する回路は、「IDC回路」です。 **(正解：3)**

**16-30** FMの周波数偏移は、逓倍数に比例します。**(正解：1)**

**16-31** 音声信号入力の次は「IDC回路」で、アンテナの手前は「電力増幅器」になります。 **(正解：4)**

# 無線工学〔17〕

**17-1** 振幅制限器の働きにより、雑音成分をすっきり取り除くことができる「FM 方式」が自動車無線に適しています。

（正解：１）

**17-2** ＳＳＢ (J3E) の周波数成分 (スペクトラム) を表したものは、「山は１つ、搬送波なし」です。点線は、搬送波があった位置を示し、実際にはありません。（正解：２）

**17-3** 「ALC」は、ＳＳＢ用の回路です。（正解：１）

**17-4** 高周波増幅部は、「局部発振器の出力が空中線から漏れ、電波として放射されるのを防ぐ働き」もします。誤り探しですから、正解は選択肢の４．です。（正解：４）

**17-5** 局部発振の成分にスプリアス (不要の周波数成分) が多いと、不要な電波を受信してしまいます。

[局発は、スプリアス少が良い]（正解：２）

**17-6** スーパは、「受信周波数を他の周波数に変えて増幅」します。（正解：３）

**17-7** 中間周波数は、「受信と局発周波数の差の周波数」です。

（正解：１）

**17-8** 周波数変換部は、「受信周波数を中間周波数に変える働き」をします。（正解：４）

**17-9** 中間増幅器の帯域幅が広がると、「近くの周波数に出ている電波の混信を受けやすく」なります。（正解：３）

**17-10** 近接周波数に対する選択度を決めるのは、「中間周波増幅部」(IF 増幅部) です。（正解：１）

**17-11** 選択度を決めるのは、「中間周波増幅器」です。

（正解：３）

**17-12** 近接周波数の混信対策は、中間周波増幅部にコイルとコンデンサの共振回路よりもシャープな特性の「帯域フィルタ（バンド・パス・フィルタ）」を用います。（正解：４）

**17-13** 影像(イメージ)混信対策として、中間周波増幅部の利得を下げても効果はありません。 (正解:3)

**17-14** 直線検波器への入力信号が小さいときは、出力信号も「小さく」なります。 (正解:2)

**17-15** DSBの場合、シングルスーパでもダブルスーパ受信機でも低周波増幅器の前は「直線検波器」です。 (正解:2)

**17-16** 「高周波増幅部」を付けると、ノイズを出す「周波数変換部」の「信号対雑音比(S/N)」が改善されます。 (正解:1)

**17-17** 「スピーチクリッパ」は送信機の回路ですから、受信機には不要です。 (正解:3)

**17-18** 低周波増幅器の前段は「検波器」です。SSB変調波ですから、検波器に局発(BFO)出力を加えます。 (正解:4)

**17-19** SSB受信機は、わずかに同調がずれても音声がひずんで聞こえるので「クラリファイヤを調整して直し」ます。 (正解:2)

**17-20** クラリファイヤを調整して、「受信信号の明りょう度を良く」します。 (正解:1)

**17-21** FMの振幅制限器は、その字のごとく、「振幅を一定にして、振幅変調成分を取り除く働き」をします。 (正解:4)

**17-22** FMで待ち受け受信のときなど、「電波がないと"ザー"という耳障りな音が出ます。この雑音をストップさせる」のがスケルチ回路です。 (正解:3)

**17-23** 空欄は、受信電波のあるなしを判定して、低周波増幅器をコントロールする「スケルチ回路」です。 (正解:4)

**17-24** 周波数弁別器の働きは、「周波数の変化を振幅の変化に直し、信号を取り出し」ます。FMの検波(復調)器です。 (正解:4)

**17-25** FMの復調器は、「周波数弁別器」です。 (正解:1)

**17-26** 低周波増幅器の前段ですから、FM検波器が入ります。「FM検波器」=「周波数弁別器」です。 (正解:1)

**17-27** 電波の強さが変動しても、出力を一定にする働きは、「AGC」（オートマチック・ゲイン・コントロール）回路です。
（正解：４）

**17-28** AGC 回路は、「フェージングの影響を少なくする」働きをします。フェージングは、電波の強さが強くなったり弱くなったりして、音声出力が変動する原因になります。　（正解：１）

**17-29** 入力信号が変動しても、出力が一定になるような回路は、「AGC 回路」です。　（正解：３）

**17-30** ＳＳＢ受信機は、搬送波のない電波を復調するために「局部発振器」が必要です。　（正解：４）

**17-31** 音声を取り出す働きは、「検波器」です。　（正解：２）

**17-32** 検波は、受信周波数を中間周波数に変換したあとに行うので、選択肢の３. が誤りです。　（正解：３）

**17-33** クラリファイヤを調整して、「受信信号の明りょう度を良く」します。　（正解：１）

# 無線工学〔18〕

**18-1** スーパ受信機の局発は、「スプリアスが少ないこと」が条件です。 (正解：2)

**18-2** 一般に、中間周波は、「入力(受信周波数)と局発の差の周波数」です。 (正解：1)

**18-3** 周波数変換部は、「受信周波数を中間周波数に変え」ます。 (正解：2)

**18-4** 「帯域フィルタ(バンド・パス・フィルタ)」を用いて、混信を軽減します。 (正解：4)

**18-5** 影像(イメージ)周波数対策は、「高周波増幅器」を付けることです。 (正解：1)

**18-6** 直線検波器は、「入力信号が小さいと出力も小さく」なります。 (正解：4)

**18-7** 音声を取り出す働きは、「検波器」です。 (正解：2)

**18-8** SSB 受信機に、「スピーチクリッパ」は不要です。 (正解：3)

**18-9** SSB 受信機は、搬送波のない電波を復調するために「局部発振器」が必要です。 (正解：1)

**18-10** 低周波増幅器の前段は、「検波器」です。 (正解：4)

**18-11** SSB 受信は「クラリファイヤ」を調整して、明りょうに受信できるようにします。 (正解：4)

**18-12** クラリファイヤは、「局部発振器の周波数を変化させ」、受信音を明りょうにします。 (正解：1)

**18-13** 振幅制限器は、「振幅一定、振幅変調成分をカットする働き」をします。 (正解：2)

**18-14** スケルチは、「電波のないときの雑音を消す働き」をします。 (正解：1)

**18-15** FM 受信機で、スピーカの手前3つのブロックにつながる空欄には「スケルチ回路」が入ります。 (正解：1)

**18-16** 電波がないとき、雑音がスピーカから出るのを防ぐ回路は「スケルチ回路」です。 （正解：２）

**18-17** FMの周波数弁別器は、「周波数変化を振幅の変化に直して信号を取り出す」回路です。 （正解：４）

**18-18** FMの復調器（検波器）は、「周波数弁別器」です。 （正解：１）

**18-19** 空欄には、FMの検波器である「周波数弁別器」が入ります。 （正解：１）

**18-20** 受信電波の検波出力を一定にする働きは、「AGC」回路です。 （正解：１）

**18-21** 受信の利得を感度と考えると簡単です。電波が強いときは「下げ」、弱いときは「上げ」、出力を一定にするのが「AGC回路」です。 （正解：２）

**18-22** Sメータ（信号の強さを見るメータ）は、電波の強さに比例する「検波電流」を指示します。 （正解：３）

**18-23** 受信機自体からの雑音か、外来雑音かのチェック法です。アンテナを外して、雑音が止まれば外来雑音です。選択肢にはその文がありませんが、選択肢 1. の「アンテナ端子とアース端子間を導線でつなぐ」は、キャッチした電波はすべてアースに素通りして、受信機に入ってきませんから、これで雑音が止まれば外来雑音です。こうしても受信機から雑音が出れば、外来でなく受信機自体から発生している雑音です。 （正解：１）

**18-24** スケルチ調整つまみを左から右へ回していくと、“ザー”という音がピタッと止まります。この急に消える限界付近の位置にセットします。右に回しすぎると、少し弱い電波は雑音とみなして音が出ず受信できなくなります。 （正解：１）

**18-25** 「高周波増幅部」を付けると、ノイズを出す「周波数変換部」の「信号対雑音比（S/N）」が改善されます。 （正解：１）

# 無線工学 〔19〕

**19-1** 高周波利用の機械や火花の出る機器は、電波障害のおそれがあります。「電波時計」は超長波の電波を受信する時計ですから、電波としての成分は発生しません。 （正解：3）

**19-2** ラジオに与える電波障害を「BCI」といいます。
（正解：2）

**19-3** テレビに与える電波障害を「TVI」といいます。
（正解：4）

**19-4** 28〔MHz〕の「3倍の高調波」は28×3＝84〔MHz〕になり、FM放送バンドの混信原因になります。 （正解：4）

**19-5** 50〔MHz〕を発射したとき、150〔MHz〕の受信機に妨害を与える原因は、「第3高調波（50×3＝150〔MHz〕）が強く発射」されていると考えられます。 （正解：1）

**19-6** 50〔MHz〕の3倍の成分の電波を第3高調波と呼びます。150〔MHz〕の受信機に妨害を与えた場合は、この「第3高調波が強く発射されている」場合です。 （正解：2）

**19-7** 「送信電力が低下したとき」は、他の無線局に電波障害を与えるおそれが低くなります。 （正解：1）

**19-8** ラジオに送信電波が直接飛び込んで、受信機中の信号が変調されて、BCIを発生することを「混変調」と呼んでいます。 （正解：3）

**19-9** 異常伝搬による電波障害です。これは、「スポラジックE層による伝搬」により生じます。 （正解：2）

**19-10** 間違い探しの問題です。送信機側の対策は、送信電波は通すが、「テレビの周波数帯は通さない低域フィルタ」を挿入します。 （正解：2）

**19-11** 短波の基本波というのは高調波でなく、送信された電波が直接飛び込んで受信障害を生じたわけですから、受信機側の電波は通すが、短波帯の電波は通さないという「高域フィル

タ」を挿入して防止します。（正解：２）

**19-12** ラジオ障害は、「BCI」といいます。（正解：２）

**19-13** 混変調による電波障害なので435〔MHz〕帯の基本波を阻止する「トラップフィルタ」を挿入します。（正解：２）

# 第３級アマチュア無線技士にチャレンジ!!

## ☆電気通信術（モールス電信）試験方法☆

第３級アマチュア無線技士の試験問題として、モールス符号理解度の筆記問題があります。法規の中に新しく２問出題され、法規の問題がこれまでの14問から16問になりました。工学は、従来通り14問です。また、試験時間は10分延長になり、１時間10分です。合格ラインは、法規11問以上、工学９問以上です。313ページの「第３級アマチュア無線技士にチャレンジしよう!!」もお読みください。

**第３級アマチュア無線技士国家試験の「法規」試験内容**

| 試験問題数 | 合格点 / 満点 | 試験時間（法規+工学） |
|---|---|---|
| 16 | 55点 /80点 | 1時間10分 |

＊注１　16問のうち２問はモールス符号の理解度を確認する問題とし、その他の問題においても、問題文又は選択肢中に無線電信通信の略符号を使用する場合であって当該部分をモールス符号で表記しても差し支えないと認められるときは、当該部分はできるだけモールス符号で表記するものとする、ということになっています。

＊注２　「工学」の試験問題数は従来どおり14問です。

# 無線工学〔20〕

**20-1** 「電波時計」は、電波障害を発生しません。（正解：1）

**20-2** ラジオ障害は、「BCI」といいます。（正解：2）

**20-3** テレビ障害は、「TVI」といいます。（正解：4）

**20-4** アンテナの疎結合は、BCIの発生原因になりません。
［アンテナの疎結合はBCIの原因にならず］（正解：4）

**20-5** 28〔MHz〕のFM放送混信は、「第3高調波が原因」です。（正解：4）

**20-6** 50〔MHz〕を発射したとき、150〔MHz〕への障害は、「高調波の発射」が原因です。（正解：4）

**20-7** 「送信電力の低下」は、受信機への障害の原因にはなりません。（正解：3）

**20-8** テレビやラジオに強力な妨害波が加わり、障害を起こすのは「混変調」といいます。（正解：3）

**20-9** 送信機に「テレビ電波を通しやすいフィルタ」を挿入するのは間違いです。（正解：3）

**20-10** 受信機側に入れるフィルタは、「高域（ハイパス）フィルタ」です。（正解：2）

**20-11** 50〔MHz〕の「第3高調波」が150〔MHz〕で、その電波が150〔MHz〕を受信している受信機に妨害を与えます。（正解：2）

**20-12** 28〔MHz〕の「第3高調波」は84〔MHz〕となり、FM放送帯に入り混信の原因になります。（正解：2）

**20-13** ラジオ障害は、「BCI」といいます。（正解：2）

**20-14** 混変調による電波障害なので435〔MHz〕帯の基本波を阻止する「トラップフィルタ」を挿入します。（正解：2）

**20-15** 前問同様、「トラップフィルタ」を挿入します。（正解：4）

**20-16** 28〔MHz〕のFM放送混信は、「第3高調波が原因」です。（正解：4）

# 無線工学〔21〕

**21-1** 全波整流回路に含まれる脈流は、交流入力の２倍の周波数になり、50×2＝100〔Hz〕です。　（正解：３）

**21-2** ダイオードの記号を電流の向きと考えます。極性は、抵抗 $R$ に流れる電流は上から下に向かって流れます。「電流は＋から－に流れる」ということを思い出してください。そうすると、上が＋、下が－であることがわかります。　（正解：４）

**21-3** 図は、ダイオードを２個使った「全波整流回路」です。抵抗 $R$ に流れる電流は、ａから下に向かって流れますから、ａが＋です。＋を「正」と呼びます。　（正解：４）

**21-4** 接合ダイオードは、Ｐ形とＮ形の半導体を接合したものです。「順方向電圧を加えると、内部抵抗が小さく」、電流がよく流れます。逆方向電圧を加えると内部抵抗が大きく電流は流れません。この一方向性を整流作用といいます。（正解：３）

**21-5** 定電圧ダイオードを「ツェナーダイオード」と呼びます。　（正解：４）

**21-6** ツェナーダイオードは、「定電圧回路」に用います。　（正解：１）

**21-7** シリコン接合ダイオードに加える「逆方向電圧」を次第に増加していくと、ある電圧で急に大電流が流れるようになります。このような特性のダイオードを「定電圧ダイオード」といいます。　（正解：３）

**21-8** トランスの問題です。コイルの巻数比と電圧比は比例します。$E_1$＝100〔V〕、$E_2$＝5〔V〕、$N_2$＝10〔回〕から $N_1$ を求めます。

$E_2/E_1 = N_2/N_1$

$\therefore N_1 = (E_1/E_2) \times N_2 = (100/5) \times 10 = 1000/5 = 200$〔回〕

（正解：４）

**21-9** 電池の直列接続の合成電圧は加算ですから、2×3＝6〔V〕

になります。電池の図記号は長い棒の方が＋ですから、a は⊕、b は⊖です。電圧計は、6〔V〕より高いものでなければなりません。「10〔V〕」の最大目盛のメータを使います。メータの「⊕端子を a に、⊖端子を b につなぎ」ます。　**（正解：3）**

**21-10**　ニッケルカドミウム電池（略してニカド電池）は、「繰り返し充電する」ことができます。誤りは、選択肢の 2. です。

**（正解：2）**

**21-11**　①電圧が 1.2〔V〕　②充放電（充電・放電）ができるのは、「ニッケルカドミウム電池」の特徴です。　**（正解：4）**

**21-12**　乾電池を並列にすると電圧は変わりなく、容量が加算されます。容量が大きくなれば、「使用時間を長くする」ことができます。　**（正解：1）**

**21-13**　電池の容量は、アンペアアワー（アンペア×時間）で表します。30〔Ah〕は 1〔A〕流すと、「30 時間（h）」使用することができます。　**（正解：4）**

**21-14**　直列接続の電圧は高くなります。6×3＝18〔V〕、しかし、電池の容量は前のままの 60〔Ah〕です。　**（正解：2）**

**21-15**　1 個のリチウムイオン蓄電池の電圧は 1.2〔V〕より高い約 3.6〔V〕で、継ぎ足し充電ができます。また、破損・変形による発熱・発火の危険性があります。　**（正解：4）**

**21-16**　蓄電池の容量は、アンペア（電流 A）×アワー（時間 h）で表しますから、30〔Ah〕＝ 3〔A〕× $h$〔h〕 ∴ $h$＝30/3＝10〔h〕

**（正解：4）**

# 無線工学〔22〕

**22-1** 電波は、電界と磁界が「直角」になっており、「電界」が大地と平行になっている電波を水平偏波といいます。[電波は電界磁界・直角、大地と電界平行は水平偏波]　（正解：３）

**22-2** 電界が「大地」と平行は「水平」偏波、大地と垂直は「垂直」偏波です。　（正解：３）

**22-3** 間違い探しの問題です。「音波と同じ速度で伝搬する」が誤りです。電波は、１秒間に約 30〔万 km〕、地球を７周半しますが、音波は１秒間に約 340〔m〕です。　（正解：３）

**22-4** 14〔MHz〕の波長は、$\lambda=300/14$〔MHz〕$=21.42$〔m〕です。半波長ダイポールアンテナですから、長さはこの 1/2 です。$21.42/2=11$〔m〕　（正解：２）

**22-5** ダイポールアンテナの給電点のインピーダンスは 75〔Ω〕です。　（正解：３）

**22-6** $P=I^2R$ で求めます。$P=10$〔W〕、$R=75$〔Ω〕ですから
$10=I^2\times 75$　$I^2=10/75=0.133$　$I=\sqrt{0.133}=0.37\fallingdotseq 0.4$〔A〕　（正解：２）

**22-7** 水平面が８の字の形（８の字特性）のアンテナは、「水平半波長ダイポールアンテナ」です。　（正解：４）

**22-8** 接地アンテナの長さ（高さ）は、1/4 波長です。1/4 波長が 10〔m〕のアンテナは、その「４倍」が１波長です。（正解：１）

**22-9** 1/4 波長垂直接地アンテナは、ダイポールアンテナを垂直にして、下半分を大地で代用する形ですから、「接地抵抗は、小さいほど効率が良く」なります。　（正解：２）

**22-10** 垂直部が「1/4 (λ) 波長」、四方へ張ったラジアル線も「1/4 波長」です。このアンテナを「ブラウンアンテナ」と呼びます（グランドプレーンアンテナともいいます）。（正解：２）

**22-11** まず、21〔MHz〕の波長は、$300/21=14.3$〔m〕です。ブラウン（グランドプレーン）アンテナの放射エレメントは 1/4 λ

ですから、14.3/4＝3.6〔m〕です。 (正解：3)

**22-12** 円形の指向性を無指向性といいます。このアンテナは「垂直半波長ダイポールアンテナ」です。同じアンテナを水平に張ると8の字特性になり、垂直に張ると無指向性になります。おもしろいですね。 (正解：1)

**22-13** 指向性アンテナで単一指向性のものは、「八木アンテナ」です。 (正解：1)

**22-14** 放射器は、その名の通り、給電線により送信機やトランシーバに接続されるエレメントです。図のCが放射器です。 (正解：3)

**22-15** 3素子の八木アンテナは、短いエレメントが「導波器」、給電線がつながっているのが「放射器」、長いエレメントが「反射器」です。 (正解：4)

**22-16** 最も強く電波を放射するのは、「導波器のある ⓐ の方向」です。 (正解：1)

**22-17** アンテナの指向性は、「送信でも受信でも同じ」です。ⓐ の方向からくる電波を強く受信します。 (正解：1)

**22-18** 八木アンテナの放射器は、$\lambda/2$(半波長) の長さです。28〔MHz〕の波長$\lambda$は、$\lambda=300/28=10.7$〔m〕、エレメント長は、その半分の5.35〔m〕です。5〔m〕が答えになります。(正解：2)

**22-19** 導波器の素子数が増えると、「利得が上がり」ます。同時に、指向性も鋭くなります。 (正解：3)

**22-20** 導波器がなくなった場合、「指向性が広がり」ます。 (正解：3)

**22-21** 給電線は、「放射器」につなぎます。 (正解：1)

**22-22** アンテナをスタックにする目的は、「指向性を鋭くするため」です。 (正解：2)

**22-23** 八木アンテナは、「接地アンテナではありません」。接地アンテナとは、接地することではじめて100〔%〕性能を発揮するアンテナです。八木アンテナは接地しなくても、100〔%〕性能を発揮します。 (正解：4)

**22-24** 電離層を突き抜けるのは、30〔MHz〕以上、反射して戻ってくるのは30〔MHz〕以下を頭において解きます。Aは145〔MHz〕か435〔MHz〕ですが、Bは7〔MHz〕しかありません。組合せとしてはAが「145〔MHz〕」、Bが「7〔MHz〕」です。（正解：1）

**22-25** 給電点において、「電圧分布を最大にする給電方式を電圧給電」、「電流分布が最大になる方式を電流給電」といいます。選択肢にその言葉はなく、解くキーは、「電流を最小にすることは電圧が最大」になることです。選択肢の 3. は、電圧最大になりますから電圧給電といいます。（正解：3）

**22-26** 同軸給電線は、アンテナでキャッチした電波をできるだけ損失なく受信機に送り、送信パワーの損失を少なくアンテナに運ぶ役割をします。ですから「給電線自体が電波を受信」したり、放射することは望ましくありません。（正解：4）

**22-27** 給電線から「電波を放射するのは不適切」です。

（正解：2）

**22-28** 超短波帯は見通し距離内の伝搬といわれていますが、「回折（かいせつ）現象」により山陰で見通しのきかないところとも通信できることがあります。（正解：4）

**22-29** 電圧最大は「電圧給電」、電流最大は「電流給電」と覚えておきましょう。（正解：3）

**22-30** 7〔MHz〕の波長は、$\lambda=300/7$〔MHz〕$=42.8$〔m〕です。半波長ダイポールアンテナですから、長さはこの1/2です。

$42.8/2 \fallingdotseq 21$〔m〕（正解：2）

**22-31** 電力を$P$〔W〕、アンテナ電流を$I$〔A〕とすると、ダイポールアンテナの給電インピーダンスは75〔Ω〕ですから、電力計算は$P=I^2R$　$P=(0.2)^2\times75=3$〔W〕（正解：3）

**22-32** 選択肢の２．～４．のアンテナは指向性があり、無指向性のアンテナは「垂直半波長ダイポールアンテナ」です。

（正解：1）

**22-33** 水平面が８の字の形（８の字特性）のアンテナは、「水平半波長ダイポールアンテナ」です。（正解：4）

# 無線工学〔23〕

**23 - 1**　電界と磁界は「直角」、「電界」が大地と平行になっている電波は、水平偏波です。[電界・磁界は直角、電界が大地と水平は水平偏波]　（正解：1）

**23 - 2**　電波の速さは、30万〔km/sec〕、すなわち、$3\times10^8$〔m/sec〕ですが、式の分母の周波数 $f$ の単位に〔MHz〕を使用すれば、$3\times10^8/f\times10^6＝300/(f$〔MHz〕$)$ になります。　（正解：2）

**23 - 3**　前問の式を用いれば解けます。波長 $\lambda＝10$〔m〕 $f＝300/\lambda＝300/10＝30$〔MHz〕　（正解：1）

**23 - 4**　1/4波長垂直接地アンテナは、ダイポールアンテナを垂直にして、下半分を大地で代用する形ですから、「接地抵抗は、小さい程効率が良く」なります。　（正解：2）

**23 - 5**　タコ足形のアンテナは「ブラウン（グランドプレーン）」アンテナで、アンテナの長さは「$\lambda$/4」です。　（正解：2）

**23 - 6**　移動する無線局のアンテナは、通常、無指向性アンテナを使います。水平面というのはアンテナを上空から見た指向性です。答は、「水平面無指向特性」です。　（正解：2）

**23 - 7**　指向性が最もシャープなのは、4つのうちでは「八木アンテナ」です。　（正解：2）

**23 - 8**　電離層は、地球を取り巻く大気が「太陽光線」によって（電気）分解されて生じます。　（正解：2）

**23 - 9**　電離層での反射は、「送信電力」とは関係ありません。　（正解：1）

**23-10**　短波（HF）の電波は、「電離層と地球間を反射しながら地球の裏側まで到達」します。　（正解：1）

**23-11**　3.5～28〔MHz〕の短波帯の通信は、主に「電離層の反射波」を利用します。　（正解：4）

**23-12**　昼間は、電離層反射（F層反射）で通信ができますが、夜間になると、電離層の電子密度が小さくなり、電離層を突き抜けてしまいます。そこで、夜間には、21〔MHz〕より低いバンドの反射しやすい７〔MHz〕に切り替えます。　（正解：１）

**23-13**　夜間になると、電離層の密度が「小さく」なり、電波が突き抜けやすくなります。そこで、夜間には、よく反射する「低い」周波数に切り替えて通信します。　（正解：１）

**23-14**　突き抜けるときの減衰と周波数の関係です。周波数が高い程突き抜けやすく減衰が「小さく」、反射は高い方が反射されないので減衰は大です。[突き抜け減衰は高 $f$ 減「小」。反射減衰は高 $f$ 減「大」]　（正解：２）

**23-15**　突き抜ける減衰は、$f$「高」減小、反射減衰は $f$「高」減「大」。　（正解：４）

**23-16**　前問と反対の設問です。周波数が低いと通り抜けしにくく減衰「大」、反対に低い程よく反射しますので、減衰は「小」です。[突き抜け減衰は $f$ 低減「大」、反射減衰は $f$ 低減「小」]　（正解：３）

**23-17**　電離層は低い方からＤ層、Ｅ（Ｅs）層、Ｆ層の順ですから「Ｆ層」が一番高くなります。　（正解：２）

**23-18**　地表波は、読んで字のごとく、「大地の表面に沿って伝わる電波」です。　（正解：２）

**23-19**　地上波は、電離層反射波ではありません。誤りは、選択肢の１. です。　（正解：１）

**23-20**　超短波は、地上波を利用します。アンテナの「放射角は低い方」が距離が延びますから、選択肢の２. が誤りです。野球でも、フライの球は遠くへ飛びません。　（正解：２）

**23-21**　超短波帯の伝搬は、「直接波と大地反射波」です。選択肢の4. と間違えないように注意してください。超短波の地表波は、近距離で消滅してしまいます。　（正解：１）

**23-22**　超短波は、「主に見通し距離内を伝わり」ます。　（正解：１）

**23-23**　超短波は、「直接波を利用」します。選択肢の1. が誤りです。　（正解：１）

**23-24** 送信アンテナから直接、受信アンテナに届くのが「直接波」で、大地で反射して届くのが大地反射波です。（正解：4）

**23-25** アンテナは高い方が「見通し距離が延び」ます。超短波帯では、アンテナは1〔m〕でも2〔m〕でも高い方が有利です。
（正解：1）

**23-26** スポラジックE層は、「主として夏季に多く発生」します。（正解：2）

**23-27** スポラジックE層は、「夏季」の昼間に多く発生し、「VHF」の電波も反射することがあります。たとえば、普段は数十〔km〕しか飛ばない50〔MHz〕において、スポラジックE層が発生すると、関東から北海道とか九州といった遠くの局と交信できます。「Eスポ」と呼んで親しまれています。（正解：2）

**23-28** 異常伝搬でないものを探す問題です。それは、「地表波」です。（正解：3）

**23-29** フェージングは、受信電波がフワフワと大きくなったり、小さくなったりするものですが、その「電波の周波数は別に変化」しません。電波の強度が変化します。（正解：2）

**23-30** 「地表波」が届かなくなった地点から「電離層反射波」が最初に地表に戻ってくる空白のところを不感地帯といい、「スキップゾーン」ともいいます。1. と間違えないように。短波では、直接波より地表波の方が遠くへ届きます。（正解：4）

**23-31** 不感地帯は、「気象」とは関係ありません。（正解：1）

**23-32** 送信機から供給された電力を電波として放射する仮想の抵抗を「放射抵抗」と呼びます。（正解：2）

**23-33** 送信電波が、「電離層」で反射して、初めて地上に達する地点までの距離を「跳躍距離」といいます。（正解：4）

**23-34** 不感地帯は、「変調方式」とは関係ありません。
（正解：1）

**23-35** 1. 3. 4. のアンテナは指向性があり、無指向性のアンテナは「垂直半波長ダイポールアンテナ」です。（正解：2）

**23-36** 波長$\lambda=10$〔m〕 $f=300/\lambda=300/10=30$〔MHz〕（正解：2）

# 無線工学〔24〕

**24-1** 1：3のトランスの一次側に100〔V〕を加えたのですから、次のようになります。$E_2/E_1=N_2/N_1$ より、

$\therefore E_2=(N_2/N_1)\times E_1=(3/1)\times 100=300$〔V〕 **（正解：3）**

**24-2** 倍率器は「電圧計」の範囲を拡大し、計器に「直列」に接続します。 **（正解：4）**

**24-3** 倍率器 $R$ を内部抵抗 $r$ の3倍にしたときの倍率 $N$ を求める問題です。$R=3r$ ですから、$R=(N-1)\times r$ より、

$\therefore\ 3r=(N-1)\times r\quad 3=(N-1)\quad N=4$

測定範囲は、「4倍」になります。 **（正解：3）**

**24-4** $r=50$〔kΩ〕の電圧計で $N$ を20にするための倍率器 $R$ を求める問題です。$r$ の単位は〔kΩ〕をそのまま使えば、$R$ も〔kΩ〕で求められます。$R=(N-1)\times r$ より、

$R=(20-1)\times 50=19\times 50=950$〔kΩ〕 **（正解：3）**

**24-5** 分流器は「電流計」の範囲を拡大し、計器に「並列」に接続します。 **（正解：1）**

**24-6** 分流器 $R$ をメータの内部抵抗 $r$ の1/4に選べば、測定範囲 $N$ は何倍かという問題です。

$R=r/(N-1)\ \therefore r/4=r/(N-1)\ 1/4=1/(N-1)\ 4=N-1$

$N=5$ 測定範囲は、5〔倍〕になります。 **（正解：3）**

**24-7** テスタで直流抵抗の測定をするとき、あらかじめテスト棒をショートさせて、0〔Ω〕のときメータの振れが0点（メータがいっぱい振れるところ）に、0〔Ω〕調整ツマミで合わせます。問題の答は、「測定レンジを選び、テスト棒を短絡（ショート）し、それから0〔Ω〕調整」をします。 **（正解：2）**

**24-8** 抵抗値0〔Ω〕の状態にするため、「テスト棒の先端を短絡（ショート）」します。 **（正解：1）**

**24-9** SWR（スタンディング・ウェーブ・レシオ。定在波比のこと）メータは、「定在波比」を測定します。 **（正解：3）**

**24-10** SWR メータは、「アンテナと給電線との整合状態を調べるとき」に使います。 (正解：4)

**24-11** 「整合状態を調べる」測定器は、SWR メータです。 (正解：3)

**24-12** 定在波比測定器 (SWR メータ) は、「給電線の、アンテナの給電点に近い部分」に挿入します。 (正解：4)

**24-13** アンテナに 95〔W〕を供給したところ、アンテナで反射して 5〔W〕が戻ってきたわけですから、95－5＝90〔W〕がアンテナに供給された電力になります。 (正解：2)

**24-14** 誤り探しの問題です。選択肢の 4. は、SWR メータの説明です。 (正解：4)

**24-15** 選択肢の 4. は、電力計 (SWR メータでも可) の役目です。これが誤りです。 (正解：4)

**24-16** 問題は、ディップメータの使い方の説明です。

① 発振コイルを「疎」に結合します。密に結合するとディップ (メータの振れが減少する点) がはっきりしません。

② 測りたい共振回路に発振周波数が一致すると、出力が「吸収」されます。

③ 電流計の指示が「最小」になったときのダイヤル目盛から、相手の共振周波数が直接読み取れます。

[疎結合して、出力が吸収されてメータの振れが最小になった点で周波数を読み取る] (正解：1)

**24-17** 〔24－3〕の $r$ を 4 倍とした問題です。$N=5$ (正解：4)

**24-18** 2〔V〕の蓄電池 3 個直列ですから 6〔V〕。直流電圧計は、最大 10〔V〕目盛りを使い、電池の記号は長い棒が＋ですから、電圧計の端子は a に、－端子を b につなぎます。 (正解：3)

**24-19** SWR メータは、「アンテナの給電点に近い部分」に挿入します。 (正解：3)

**24-20** 測定レンジを選んでテスト棒を短絡し、ツマミを調整して指針を右側の 0 オームに合わせてから抵抗値を測定します。 (正解：2)

# 第3級アマチュア無線技士にチャレンジしよう！！

第４級に合格したら、引き続き第３級へチャレンジしましょう。第３級をとれば、電信と電話の両方が運用できます。また、18〔MHz〕バンドという、世界の国々と安定に交信できるバンドも運用でき、しかも最大出力電力 50〔W〕というのも魅力です。第３級で運用できる周波数は、「18 メガヘルツ以上又は８メガヘルツ以下」のアマチュアバンドです。

試験レベルは、第４級よりは少し難しくなりますが、まったく異なったものではなく、国内法規・無線工学は、第４級を完全にマスターしていれば難関を突破できます。法規では、国際法規（正しくは、国際電気通信連合憲章／条約又は同附属無線通信規則、略してR・R）と，モールス符号に関する項目が追加になります。

## ☆モールス符号の出題傾向と対策☆

### （1） モールス符号の丸暗記

モールス符号は、次ページ下図のような構成になっています。短点（トン）と長点（ツー）の比は１：３で、文字と文字の間は３短点の長さ、単語と単語の間は７短点の長さと決められています。スピードが速くなっても、この関係は変わりません。

#### ① 符号を覚える

モールス符号発生器（符号を録音したICレコーダ、CD、マイコンCW練習器など）により符号を発生させ、すぐに文字としてわかる訓練をします。・―（トツー）と聞いたら「Ａ」、―・・・（ツートトト）と聞いたら「Ｂ」という具合に覚えます。

### 欧文と数字、略符号のモールス符号

（第3級アマチュア無線技士は、A～Zと数字などが出題されます）

| | | | | | | | |
|---|---|---|---|---|---|---|---|
| A | ・－ | H | ・・・・ | O | －－－ | U | ・・－ |
| B | －・・・ | I | ・・ | P | ・－－・ | V | ・・・－ |
| C | －・－・ | J | ・－－－ | Q | －－・－ | W | ・－－ |
| D | －・・ | K | －・－ | R | ・－・ | X | －・・－ |
| E | ・ | L | ・－・・ | S | ・・・ | Y | －・－－ |
| F | ・・－・ | M | －－ | T | － | Z | －－・・ |
| G | －－・ | N | －・ | | | | |

$\overline{\text{HH}}$（訂正）・・・・・・・・　　$\overline{\text{AR}}$（送信終了）・－・－・

数字と問符（？）

| | | | | | | | |
|---|---|---|---|---|---|---|---|
| 1 | ・－－－－ | 2 | ・・－－－ | 3 | ・・・－－ | 4 | ・・・・－ |
| 5 | ・・・・・ | 6 | －・・・・ | 7 | －－・・・ | 8 | －－－・・ |
| 9 | －－－－・ | 0 | －－－－－ | ? | ・・－－・・ | | |

#### ② カードで覚える

新制度の問題は、この方法でマスターすれば合格間違いなしです。

英語の単語カードと同じように、おもてに「Ａ」、うらに「・－」と書いたカードを作り“Ａは・－、・－はＡ”……と繰り返し覚えます。巻末にある「モールス符号カード」を切り取ってご利用ください。数字は上表のように規則正しく並んでいますから、カードがなくてもすぐに覚えられると思います。

### （2） モールス符号、正解の見つけ方

耳で聴く実技ではなく、紙の上でのモールス符号の解読ですか

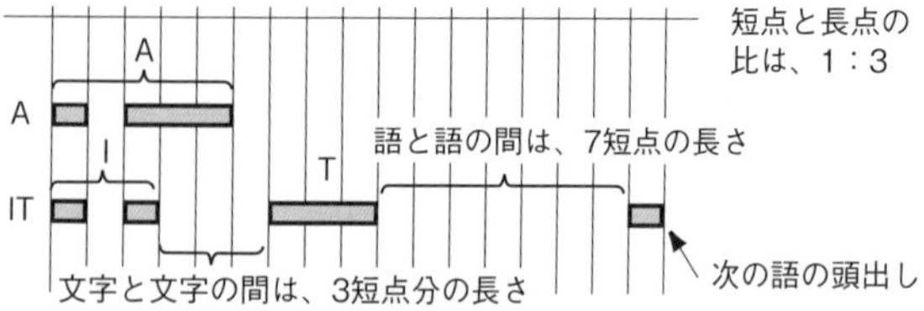


モールス符号の構成

**モールス符号に関する出題例**

① ＯＷＡＳＥ３　をモールス符号で表したものは、次のどれか。

1．－－－　・－・　・－　・・・　・　－－－・・
2．・－－－　・－－　・－　・・・　・　－－－・・
3．－－－　・－－　・－　・・・　・　・・・－－
4．・－－－　・－・　・－　・・・　・　・・・－－

注　モールス符号の点、線の長さ及び間隔は、簡略化してある。

② ５ＹＸＫＵＭＯ　をモールス符号で表したものは、次のどれか。

1．－－－－－　－・－－　－・・－　－・－・　・・－　－－　－－－
2．－－－－－　－・－－　－・・－　－・－　・・－　－－　－－－・
3．・・・・・　－・－－　－・・－　－・－・　・・－　－－　－－－・
4．・・・・・　－・－－　－・・－　－・－　・・－　－－　－－－

注　モールス符号の点、線の長さ及び間隔は、簡略化してある。

ら符号を落ちついて探せます。従来の音響受信は出題を繰り返すことはしてくれませんが、筆記試験は何回も問題を見直すことができます。

正解を見つけるポイントは、単に選択肢を横に見ていくのではなく、アルファベット、または数字を１字ずつ、選択肢の１番から４番の縦方向に見て、４つのうち正しいのはどれか？　という見方をします。正解がだぶると思いますが気にせずに丸を付けていき、一通りチェックしたとき、横に丸が並んだものが正しい答えです。こうすると、忘れた符号が１～２字あっても、正解を見つけることができます。

また、法規試験変更に伴って、次の問題例のように、略符号が

$\overline{\mathrm{AR}}$であったものがモールス符号に置き換えて出題され、ここでもモールス符号の理解度が試されます。なお、$\overline{\mathrm{AR}}$の上の棒（バー）は、この２字を続けて打つことを意味します（・－・－・）。

**【出題例】**

モールス無線通信において、通報の送信を終わるときに使用する略符号をモールス符号で表したものは、次のどれか。

1．－－－　－・－
2．－　・・－
3．・－・－・
4．－・　・・　・－・・

注　モールス符号の点、線の長さ及び間隔は、簡略化してある。

## ☆法　　規☆

国際電気通信連合憲章／条約又は同附属無線通信規則といかめしい言葉を聞いただけで、ビックリする人がいるかもしれませんが、これのすべてが出るわけではなく、そのうちのアマチュア無線に関係のある部分の大要ですから、出題傾向ははっきりしています。その要点をキー・ポイントとして覚えましょう。

① 国際的に表示される時刻は、UTC（協定世界時）。従来のGMT（グリニッジ標準時）と同じ。

② アマチュア業務：アマチュア、すなわち、金銭上の利益のためでなく、もっぱら個人的に無線技術に興味をもち、正当に許可された者が行う自己訓練、通信及び技術研究のための無線通信業務。

③ 有害な混信：無線航行業務その他の安全業務の機能を害し、又はこの規則に従って行われる無線業務の運行を著しく低下させ、妨害し、若しくは反復的に中断する混信。

④ 周波数分配のため、世界を３つの地域に区分する（日本は第３地域）。

⑤ 次の伝送は、すべての局に対して禁止する。

(a) 不要な伝送。

(b) 過剰な信号及び通信の伝送。

(c) 虚偽の又は紛らわしい信号の伝送。

(d) 識別表示のない信号の伝送。

⑥ すべての局は、業務を満足するため、必要最小限の電力を用いる。

⑦ 不要な方向へのふく射、又は不要な方向からの受信を避けるため、できるだけ指向性アンテナを用いる。

⑧ 秘密の確保：主官庁は次の事項を禁止し、及び防止するための必要な処置をとることを約束する。

(a) 公衆の一般利用を目的としない無線通信を許可なく傍受すること。

(b) (a)で得られたすべての情報について、許可なく、その内容若しくはその存在を漏らし、それを公表、若しくは利用すること。

⑨ 異なる国のアマチュア局相互間の無線通信

(a) 上記の通信は、関係国の一の主官庁がこの通信に反対する旨を通告している場合には、禁止する。

(b) その通信が許可される場合においても、その伝送は普通語で行わなければならない。

(c) 伝送の内容は、試験のための技術的性質の通報及び、軽易で公衆電気通信によることが適当でない私的事項に限られる。

(d) アマチュア局を第三者のために国際通信の伝送に使用されることは、国相互間の特別取極がない限り、絶対に禁止される。

⑩ 発射する電波は、安定でスプリアス発射のないものでなければならない。

⑪ アマチュア局は、その伝送中、短い間隔をおいて、自局の呼出符号を伝送しなければならない。

# 無線電信に用いられる略符号（抜粋）

実際の電信による通信は、ここに紹介する「略符号」を用いて、スピーディーな交信を行います。同じように、交信の状態をさらに簡潔にするため「Q符号」も使います。これらの符号を織り交ぜて交信しますので、モールス符号を覚えただけで、すぐに運用できるわけではありません。同じQ符号でも「問い」と「答え」では意味が異なり、使い分けられていますので注意しましょう。

| 略符号 | 意　　　　味 |
|---|---|
| $\overline{\mathrm{AR}}$ | 送信の終了符号（終わり） |
| $\overline{\mathrm{AS}}$ | 送信の待機を要求する符号 |
| BK | 送信の中断を要求する符号 |
| $\overline{\mathrm{BT}}$ | 同一の伝送の異なる部分を分離する符号 |
| CL | こちらは、閉局します。 |
| CQ | 各局あて一般呼出し |
| DE | ……から（こちらは） |
| K | 送信してください。（どうぞ） |
| NIL | こちらは、そちらに送信するものがありません。 |
| NO | 否定する（又は誤り）。 |
| NW | 今 |
| OK | こちらは、同意します（又はよろしい）。 |
| PSE | どうぞ |
| R | 受信しました。 |
| RPT | 反復してください。 |
| $\overline{\mathrm{SOS}}$ | 遭難信号 |
| TTT | この集合が3回送信されると安全信号となる。 |
| TU | ありがとう。 |
| $\overline{\mathrm{VA}}$ | 通信の完了符号（さようなら） |
| YES | 肯定する。 |
| $\overline{\mathrm{OSO}}$ | 非常 |
| EX | 機器の調整又は実験のため調整符号を発射するときに使用する。 |
| VVV | 調整符号 |
| $\overline{\mathrm{HH}}$ | 訂正符号 |

## Q符号（抜粋）

Q符号を問いの意義に使用するときは、Q符号の次に問符（?）をつけなければならない。

| 略符号 | 意味 | |
|---|---|---|
| | 問い | 答え又は通知 |
| QRA | 貴局名は、何ですか。 | 当局は、…です。 |
| QRK | こちらの信号（又は…（名称又は呼出符号）の信号）の明りょう度は、どうですか。 | そちらの信号（又は…（名称又は呼出符号）の信号）の明りょう度は、<br>1 悪いです。<br>2 かなり悪いです。<br>3 かなり良いです。<br>4 良いです。<br>5 非常に良いです。 |
| QRL | そちらは、通信中ですか。 | こちらは、通信中です（又はこちらは、…（名称又は呼出符号）と通信中です。）妨害しないでください。 |
| QRM | こちらの伝送は、混信を受けていますか。 | そちらの伝送は、<br>1 混信を受けていません。<br>2 少し混信を受けています。<br>3 かなり混信を受けています。<br>4 強い混信を受けています。<br>5 非常に強い混信を受けています。 |
| QRN | そちらは空電に妨げられていますか。 | こちらは…<br>1 空電に妨げられません。<br>2 少し空電に妨げられています。<br>3 かなり空電に妨げられています。<br>4 強い空電に妨げられています。<br>5 非常に強い空電に妨げられています。 |
| QRO | こちらは、送信機の電力を増加しましょうか。 | 送信機の電力を増加してください。 |
| QRP | こちらは、送信機の電力を減少しましょうか。 | 送信機の電力を減少してください。 |
| QRQ | こちらは、もっと速く送信しましょうか。 | もっと速く送信してください（1分間に…語）。 |
| QRS | こちらは、もっとおそく送信しましょうか。 | もっとおそく送信してください（1分間に…語）。 |
| QRT | こちらは、送信を中止しましょうか。 | 送信を中止してください。 |
| QRU | そちらは、こちらへ伝送するものがありますか。 | こちらは、そちらへ伝送するものはありません。 |
| QRV | そちらは、用意ができましたか。 | こちらは、用意ができました。 |
| QRZ | 誰がこちらを呼んでいますか。 | そちらは、…から（…kHz（又はMHz）で）呼ばれています。 |
| QSL | そちらは、受信証を送ることができますか。 | こちらは、受信証を送ります。 |

試験

# 第3級・試験問題

## 第3級・ナンバー〔1〕法規

●第４級・共通問題

〔1 − 1〕★★★　〔1 − 3〕★★★★　〔1 − 7〕★★★★
〔1 − 10〕★★　〔1 − 12〕★　〔1 − 14〕★
〔2 − 1〕★★　〔2 − 3〕★★　〔2 − 4〕★
〔2 − 8〕★★

**出題頻度：★**

〔Ⅲ − 1 − 1〕　次の文は、電波法の規定であるが、［　］内に入れるべき字句を下の番号から選べ。

無線局の免許がその効力を失ったときは、免許人であった者は、［　］空中線を撤去しなければならない。

1．遅滞なく
2．適当な時期に
3．10 日以内に
4．1 か月以内に

**出題頻度：★★**

〔Ⅲ − 1 − 2〕　無線局の免許状に記載される事項でないのは、次のどれか。

1．電波の型式及び周波数
2．運用許容時間

３．発振の方式
４．空中線電力

**出題頻度：★★**

〔Ⅲ－１－３〕 電波法の規定によりアマチュア局の免許状に記載される事項はどれか。次のうちから選べ。

１．工事落成の期限
２．通信方式
３．免許人の住所
４．空中線の型式

**出題頻度：★★★★**

〔Ⅲ－１－４〕 アマチュア局（人工衛星に開設するアマチュア局及び人工衛星に開設するアマチュア局の無線設備を遠隔操作するアマチュア局を除く。）の再免許の申請は、いつ行わなければならないか。正しいものを次のうちから選べ。

１．免許の有効期間満了前１箇月まで
２．免許の有効期間満了前２箇月まで
３．免許の有効期間満了前１箇月以上６箇月を超えない期間
４．免許の有効期間満了前２箇月以上１年を超えない期間

**出題頻度：★★★★★**

〔Ⅲ－１－５〕 次の記述は、電波法の目的について、同法の規定に沿って述べたものである。［　］内に入れるべき字句を下の番号から選べ。

この法律は、電波の公平かつ［　］な利用を確保することによって、公共の福祉を増進することを目的とする。

１．能率的
２．合理的
３．経済的
４．積極的

**出題頻度：★★**

〔Ⅲ－１－６〕 次の記述は、電波法の目的について、同法の規定に沿って述べたものである。［　］内に入れるべき字句を下の番号から選べ。

この法律は、電波の［　］を確保することによって、公共の福祉を増進することを目的とする。

1．公平な利用
2．能率的な利用
3．有効な利用
4．公平かつ能率的な利用

**出題頻度：★★**

〔Ⅲ－１－７〕 無線局の免許状に記載される事項に該当しないものは、次のどれか。

1．免許人の住所
2．通信の相手方及び通信事項
3．無線局の種別
4．空中線の型式

**出題頻度：★★★**

〔Ⅲ－１－８〕 総務大臣又は総合通信局長（沖縄総合通信事務所長を含む。）が無線局の再免許の申請を行った者に対して、免許を与えるときに指定する事項はどれか。次のうちから選べ。

1．通信の相手方
2．無線設備の設置場所
3．空中線の型式及び構成
4．電波の型式及び周波数

**出題頻度：★**

〔Ⅲ－１－９〕 総務大臣又は総合通信局長（沖縄総合通信事務

所長を含む。）が無線局の再免許の申請を行った者に対して、免許を与えるときに指定する事項はどれか。次のうちから選べ。

1．空中線電力
2．発振及び変調の方式
3．無線設備の設置場所
4．電波の型式及び構成

**出題頻度：★★★★**

〔Ⅲ－1－10〕　免許人が無線設備の設置場所を変更しようとするときは、どうしなければならないか、正しいものを次のうちから選べ。

1．あらかじめ総務大臣に申請し、その許可を受けなければならない。
2．あらかじめ総務大臣に届け出て、その指示を受けなければならない。
3．あらかじめ免許状の訂正を受けた後、無線設備の設置場所を変更しなければならない。
4．無線設備の設置場所を変更した後、総務大臣に届け出なければならない。

## 第3級・ナンバー〔2〕法規

**●第４級・共通問題**

| | | |
|---|---|---|
| 〔1－6〕★★ | 〔1－10〕★★ | 〔1－15〕★ |
| 〔1－16〕★★ | 〔1－18〕★ | 〔1－20〕★ |
| 〔2－4〕★ | 〔2－6〕★★★ | 〔2－7〕★ |
| 〔2－9〕★★★ | 〔2－11〕★★ | 〔2－14〕★ |

**出題頻度：★**

〔Ⅲ－2－1〕　次の記述は、無線局の無線設備の設置場所の変更等について述べたものである。［　］内に入れるべき字句を下の番号から選べ。

免許人は、無線設備の設置場所を変更し、又は無線設備の変更の工事をしようとするときは、あらかじめ総務大臣の［　］を受けなければならない。

1．再免許
2．許可
3．審査
4．指示

**出題頻度：★**

〔Ⅲ－2－2〕　無線局の免許状に記載される事項でないのは、次のどれか。

1．無線局の目的
2．免許人の住所
3．免許の有効期間
4．無線従事者の氏名

**出題頻度：★★**

〔Ⅲ－2－3〕　免許人が無線設備の設置場所を変更しようとするときの手続は、次のどれか。

1．あらかじめ総務大臣の指示を受ける。
2．あらかじめ総務大臣の許可を受ける。
3．直ちにその旨を総務大臣に報告する。
4．直ちにその旨を総務大臣に届け出る。

**出題頻度：★★★**

〔Ⅲ－2－4〕　免許人が無線設備の変更の工事（総務省令で定める軽微な事項を除く。）をしようとするときの手続は、次のどれか。

1．直ちにその旨を総務大臣に報告する。

2．直ちにその旨を総務大臣に届け出る。
3．あらかじめ総務大臣の許可を受ける。
4．あらかじめ総務大臣の指示を受ける。

**出題頻度：★★★★★**

〔Ⅲ－2－5〕 アマチュア局（人工衛星に開設するアマチュア局及び人工衛星に開設するアマチュア局の無線設備を遠隔操作するアマチュア局を除く。）の再免許の申請は、いつ行わなければならないか。正しいものを次のうちから選べ。

1．免許の有効期間満了前2箇月以上1年を超えない期間
2．免許の有効期間満了前1箇月以上6箇月を超えない期間
3．免許の有効期間満了前2箇月まで
4．免許の有効期間満了前1箇月まで

**出題頻度：★**

〔Ⅲ－2－6〕 次の記述は、無線局の指定事項の変更について、電波法の規定に沿って述べたものである。［ ］内に入れるべき字句を下の番号から選べ。

総務大臣は、免許人が識別信号、電波の型式、［ ］、空中線電力又は運用許容時間の指定の変更を申請した場合において、混信の除去その他特に必要があると認めるときは、その指定を変更することができる。

1．通信方式
2．無線設備
3．変調方式
4．周波数

**出題頻度：★★**

〔Ⅲ－2－7〕 免許人は、無線設備の変更の工事（総務省令で定める軽微な事項を除く。）をしようとするときは、どうしなければならないか。正しいものを次のうちから選べ。

1. 適宜工事を行い、工事完了後その旨を総務大臣に届け出なければならない。
2. あらかじめ総務大臣にその旨を届け出なければならない。
3. あらかじめ総務大臣の指示を受けなければならない。
4. あらかじめ総務大臣の許可を受けなければならない。

**出題頻度：★★★**

〔Ⅲ－2－8〕　免許人は、周波数の指定の変更を受けようとするときは、どうしなければならないか。正しいものを次のうちから選べ。

1. その旨を届け出る。
2. その旨を申請する。
3. あらかじめ指示を受ける。
4. あらかじめ免許状の訂正を受ける。

**出題頻度：★**

〔Ⅲ－2－9〕　免許人は、周波数の指定の変更を受けようとするときは、どうしなければならないか。正しいものを次のうちから選べ。

1. 免許状を提出し、訂正を受ける。
2. その旨を申請する。
3. あらかじめその旨を届け出る。
4. あらかじめ指示を受ける。

**出題頻度：★★★★**

〔Ⅲ－2－10〕　免許人が無線設備の設置場所を変更しようとするときは、どうしなければならないか。正しいものを次のうちから選べ。

1. あらかじめ総務大臣に申請し、その許可を受けなければならない。

2．あらかじめ総務大臣に届け出て、その指示を受けなければならない。

3．あらかじめ免許状の訂正を受けた後、無線設備の設置場所を変更しなければならない。

4．無線設備の設置場所を変更した後、総務大臣に届け出なければならない。

**出題頻度：★★★**

〔Ⅲ－２－11〕　総務大臣又は総合通信局長（沖縄総合通信事務所長を含む。）が無線局の再免許の申請を行った者に対して、免許を与えるときに指定する事項はどれか。次のうちから選べ。

1．通信の相手方

2．無線設備の設置場所

3．空中線の型式及び構成

4．電波の型式及び周波数

## 第３級・ナンバー〔３〕法規

**●第４級・共通問題**

〔3－4〕★　〔3－9〕★　〔3－10〕★

〔3－21〕★　〔3－22〕★　〔3－23〕★★★

〔3－24〕★★★★　〔3－29〕★

**出題頻度：★★**

〔Ⅲ－３－１〕　アマチュア局の送信装置は、どのような通信速度でできる限り安定に動作するものでなければならないか、次のうちから選べ。

1．最も速い通信速度

2．通常使用する通信速度

3．最も遅い通信速度

4．あらゆる通信速度

**出題頻度：★**

〔Ⅲ－３－２〕　次の記述は、電波法施行規則に規定する「送信設備」の定義であるが、［　］内に入れるべき字句を下の番号から選べ。

送信設備とは、送信装置と［　］とから成る電波を送る設備をいう。

1．これに付加する装置
2．給電線
3．送信空中線系
4．空中線

**出題頻度：★**

〔Ⅲ－３－３〕　次の記述は、電波法施行規則に規定する「送信装置」の定義であるが、［　］内に入れるべき字句を下の番号から選べ。

送信装置とは、無線通信の送信のための高周波エネルギーを発生する装置及び［　］をいう。

1．これに付加する装置
2．その保護装置
3．空間へふく射する装置
4．送信空中線系

**出題頻度：★★★**

〔Ⅲ－３－４〕　次の記述は、周波数の安定のための条件に関する無線設備規則の規定である。［　］内に入れるべき字句を下の番号から選べ。

周波数をその許容偏差内に維持するため、［　］は、できる限り外囲の温度若しくは湿度の変化によって影響を受けないものでなければならない。

1．整流回路
2．増幅回路
3．発振回路の方式
4．変調回路の方式

**出題頻度：★★**

〔Ⅲ－３－５〕　アマチュア局の手送り電鍵操作による送信装置は、どのような通信速度でできる限り安定に動作するものでなければならないか。正しいものを次のうちから選べ。

1．通常使用する通信速度
2．その最高運用通信速度より10パーセント速い通信速度
3．25ボーの通信速度
4．50ボーの通信速度

**出題頻度：★**

〔Ⅲ－３－６〕　アマチュア局の送信設備で100〔MHz〕を超え470〔MHz〕以下の電波を使用するものの周波数の許容偏差は、次のどれか。

1．100万分の50
2．100万分の100
3．100万分の200
4．100万分の500

**出題頻度：★**

〔Ⅲ－３－７〕　アマチュア局の送信設備で470〔MHz〕以下の周波数の電波を使用するものの空中線電力の許容偏差は、次のどれか。

1．上限10%　　下限50%
2．上限15%　　下限15%
3．上限20%　　下限　制限なし
4．上限50%　　下限　制限なし

**出題頻度：★★**

〔Ⅲ－３－８〕 次の記述は、周波数測定装置の備付けを要しない送信設備に関する電波法施行規則の規定である。［　］内に入れるべき字句を下の番号から選べ。

アマチュア局の送信設備であって、当該設備から発射される電波の特性周波数を［　］パーセント以内の誤差で測定することにより、その電波の占有する周波数帯幅が、当該無線局が動作することを許される周波数帯内にあることを確認することができる装置を備え付けているもの

1．0.1
2．0.01
3．0.05
4．0.025

**出題頻度：★★★**

〔Ⅲ－３－９〕 電波の型式 F3E の電波を使用する送信設備の空中線電力は、どの電力をもって表示することになっているか、正しいものを次のうちから選べ。

1．平均電力
2．尖《せん》頭電力
3．規格電力
4．搬送波電力

**出題頻度：★★**

〔Ⅲ－３－10〕 単一チャネルのアナログ信号で振幅変調した抑圧搬送波による単側波帯の電話（音響の放送を含む。）の電波の型式を表示する記号は、次のどれか。

1．A1A
2．J3E
3．F2A
4．F3E

**出題頻度：★**

〔Ⅲ－3－11〕 アマチュア局のA1A電波の占有周波数帯幅の許容値はいくらか、正しいものを次のうちから選べ。

1．0.1kHz
2．0.2kHz
3．0.5kHz
4．　1kHz

**出題頻度：★**

〔Ⅲ－3－12〕 アマチュア局のA1A電波の占有周波数帯幅の許容値はいくらか、正しいものを次のうちから選べ。

1．1.5kHz
2．0.5kHz
3．0.3kHz
4．0.1kHz

**出題頻度：★**

〔Ⅲ－3－13〕 アマチュア局のJ3E電波の占有周波数帯幅の許容値はいくらか、正しいものを次のうちから選べ。

1．15kHz
2．　6kHz
3．　3kHz
4．　1kHz

**出題頻度：★★★★**

〔Ⅲ－3－14〕 電波の型式を表示する記号で、電波の主搬送波の変調の型式が振幅変調で両側波帯のもの、主搬送波を変調する信号の性質がデジタル信号である単一チャネルのものであって変調のための副搬送波を使用しないもの及び伝送情報の型式が電信であって聴覚受信を目的とするものは、次のどれか。

1．A1A
2．J3E
3．F2A
4．F3E

出題頻度：★★★

〔Ⅲ－3－15〕　次の記述は、送信設備に使用する電波の質について述べたものである。電波法の規定に照らし、［　］内に入れるべき字句を下の番号から選べ。

送信設備に使用する電波の［　］及び幅、高調波の強度等電波の質は、総務省令で定めるところに適合するものでなければならない。

1．総合周波数特性
2．周波数の偏差
3．変調度
4．型式

出題頻度：★

〔Ⅲ－3－16〕　次の記述は、送信設備に使用する電波の質について述べたものである。電波法の規定に照らし、［　］内に入れるべき字句を下の番号から選べ。

送信設備に使用する電波の周波数の偏差及び幅、［　］等電波の質は、総務省令で定めるところに適合するものでなければならない。

1．電波の型式
2．信号対雑音比
3．高調波の強度
4．変調度

出題頻度：★★

〔Ⅲ－3－17〕　次の記述は、送信設備に使用する電波の質について述べたものである。電波法の規定に照らし、［　］内に入れるべき字句を下の番号から選べ。

送信設備に使用する電波の［　］等電波の質は、総務省令で定めるところに適合するものでなければならない。

1．周波数の偏差及び安定度
2．周波数の偏差、空中線電力の偏差
3．周波数の偏差及び幅、空中線電力の偏差
4．周波数の偏差及び幅、高調波の強度

**出題頻度：★★★**

〔Ⅲ－3－18〕　電波の型式 F3E の電波を使用する送信設備の空中線電力は、総務大臣が別に定めるものを除き、どの電力をもって表示することになっているか。正しいものを次のうちから選べ。

1．実効輻《ふく》射電力
2．搬送波電力
3．尖《せん》頭電力
4．平均電力

**出題頻度：★★**

〔Ⅲ－3－19〕　電波の型式 A1A の電波を使用する送信設備の空中線電力は、総務大臣が別に定めるものを除き、どの電力をもって表示することになっているか。正しいものを次のうちから選べ。

1．平均電力
2．実効輻《ふく》射電力
3．尖《せん》頭電力
4．搬送波電力

# 第3級・ナンバー〔4〕法規

●第４級・共通問題

〔4 － 9〕★　〔4 － 13〕★★　〔4 － 15〕★
〔4 － 17〕★

**出題頻度：★★★★**

〔Ⅲ－4－1〕　無線従事者が免許証を失ったため再交付を受けた後、失った免許証を発見したときにとらなければならない措置は、次のどれか。

1．発見した免許証を速やかに廃棄する。
2．発見した日から 10 日以内にその旨を届け出る。
3．発見した日から 10 日以内に再交付を受けた免許証を返納する。
4．発見した日から 10 日以内に発見した免許証を返納する。

**出題頻度：★★★★**

〔Ⅲ－4－2〕　第３級アマチュア無線技士の資格を有する者が操作を行うことができる無線設備の最大空中線電力はどれか。正しいものを次のうちから選べ。

1．100 ワット
2．50 ワット
3．25 ワット
4．10 ワット

**出題頻度：★★★★★★★★★★★**

〔Ⅲ－4－3〕　無線従事者は、無線通信に従事しているとき、免許証をどのようにしていなければならないか。正しいものを次のうちから選べ。

1．携帯する。

2．無線局に備え付ける。
3．通信室内に保管する。
4．送信装置のある場所の見やすい箇所に掲げる。

出題頻度：★★★★

〔Ⅲ－4－4〕　第３級アマチュア無線技士の資格を有する者が操作を行うことができる無線設備は、次のどの周波数を使用するものか。

1．8 メガヘルツ以上の周波数
2．8 メガヘルツ以上 18 メガヘルツ以下の周波数
3．18 メガヘルツ以下の周波数
4．18 メガヘルツ以上又は 8 メガヘルツ以下の周波数

出題頻度：★★★★

〔Ⅲ－4－5〕　無線従事者がその免許証を返納しなければならないのは、次のどの場合か。

1．無線設備の操作を５年以上行わなかったとき。
2．無線従事者の免許の取消しの処分を受けたとき。
3．日本の国籍を失ったとき。
4．無線従事者の免許を受けた日から５年が経過したとき。

出題頻度：★★★

〔Ⅲ－4－6〕　無線従事者は、免許証の再交付を受けた後、失った免許証を発見したときには、どうしなければならないか、正しいものを次のうちから選べ。

1．再交付を受けた免許証を１か月以内に返納する。
2．発見した免許証を速やかに廃棄処分し、その旨を報告する。
3．発見した免許証を 10 日以内に返納する。
4．発見した免許証を１か月以内に返納する。

**出題頻度：★★**

〔Ⅲ－4－7〕　無線従事者がその免許証を返納しなければならない場合は、次のどれか。

1．無線設備の操作を５年以上行わなかったとき。
2．無線従事者の免許を受けてから５年を経過したとき。
3．無線従事者の業務に従事することについて停止の処分を受けたとき。
4．無線従事者の免許の取消しの処分を受けたとき。

## 第3級・ナンバー〔5〕法規

●第４級・共通問題

| | | |
|---|---|---|
| 〔5－2〕★ | 〔5－3〕★ | 〔5－4〕★ |
| 〔5－5〕★★ | 〔5－7〕★ | 〔5－13〕★ |
| 〔5－17〕★★ | 〔5－20〕★★★ | 〔5－21〕★★★ |
| 〔5－23〕★★★★ | 〔6－1〕★ | 〔6－2〕★★ |
| 〔6－4〕★★ | 〔6－6〕★★ | 〔6－15〕★ |
| 〔6－21〕★ | 〔6－22〕★★★ | |

**出題頻度：★**

〔Ⅲ－5－1〕　総務大臣は、電波法の施行を確保するため特に必要がある場合において、無線局に電波の発射を命じて行う検査では、何を検査するか、正しいものを次のうちから選べ。

1．送信装置の電源の変動率
2．発射する電波の質又は空中線電力
3．無線局の運用の実態
4．無線従事者の無線設備の操作の技能

**出題頻度：★**

〔Ⅲ－5－2〕　無線従事者がその免許を取り消されることがあるのは、次のどの場合か。

1．免許証を失ったとき。
2．不正な手段により免許を受けたとき。
3．無線局を違法に運用したとき。
4．引き続き6か月以上無線設備の操作を行わなかったとき。

出題頻度：★★
〔Ⅲ－5－3〕 無線局の免許人は、非常通信を行ったとき、電波法の規定によりどの措置をとらなければならないか。正しいものを次のうちから選べ。
1．総務省令で定める手続により、総務大臣に報告する。
2．適宜の方法により、都道府県知事に連絡する。
3．総務大臣に届け出て事後承認を受ける。
4．文書により、中央防災会議会長に届け出る。

出題頻度：★★★
〔Ⅲ－5－4〕 免許人は、電波法の規定に違反して運用した無線局を認めたときは、電波法の規定によりどうしなければならないか。正しいものを次のうちから選べ。
1．総務省令で定める手続により、総務大臣に報告する。
2．その無線局の電波の発射を停止させる。
3．その無線局の免許人にその旨を通知する。
4．その無線局の免許人を告発する。

出題頻度：★★★
〔Ⅲ－5－5〕 無線局が総務大臣から臨時に電波の発射の停止を命じられることがある場合は、次のどれか。
1．暗語を使用して通信を行ったとき。
2．発射する電波の質が総務省令で定めるものに適合していないと認めるとき。
3．発射する電波が他の無線局の通信に混信を与えたとき。

4．免許状に記載された空中線電力の範囲を超えて運用したとき。

**出題頻度：★★**

〔Ⅲ－５－６〕　無線局が総務大臣から臨時に電波の発射の停止を命じられることがある場合は、次のどれか。

1．発射する電波の質が総務省令で定めるものに適合していないと認められるとき。
2．免許状に記載された空中線電力の範囲を超えて運用したとき。
3．発射する電波が他の無線局の通信に混信を与えたとき。
4．非常の場合の無線通信を行ったとき。

**出題頻度：★★★**

〔Ⅲ－５－７〕　無線局が総務大臣から臨時に電波の発射の停止を命じられることがある場合は、次のどれか。

1．必要のない無線通信を行っているとき。
2．発射する電波が他の無線局の通信に混信を与えたとき。
3．免許状に記載された空中線電力の範囲を超えて運用したとき。
4．発射する電波の質が総務省令で定めるものに適合していないと認められるとき。

**出題頻度：★★**

〔Ⅲ－５－８〕　免許人が電波法の規定に違反したとき、その無線局について総務大臣から受けることがある処分は、次のどれか。

1．運用の停止
2．電波の型式の制限
3．通信事項の制限
4．通信の相手方の制限

# 第3級・ナンバー〔6〕法規

## ●第４級・共通問題

〔5－4〕★　〔5－5〕★　〔5－20〕★★
〔5－23〕★★★★　〔5－25〕★　〔6－4〕★★
〔6－5〕★　〔6－6〕★　〔6－13〕★★★★
〔6－15〕★★　〔6－17〕★★　〔6－18〕★★
〔6－20〕★　〔6－21〕★　〔6－22〕★★
〔6－23〕★★

**出題頻度：★**

〔Ⅲ－6－1〕　臨時検査（電波法第 73 条第４項の検査）において検査されることがあるのは、次のどれか。

1．無線従事者の業務経歴
2．無線従事者の勤務状況
3．無線従事者の知識及び技能
4．無線従事者の資格及び員数

**出題頻度：★★**

〔Ⅲ－6－2〕　無線従事者が電波法に基づく命令の規定に違反したとき、総務大臣から受けることがある処分は、次のどれか。

1．１年間の無線局の運用停止
2．６箇月間の業務の従事停止
3．無線従事者の免許の取消し
4．３箇月間の無線設備の操作範囲の制限

**出題頻度：★★★**

〔Ⅲ－6－3〕　無線従事者が電波法に基づく命令に違反したとき、総務大臣から受けることがある処分は、次のどれか。

1．６箇月間の業務の従事停止

2．無線設備の操作の範囲の制限
3．無線従事者の免許の取消し
4．無線従事者国家試験の受験停止

**出題頻度：★★★**

〔Ⅲ－６－４〕　無線従事者がその免許を取り消されることがある場合は、次のどれか。

1．無線設備の操作を５年以上行わなかったとき。
2．日本の国籍を失ったとき。
3．不正な手段によりその免許を受けたとき。
4．刑法に規定する罪を犯し、罰金以上の刑に処せられたとき。

**出題頻度：★★★**

〔Ⅲ－６－５〕　免許人が電波法の規定に違反したとき、その無線局について総務大臣から受けることがある処分は、次のどれか。

1．通信事項の制限
2．電波の型式の制限
3．周波数の制限
4．通信の相手方の制限

**出題頻度：★★**

〔Ⅲ－６－６〕　無線従事者が、総務大臣から３か月以内の期間を定めて無線通信の業務に従事することを停止されることがあるのは、次のどの場合か。

1．免許状を失ったとき。
2．電波法の規定に違反したとき。
3．免許証を失ったとき。
4．無線局の運用を休止したとき。

出題頻度：★★

〔Ⅲ－６－７〕　無線局の免許を取り消されることがあるのは、次のどの場合か。

1．免許人が免許人以外の者のために無線局を運用させたとき。
2．免許人が１年以上の期間日本を離れたとき。
3．免許状に記載された目的の範囲を超えて運用したとき。
4．不正な手段により無線局の免許を受けたとき。

出題頻度：★★★

〔Ⅲ－６－８〕　無線局が総務大臣から臨時に電波の発射の停止を命じられることがある場合は、次のどれか。

1．必要のない無線通信を行っているとき。
2．発射する電波が他の無線局の通信に混信を与えたとき。
3．免許状に記載された空中線電力の範囲を超えて運用したとき。
4．発射する電波の質が総務省令で定めるものに適合していないと認められるとき。

# 第3級・ナンバー〔7〕法規

●第４級・共通問題

〔8－20〕★　〔8－24〕★★★　〔8－25〕★★★
〔8－27〕★★★★★★　〔8－30〕★

出題頻度：★

〔Ⅲ－７－１〕　次の記述は、国際電気通信連合憲章に規定する無線通信規則に規定する「アマチュア業務」の定義であるが、［　］内に入れるべき字句を下の番号から選べ。

アマチュア、すなわち、［　］、専ら個人的に無線技術に興味をもち、正当に許可された者が行う自己訓練、通信及び技術研究のための無線通信業務をいう。

1．通信手段の不足を補うため
2．金銭上の利益のためでなく
3．教育活動において利用するため
4．福祉活動において利用するため

**出題頻度：★**

〔Ⅲ－７－２〕　無線通信規則では、周波数分配のため、世界を地域的に区分しているが、日本は次のどれに属するか。

1．第一地域
2．第二地域
3．第三地域
4．第四地域

**出題頻度：★★★**

〔Ⅲ－７－３〕　無線局の免許がその効力を失ったとき、免許人であった者は、その免許状をどうしなければならないか。電波法に規定するものを次のうちから選べ。

1．適当な方法で保管しておく。
2．10 日以内に返納する。
3．直ちに返納する。
4．1 か月以内に返納する。

**出題頻度：★★★**

〔Ⅲ－７－４〕　免許人が１か月以内に免許状を返納しなければならない場合に該当しないのは、次のどれか。

1．無線局を廃止したとき。
2．臨時に電波の発射の停止を命じられたとき。
3．無線局の免許を取り消されたとき。
4．無線局の免許の有効期間が満了したとき。

**出題頻度：★★★★**

〔Ⅲ－７－５〕　無線局の免許がその効力を失ったとき、免許人であった者は、その免許状をどうしなければならないか。正しいものを次のうちから選べ。

1．無線従事者免許証とともに１年間保存しておかなければならない。
2．１箇月以内に返納しなければならない。
3．速やかに廃棄しなければならない。
4．３箇月以内に返納しなければならない。

# 第３級・ナンバー〔８〕法規

**●第４級・共通問題**

〔7－1〕★　〔7－4〕★　〔7－5〕★　〔8－1〕★
〔9－5〕★　〔11－2〕★　〔12－2〕★　〔12－7〕★

**出題頻度：★★**

〔Ⅲ－８－１〕　次の記述は、国際電気通信連合憲章に規定する無線通信規則に規定する「アマチュア業務」の定義であるが、［　］内に入れるべき字句を下の番号から選べ。

アマチュア、すなわち、金銭上の利益のためでなく、専ら個人的に無線技術に興味をもち、［　］が行う自己訓練、通信及び技術研究のための無線通信業務をいう。

1．正当に許可された者
2．無線機器を所有する者
3．相当な知識を有する者
4．相当な技能を有する者

**出題頻度：★★★**

〔Ⅲ－８－２〕　次の記述は、無線通信規則に規定する「アマチュア業務」の定義である。［　］内に入れるべき字句を下の番号から選べ。

アマチュア、すなわち、金銭上の利益のためでなく、専ら個人的に無線技術に興味をもち、正当に許可された者が行う自己訓練、通信及び［　］のための無線通信業務をいう。

1．技術研究
2．科学調査
3．科学技術の向上
4．技術の進歩発達

**出題頻度：★**

〔Ⅲ－８－３〕　無線通信規則では、周波数分配のため、世界を地域的に区分しているが、日本は次のどれに属するか。

1．熱帯地区
2．第一地域
3．第二地域
4．第三地域

**出題頻度：★★**

〔Ⅲ－８－４〕　次の記述は、国際電気通信連合憲章に規定する無線通信規則に規定する「アマチュア業務」の定義であるが、［　］内に入れるべき字句を下の番号から選べ。

アマチュア、すなわち、金銭上の利益のためでなく、専ら個人的に無線技術に興味をもち、正当に許可された者が行う［　］及び技術研究のための無線通信業務をいう。

1．通信練習、運用
2．自己訓練、通信
3．通信操作
4．趣味

**出題頻度：★★**

〔Ⅲ－８－５〕　次の記述は、国際電気通信連合憲章に規定する無線通信規則に規定する「アマチュア業務」の定義であるが、［　］内に入れるべき字句を下の番号から選べ。

アマチュア、すなわち、金銭上の利益のためでなく、専ら［　］、正当に許可された者が行う自己訓練、通信及び技術研究のための無線通信業務をいう。

1．個人的に無線技術に興味をもち
2．災害時における通信手段の確保のため
3．教育活動の一環として
4．福祉活動の一環として

**出題頻度：★★**

〔Ⅲ－8－6〕　無線通信規則では、周波数分配のため、世界を地域的に区分しているが、日本は次のどれに属するか。

1．第一地域
2．第二地域
3．第三地域
4．極東地域

**出題頻度：★★**

〔Ⅲ－8－7〕　無線通信規則の周波数分配表において、アマチュア業務に分配されている周波数帯は、次のどれか。

1．3,400kHz ～ 3,500kHz
2．7,300kHz ～ 7,600kHz
3．18,052kHz ～ 18,068kHz
4．21,000kHz ～ 21,450kHz

**出題頻度：★★★★★★**

〔Ⅲ－8－8〕　無線通信規則の周波数分配表において、アマチュア業務に分配されている周波数帯は、次のどれか。

1．108MHz ～ 143.6MHz
2．144MHz ～ 146MHz

3．154MHz ～　174MHz
4．235MHz ～　267MHz

出題頻度：★★
〔Ⅲ－8－9〕　無線通信規則の周波数分配表において、アマチュア業務に分配されている周波数帯は、次のどれか。
1．21,000kHz ～ 21,450kHz
2．　47MHz　～　50MHz
3．75.2MHz　～ 87.5MHz
4．108MHz　～　137MHz

出題頻度：★★★
〔Ⅲ－8－10〕　無線通信規則の周波数分配表において、アマチュア業務に分配されている周波数帯は、次のどれか。
1．　28MHz ～ 29.7MHz
2．　47MHz ～　50MHz
3．75.2MHz ～ 87.5MHz
4．108MHz ～　137MHz

出題頻度：★★
〔Ⅲ－8－11〕　無線通信規則の周波数分配表において、アマチュア業務に分配されている周波数帯は、次のどれか。
1．42MHz ～ 46MHz
2．46MHz ～ 50MHz
3．50MHz ～ 54MHz
4．54MHz ～ 58MHz

出題頻度：★★★
〔Ⅲ－8－12〕　無線通信規則の周波数分配表において、アマチュア業務に分配されている周波数帯は、次のどれか。

1.　3,800kHz ～　3,950kHz
2.　7,300kHz ～　7,600kHz
3.　18,052kHz ～ 18,068kHz
4.　21,000kHz ～ 21,450kHz

**出題頻度：★★**

〔Ⅲ－８－13〕　無線通信規則の周波数分配表において、アマチュア業務に分配されている周波数帯は、次のどれか。

1.　3,230kHz ～　3,400kHz
2.　7,300kHz ～　7,600kHz
3.　18,052kHz ～ 18,068kHz
4.　21,000kHz ～ 21,450kHz

**出題頻度：★★★**

〔Ⅲ－８－14〕　無線通信規則では、周波数分配のため、世界を地域的に区分しているが、日本は次のどれに属するか。

1.　第一地域
2.　第二地域
3.　第三地域
4.　第四地域

**出題頻度：★★★**

〔Ⅲ－８－15〕　無線通信規則の周波数分配表において、アマチュア業務に分配されている周波数帯は、次のどれか。

1.　3,200kHz ～　3,450kHz
2.　6,765kHz ～　7,000kHz
3.　18,068kHz ～ 18,168kHz
4.　21,450kHz ～ 21,850kHz

# 第3級・ナンバー〔9〕法規

●第４級・共通問題

| | | |
|---|---|---|
| 〔7－1〕★ | 〔7－2〕★★★ | 〔7－4〕★ |
| 〔7－5〕★★ | 〔7－6〕★★ | 〔7－11〕★★★★★★ |
| 〔7－13〕★ | 〔8－1〕★ | 〔8－5〕★ |
| 〔8－6〕★ | 〔9－24〕★ | 〔11－2〕★★ |
| 〔12－7〕★★ | 〔12－8〕★★ | 〔12－18〕★ |

**出題頻度：★★**

〔Ⅲ－9－1〕　無線電信通信において、「$\overline{\mathrm{AR}}$」を使用する場合は、次のどれか。

1．通信が終了したとき。
2．周波数の変更を完了したとき。
3．通報の送信を終わるとき。
4．通報がないことを通知しようとするとき。

**出題頻度：★**

〔Ⅲ－9－2〕　無線電信通信において、「$\overline{\mathrm{VA}}$」を送信することになっている場合は、次のどれか。

1．通信が終了したとき。
2．通報を確実に受信したとき。
3．通報の送信を終了したとき。
4．無線機器の試験又は調整を終わったとき。

**出題頻度：★**

〔Ⅲ－9－3〕　欧文通信の訂正符号は、次のどれか。

1．$\overline{\mathrm{BT}}$
2．$\overline{\mathrm{HH}}$
3．$\overline{\mathrm{AR}}$
4．$\overline{\mathrm{VA}}$

**出題頻度：★★★**

〔Ⅲ－9－4〕　アマチュア局の無線電信通信において、応答に際し 10 分後でなければ通報を受信することができない事由があるとき、応答事項の次に送信することになっているのは、次のどれか。

1．「$\overline{\mathrm{AS}}$」、分で表す概略の待つべき時間及びその理由
2．「K」及び分で表す概略の待つべき時間
3．「K」及び通報を受信することができない事由
4．「$\overline{\mathrm{AS}}$」及び呼出しを再開すべき時刻

**出題頻度：★★★**

〔Ⅲ－9－5〕　アマチュア局を運用する場合において、電波法の規定により、識別信号(呼出符号、呼出名称等をいう 。) は、遭難通信を行う場合を除き、次のどの書類に記載されたところによらなければならないか。

1．免許証
2．無線局事項書
3．無線局免許申請書
4．免許状

**出題頻度：★**

〔Ⅲ－9－6〕　次の記述は、秘密の保護に関する電波法の規定であるが、［　］内に入れるべき字句を下の番号から選べ。

何人も法律に別段の定めがある場合を除くほか、［　］に対して行われる無線通信を傍受してその存在若しくは内容を漏らし、又はこれを窃用してはならない 。

1．自己に利害関係のない無線局
2．自己に利害関係のある無線局
3．遠方にある無線局
4．特定の相手方

出題頻度：★★

〔Ⅲ－９－７〕　アマチュア局を運用する場合、電波法の規定により、電波の型式及び周波数は、遭難通信を行う場合を除き、次のどの書類に記載されたところによらなければならないか。

1．無線局免許申請書
2．無線局事項書
3．免許状
4．免許証

出題頻度：★★

〔Ⅲ－９－８〕　無線通信の原則として無線局運用規則に規定されているものは、次のどれか。

1．無線通信は、できる限り業務用語を使用して簡潔に行わなければならない。
2．無線通信は、迅速に行うものとし、できる限り速い通信速度で行わなければならない。
3．無線通信は、試験電波を発射した後でなければ行ってはならない。
4．無線通信を行うときは、自局の識別信号を付して、その出所を明らかにしなければならない。

出題頻度：★★★★

〔Ⅲ－９－９〕　次の記述は、秘密の保護に関する電波法の規定である。［　］内に入れるべき字句を下の番号から選べ。

何人も法律に別段の定めがある場合を除くほか、特定の相手方に対して行われる無線通信を［　］してその存在若しくは内容を漏らし、又はこれを窃用してはならない。

1．中継
2．記録
3．傍受

４．盗聴

**出題頻度：★★★★**

〔Ⅲ－９－10〕　次の記述は、秘密の保護に関する電波法の規定である。［　］内に入れるべき字句を下の番号から選べ。

何人も法律に別段の定めがある場合を除くほか、［　］に対して行われる無線通信を傍受してその存在若しくは内容を漏らし、又はこれを窃用してはならない。

１．すべての相手方
２．すべての無線局
３．総務大臣が告示する無線局
４．特定の相手方

**出題頻度：★**

〔Ⅲ－９－11〕　次の記述は、秘密の保護に関する電波法の規定である。［　］内に入れるべき字句を下の番号から選べ。

何人も法律に別段の定めがある場合を除くほか、特定の相手方に対して行われる無線通信を傍受してその［　］を漏らし、又はこれを窃用してはならない。

１．情報
２．通信事項
３．相手方及び記録
４．存在若しくは内容

**出題頻度：★**

〔Ⅲ－９－12〕　アマチュア局を運用する場合は、電波法の規定により、遭難通信を行う場合を除き、免許状に記載されたところによらなければならないことになっているが、次のうち免許状に記載されていないものはどれか。

１．電波型式及び周波数
２．呼出符号

3．通信方式
4．無線設備の設置場所

## 第3級・ナンバー〔10〕法規

●第4級・共通問題
〔7－5〕★　〔8－5〕★　〔8－31〕★
〔12－18〕★★★

**出題頻度：★**
〔Ⅲ－10－1〕　次の「　」内は、アマチュア局が無線電信により相手局（1局）を呼び出す場合に順次送信する事項であるが、［　］内に入れるべき字句を下の番号から選べ。
「1　相手局の呼出符号　［　］
2　DE　1回
3　自局の呼出符号　3回以下」

1．3回以下　3．10回以下
2．5回　4．数回

**出題頻度：★★**
〔Ⅲ－10－2〕　次の「　」内は、アマチュア局のモールス無線通信において、応答する場合に順次送信する事項である。［　］内に入れるべき字句を下の番号から選べ。
「1　相手局の呼出符号　3回以下
2　DE　1回
3　自局の呼出符号　［　］」

1．1回　3．3回
2．2回　4．3回以下

**出題頻度：★★★**

〔Ⅲ－10－3〕　アマチュア局は、モールス無線通信において、長時間継続して通報を送信するときは、何分ごとを標準として適当に「DE」及び自局の呼出符号を送信しなければならないか、正しいものを次のうちから選べ。

1．５分
2．10 分
3．15 分
4．20 分

**出題頻度：★**

〔Ⅲ－10－4〕　無線電信通信において、相手局に対し通報の反復を求めようとするときは、次のどれによることになっているか。

1．「RPT」を送信する。
2．反復する箇所を繰り返し送信する。
3．「RPT」の次に反復する箇所を示す。
4．反復する箇所の次に「RPT」を送信する。

**出題頻度：★★**

〔Ⅲ－10－5〕　無線電信通信において、応答に際して直ちに通報を受信しようとするとき、応答事項の次に送信する略符号は、次のどれか。

1．$\overline{\text{AS}}$
2．R
3．OK
4．K

**出題頻度：★★**

〔Ⅲ－10－6〕　無線電信通信において、「$\overline{\text{AR}}$」を使用する場合は、次のどれか。

1．通信が終了したとき。
2．周波数の変更を完了したとき。
3．通報の送信を終わるとき。
4．通報がないことを通知しようとするとき。

**出題頻度：★★★★**
〔Ⅲ－10－7〕　次の記述は、秘密の保護に関する電波法の規定である。［　］内に入れるべき字句を下の番号から選べ。

何人も法律に別段の定めがある場合を除くほか、特定の相手方に対して行われる無線通信を［　］してその存在若しくは内容を漏らし、又はこれを窃用してはならない。

1．記録
2．傍受
3．中継
4．盗聴

**出題頻度：★★★**
〔Ⅲ－10－8〕　無線局がなるべく擬似空中線回路を使用しなければならないのは、次のどの場合か。

1．工事設計書に記載された空中線を使用できないとき。
2．無線設備の機器の試験又は調整を行うために運用するとき。
3．無線設備の機器の取替え又は増設の際に運用するとき。
4．他の無線局の通信に妨害を与えるおそれがあるとき。

**出題頻度：★★★★★★**
〔Ⅲ－10－9〕　電波の発射を必要とするモールス無線電信の機器の調整中、しばしばその電波の周波数により聴守を行って確かめなければならないのは、次のどれか。

1．他の無線局から停止の要求がないかどうか。
2．受信機が最良の感度に調整されているかどうか。

3．周波数の偏差が許容値を超えていないかどうか。

4．「ＶＶＶ」の連続及び自局の呼出符号の送信が 10 秒間を超えていないかどうか。

**出題頻度：★★★**

**〔Ⅲ－10－10〕** モールス無線通信において、「そちらの信号の明りょう度は、非常に良いです。」を示すＱ符号をモールス符号で表したものは、次のどれか。

1．——・—　・—・　——　・————

2．——・—　・—・　—・　・————

3．——・—　・—・　—・—　・・・・・

4．——・—　・・・　・—　・・・・・

注　モールス符号の点、線の長さ及び間隔は、簡略してある。

**出題頻度：★★**

**〔Ⅲ－10－11〕** モールス無線通信において、「そちらの伝送は、非常に強い混信を受けています。」を示すＱ符号をモールス符号で表したものは、次のどれか。

1．——・—　・—・　——　・・・・・

2．——・—　・—・　—・　・————

3．——・—　・—・　—・—　・————

4．——・—　・・・　・—　・・・・・

注　モールス符号の点、線の長さ及び間隔は、簡略してある。

**出題頻度：★★**

**〔Ⅲ－10－12〕** アマチュア局を運用する場合、電波法の規定により、空中線電力は、遭難通信を行う場合を除き、次のどれによらなければならないか。

1．免許状に記載されたものの範囲内で通信を行うため十分なもの

2．通信の相手方となる無線局が要求するもの

3. 無線局事項書に記載したもの
4. 免許状に記載されたものの範囲内で通信を行うため必要最小のもの

**出題頻度：★★★★★★**

〔Ⅲ－10－13〕　アマチュア局のモールス無線通信において、応答に際し 10 分後でなければ通報を受信することができない事由があるとき、応答事項の次に送信するものは、次のどれか。

1. 「$\overline{\mathrm{AS}}$」、分で表す概略の待つべき時間及びその理由
2. 「K」及び分で表す概略の待つべき時間
3. 「K」及び通報を受信することができない事由
4. 「$\overline{\mathrm{AS}}$」及び呼出しを再開すべき時刻

**出題頻度：★★**

〔Ⅲ－10－14〕　次の記述は、秘密の保護に関する電波法の規定である。［　］内に入れるべき字句を下の番号から選べ。

　何人も法律に別段の定めがある場合を除くほか、［　］に対して行われる無線通信を傍受してその存在若しくは内容を漏らし、又はこれを窃用してはならない。

1. すべての無線局
2. すべての相手方
3. 特定の相手方
4. 通信の相手方

**出題頻度：★**

〔Ⅲ－10－15〕　無線通信の原則として無線局運用規則に規定されていないものは、次のどれか。

1. 無線通信は、正確に行うものとし、通信上の誤りを知ったときは、通報終了後一括して訂正しなければならない。
2. 必要のない無線通信は、これを行ってはならない。

3．無線通信に使用する用語は、できる限り簡潔でなければならない。

4．無線通信を行うときは、自局の呼出符号を付して、その出所を明らかにしなければならない。

**出題頻度：★★**

〔Ⅲ－10－16〕　モールス無線通信において、通報を確実に受信したときに送信することとされている略符号をモールス符号で表したものは、次のどれか。

1．・・・－・－
2．・－・
3．－－－　－・－
4．－　・・－

注　モールス符号の点、線の長さ及び間隔は、簡略してある。

## 第3級・ナンバー〔11〕法規

**●第４級・共通問題**

〔7－5〕★★★　〔9－7〕★★★　〔11－4〕★

**出題頻度：★**

〔Ⅲ－11－1〕　無線電信通信に使用する略符号のうち、「こちらは、受信証を送ります。」に相当するものは、次のどれか。

1．QSL
2．QSU
3．QSV
4．QSW

**出題頻度：★**

〔Ⅲ－11－2〕　免許人が免許状を破損したために免許状の再交付を受けたとき、旧免許状をどのようにしなければならないか、次のうちから選べ。

1．保管しておく。
2．遅滞なく返す。
3．速やかに廃棄する。
4．1か月以内に返す。

**出題頻度：★★★**

〔Ⅲ－11－3〕　電波を発射して行う無線電信の機器の調整中、しばしばその電波の周波数により聴守を行って確かめなければならないのは、次のどれか。

1．他の無線局から停止の要求がないかどうか。
2．受信機が最良の感度に調整されているかどうか。
3．周波数の偏差が許容値を超えていないかどうか。
4．「VVV」の連続及び自局の呼出符号の送信が10秒間を超えていないかどうか。

**出題頻度：★★★★★**

〔Ⅲ－11－4〕　アマチュア局のモールス無線通信において、応答に際し10分後でなければ通報を受信することができない事由があるとき、応答事項の次に送信するものは、次のどれか。

1．「$\overline{\text{AS}}$」、分で表す概略の待つべき時間及びその理由
2．「K」及び分で表す概略の待つべき時間
3．「K」及び通報を受信することができない事由
4．「$\overline{\text{AS}}$」及び呼出しを再開すべき時刻

**出題頻度：★★★**

〔Ⅲ－11－5〕　モールス無線通信において、欧文通信の訂正符号を示す略符号をモールス符号で表したものは、次のどれか。

1．－・・・－
2．・・・・・・・・

3. ・－・－・
4. ・・・－・－

注　モールス符号の点、線の長さ及び間隔は、簡略してある。

**出題頻度：★★★**

〔Ⅲ－11－6〕　モールス無線通信において、欧文の通報の送信を終わるときに使用する略符号をモールス符号で表したものは、次のどれか。

1. －－－　－・－
2. －　・・－
3. ・－・－・
4. －・　・・　・－・・

注　モールス符号の点、線の長さ及び間隔は、簡略してある。

**出題頻度：★★**

〔Ⅲ－11－7〕　モールス無線通信において、「当局は、・・・です。」を示すQ符号をモールス符号で表したものは、次のどれか。

1. －－・－　・－・　－・－
2. －－・－　・・・　・－－
3. －－・－　－　・・・・
4. －－・－　・－・　・－

注　モールス符号の点、線の長さ及び間隔は、簡略してある。

**出題頻度：★★**

〔Ⅲ－11－8〕　次の「　」内は、アマチュア局がモールス無線通信において相手局（1局）を呼び出す場合に順次送信する事項である。［　］内に入れるべき字句を下の番号から選べ。

「1　相手局の呼出符号　　［　］
　2　DE　　1回
　3　自局の呼出符号　　3回以下」

1．3回以下
2．5回以下
3．10回以下
4．数回

**出題頻度：★★**

〔Ⅲ－11－9〕　無線局は、モールス無線通信で自局に対する呼出しを受信した場合において、呼出局の呼出符号が不確実であるときは、どうしなければならないか。正しいものを次のうちから選べ。

1．応答事項のうち相手局の呼出符号の代わりに「QRA?」を使用して、直ちに応答しなければならない。
2．直ちに応答して、自局に対する呼出しであることを確認しなければならない。
3．応答事項のうち相手局の呼出符号の代わりに「QRZ?」を使用して、直ちに応答しなければならない。
4．その呼出しが反復され、かつ、自局に対する呼出しであることが確実に判明するまで応答してはならない。

**出題頻度：★★★**

〔Ⅲ－11－10〕　モールス無線通信において、「そちらの信号の強さは、非常に強いです。」を示すQ符号をモールス符号で表したものは、次のどれか。

1．－－・－　・－・　－－　・－－－－
2．－－・－　・－・　－・　・－－－－
3．－－・－　・－・　－・－　・・・・・
4．－－・－　・・・　・－　・・・・・

注　モールス符号の点、線の長さ及び間隔は、簡略してある。

**出題頻度：★★**

〔Ⅲ－11－11〕　モールス無線通信において、「こちらは、受信証を送ります。」を示すＱ符号をモールス符号で表したものは、次のどれか。

1．ーー・ー　・・・　・ー・・
2．ーー・ー　・・・　・・ー
3．ーー・ー　・・・　・・・ー
4．ーー・ー　・・・　・ーー

注　モールス符号の点、線の長さ及び間隔は、簡略してある。

**出題頻度：★★★**

〔Ⅲ－11－12〕　モールス無線通信における手送による欧文の送信中において、誤った送信をしたことを知ったときは、どうしなければならないか。正しいものを次のうちから選べ。

1．「$\overline{\mathrm{HH}}$」を前置して、誤って送信した語字から更に送信しなければならない。
2．「$\overline{\mathrm{HH}}$」を前置して、正しく送信した適当の語字から更に送信しなければならない。
3．「$\overline{\mathrm{SN}}$」を前置して、誤って送信した語字から更に送信しなければならない。
4．「$\overline{\mathrm{SN}}$」を前置して、正しく送信した適当の語字から更に送信しなければならない。

**出題頻度：★★★★**

〔Ⅲ－11－13〕　無線局が相手局を呼び出そうとするときは、遭難通信等を行う場合を除き、一定の周波数によって聴守し、他の通信に混信を与えないことを確かめなければならないが、この場合において聴守しなければならない周波数は、次のどれか。

1．自局の発射しようとする電波の周波数その他必要と認める周波数
2．自局に指定されているすべての周波数
3．他の既に行われている通信に使用されている周波数で

あって、最も感度の良いもの
4．自局の付近にある無線局において使用する電波の周波数

出題頻度：★

〔Ⅲ－11－14〕　無線局は、無線設備の機器の試験又は調整のための電波の発射が他の既に行われている通信に混信を与える旨の通知を受けたときは、どうしなければならないか。正しいものを次のうちから選べ。

1．空中線電力を低下しなければならない。
2．直ちにその発射を中止しなければならない。
3．10秒間を超えて電波を発射しないように注意しなければならない。
4．その通知に対して直ちに応答しなければならない。

出題頻度：★★★★

〔Ⅲ－11－15〕　無線局は、相手局を呼び出そうとする場合において、他の通信に混信を与えるおそれがあるときは、どうしなければならないか、無線局運用規則の規定に照らし、正しいものを次のうちから選べ。

1．混信を与えないように注意しながら呼出しをしなければならない。
2．空中線電力を低下させた後でなければ呼出しをしてはならない。
3．その通信の終了した後でなければ呼出しをしてはならない。
4．他の通信が行われているときは、少なくとも3分間待った後でなければ呼出しをしてはならない。

出題頻度：★

〔Ⅲ－11－16〕　モールス無線通信において、「こちらは、非

常に強い空電に妨げられています。」を示すＱ符号をモールス符号で表したものは、次のどれか。

1．——・—　・—・　——　・————
2．——・—　・—・　—・　・・・・・
3．——・—　・—・　—・—　・————
4．——・—　・・・　・—　・・・・・

注　モールス符号の点、線の長さ及び間隔は、簡略化してある。

# 第３級・ナンバー〔12〕法規

**●第４級・共通問題**

〔8 − 2〕★★　〔12 − 8〕★

**出題頻度：★**

〔Ⅲ − 12 − 1〕　アマチュア局の無線電信通信における呼出しは、次のどれによって行わなければならないか。

1．（1）　相手局の呼出符号　５回
　　（2）　DE　１回
　　（3）　自局の呼出符号　５回
2．（1）　相手局の呼出符号　３回
　　（2）　DE　３回
　　（3）　自局の呼出符号　３回
3．（1）　相手局の呼出符号　３回以下
　　（2）　DE　２回
　　（3）　自局の呼出符号　３回以下
4．（1）　相手局の呼出符号　３回以下
　　（2）　DE　１回
　　（3）　自局の呼出符号　３回以下

**出題頻度：★**

〔Ⅲ − 12 − 2〕　アマチュア局の無線電信通信における応答事

項は、次のどれか。

1．（1） 相手局の呼出符号　3回以下
　　（2） DE　1回
　　（3） 自局の呼出符号　3回
2．（1） 相手局の呼出符号　3回
　　（2） DE　1回
　　（3） 自局の呼出符号　3回
3．（1） 相手局の呼出符号　3回以下
　　（2） DE　1回
　　（3） 自局の呼出符号　1回
4．（1） 相手局の呼出符号　2回
　　（2） DE　1回
　　（3） 自局の呼出符号　2回

**出題頻度：★**

〔Ⅲ－12－3〕　無線電信通信において、「$\overline{\text{VA}}$」を送信することになっている場合は、次のどれか。

1．通信が終了したとき。
2．通報を確実に受信したとき。
3．通報の送信を終了したとき。
4．無線機器の試験又は調整を終わったとき。

**出題頻度：★★**

〔Ⅲ－12－4〕　無線局は、「$\overline{\text{OSO}}$」（又は「非常」）を前置した呼出しを受信したときは、応答する場合を除き、どうしなければならないか。正しいものを次のうちから選べ。

1．その旨を自局の通信の相手方に通報する。
2．その旨を直ちに総合通信局長（沖縄総合通信事務所長を含む。）に報告する。
3．自局の交信が終了した後、この呼出し及びこれに続く通報を傍受する。

4．この呼出しに混信を与えるおそれのある電波の発射を停止して傍受する。

**出題頻度：★**

〔Ⅲ－12－5〕　空中線電力50ワット以下のモールス無線電信を使用して呼出しを行う場合において、確実に連絡の設定ができると認められるとき、呼出しは、次のどれによることができるか。

1．相手局の呼出符号　　３回以下
2．（1）　DE
　　（2）　自局の呼出符号　　３回以下
3．自局の呼出符号　　３回以下
4．（1）　相手局の呼出符号　　３回以下
　　（2）　DE

**出題頻度：★★**

〔Ⅲ－12－6〕　モールス無線電信における非常の場合の無線通信において、連絡を設定するための応答は、次のどれによって行うか。

1．応答事項の次に「 $\overline{\text{OSO}}$ 」２回を送信する。
2．応答事項の次に「 $\overline{\text{OSO}}$ 」３回を送信する。
3．応答事項に「 $\overline{\text{OSO}}$ 」１回を前置する。
4．応答事項に「 $\overline{\text{OSO}}$ 」３回を前置する。

**出題頻度：★★★**

〔Ⅲ－12－7〕　無線通信規則では、アマチュア局は、その伝送中自局の呼出符号をどのように伝送しなければならないと規定しているか。正しいものを次のうちから選べ。

1．短い間隔で伝送しなければならない。
2．始めと終わりに伝送しなければならない。
3．適当な時に伝送しなければならない。

4．伝送の中間で伝送しなければならない。

**出題頻度：★★★★★**

〔Ⅲ－12－8〕 国際電気通信連合憲章、国際電気通信連合条約又は無線通信規則に違反する局を認めた局は、どうしなければならないか。正しいものを次のうちから選べ。

1．国際電気通信連合に報告する。
2．違反した局に通報する。
3．違反を認めた局の属する国の主管庁に報告する。
4．違反した局の属する国の主管庁に報告する。

**出題頻度：★★★★**

〔Ⅲ－12－9〕 次の記述は、混信に関する無線通信規則の規定である。［　］内に入れるべき字句を下の番号から選べ。

送信局は、業務を満足に行うために必要な［　］電力でふく射する。

1．最小限の
2．最大限の
3．適当に制限した
4．自由に決定した

**出題頻度：★★★★★★★**

〔Ⅲ－12－10〕 電波を発射して行うモールス無線電信の機器の調整中、しばしばその電波の周波数により聴守を行って確かめなければならないのは、次のどれか。

1．他の無線局から停止の要求がないかどうか。
2．受信機が最良の感度に調整されているかどうか。
3．周波数の偏差が許容値を超えていないかどうか。
4．「ＶＶＶ」の連続及び自局の呼出符号の送信が10秒間を超えていないかどうか。

**出題頻度：★★★**

〔Ⅲ－12－11〕　次の記述は、局の識別に関する無線通信規則の規定である。［　］内に入れるべき字句を下の番号から選べ。

　虚偽の又は［　］識別表示を使用する伝送は、すべて禁止する 。

1．適当でない
2．いかがわしい
3．まぎらわしい
4．割り当てられていない

**出題頻度：★★★★**

〔Ⅲ－12－12〕　モールス無線通信において、通報の送信を終了し、他に送信すべき通報がないことを通知しようとするときは、送信した通報に続いて、どの事項を送信して行うことになっているか。正しいものを次のうちから選べ。

1．QSK　K
2．TU　$\overline{\mathrm{VA}}$
3．$\overline{\mathrm{VA}}$（1回）　自局の呼出符号（1回）
4．NIL　K

**出題頻度：★★★**

〔Ⅲ－12－13〕　モールス無線通信において、自局に対する呼出しであることが確実でない呼出しを受信したときは、どうしなければならないか、正しいものを次のうちから選べ。

1．「QRA?」を使用して直ちに応答する。
2．その呼出しが反復され、かつ、自局に対する呼出しであることが確実に判明するまで応答してはならない。
3．「QRU?」を使用して直ちに応答する。
4．「QRZ?」を使用して直ちに応答する。

出題頻度：★★★

〔Ⅲ－12－14〕　モールス無線通信において、通報を確実に受信したときに送信する略符号をモールス符号で表したものは、次のどれか。

1．・・・－・
2．－　・・－
3．・－・
4．・・・－・－

注　モールス符号の点、線の長さ及び間隔は、簡略してある。

出題頻度：★★

〔Ⅲ－12－15〕　次に掲げるもののうち、無線通信規則の規定に照らし、アマチュア局に禁止されていない伝送は、どれか。

1．不要な伝送
2．略語による伝送
3．虚偽の信号の伝送
4．まぎらわしい信号の伝送

出題頻度：★

〔Ⅲ－12－16〕　無線局は、自局の呼出しが他の既に行われている通信に混信を与える旨の通知を受けたときは、どうしなければならないか、正しいものを次のうちから選べ。

1．混信を与えないように空中線電力を低下しなければならない。
2．その呼出しが10秒間を超えないようにしなければならない。
3．直ちにその呼出しを中止しなければならない。
4．できる限り30秒以内にその発射を中止しなければならない。

# 第３級・ナンバー〔13〕法規

●第４級・共通問題

〔8－27〕★　〔8－29〕★★　〔11－9〕★

〔12－6〕★　〔12－27〕★

出題頻度：★★★★★

〔Ⅲ－13－1〕　アマチュア局のモールス無線通信において長時間継続して通報を送信するとき、10分ごとを標準として適当に送信しなければならない事項は、次のどれか。

1．相手局の呼出符号

2．自局の呼出符号

3．（1）相手局の呼出符号
　　（2）DE
　　（3）自局の呼出符号

4．（1）DE
　　（2）自局の呼出符号

出題頻度：★

〔Ⅲ－13－2〕　無線電信通信において、送信した通報を反復して送信するときは、１字若しくは１語ごとに反復する場合又は略符号を反復する場合を除き、次のどれによらなければならないか。

1．通報の各通ごとに「ＲＰＴ」２回を前置する。

2．通報の１連続ごとに「ＲＰＴ」３回を前置する。

3．通報の最初及び適当な箇所で「ＲＰＴ」を送信する。

4．通報の各通ごと又は１連続ごとに「ＲＰＴ」を前置する。

**出題頻度：★★★**

〔Ⅲ－13－3〕　次の「　」内は、アマチュア局のモールス無線通信において、免許状に記載された通信の相手方である無線局を一括して呼び出す場合に順次送信する事項である。［　］内に入れるべき字句を下の番号から選べ。

「１　CQ　　　　　　　　［　］
　２　DE　　　　　　　　１回
　３　自局の呼出符号　　３回以下
　４　K　　　　　　　　 １回」

1．５回
2．３回
3．２回
4．１回

**出題頻度：★★★★**

〔Ⅲ－13－4〕　次の「　」内は、アマチュア局がモールス無線通信において、免許状に記載された通信の相手方である無線局を一括して呼び出す場合に順次送信する事項である。［　］内に入れるべき字句を下の番号から選べ。

「１　CQ　　　　　　　　［　］
　２　DE　　　　　　　　１回
　３　自局の呼出符号　　３回以下
　４　K　　　　　　　　 １回」

1．数回
2．３回
3．５回以下
4．10回以下

**出題頻度：★★★**

〔Ⅲ－13－5〕　次の記述は、モールス無線通信における長時間の送信について述べたものである。［　］内に入れるべき字句を下の番号から選べ。

無線局は、長時間継続して通報を送信するときは、30 分(アマチュア局にあっては10 分)ごとを標準として適当に［　］を送信しなければならない 。

1．「DE」及び自局の呼出符号
2．自局の呼出符号
3．相手局の呼出符号及び自局の呼出符号
4．相手局の呼出符号

**出題頻度：★**

〔Ⅲ－13－6〕　空中線電力 50 ワット以下のモールス無線電信を使用して応答を行う場合において、確実に連絡の設定ができると認められるとき、応答は、次のどれによることができるか。

1．K
2．（1）　DE
　　（2）　自局の呼出符号　　1 回
3．相手局の呼出符号　　3 回以下
4．（1）　相手局の呼出符号　　3 回以下
　　（2）　DE

**出題頻度：★**

〔Ⅲ－13－7〕　次の「　」内は、アマチュア局が無線電信により応答する場合に順次送信する事項であるが、［　］内に入れるべき字句を下の番号から選べ。

「1　相手局の呼出符号　　［　］
　2　DE　　1 回
　3　自局の呼出符号　　1 回」

1．数回
2．3回以下
3．5回
4．10回以下

**出題頻度：★★★**

〔Ⅲ－13－8〕　モールス無線電信で自局に対する呼出しを受信した場合において、呼出局の呼出符号が不確実であるときは、次のどれによらなければならないか。

1．応答事項のうち相手局の呼出符号の代わりに「QRA ?」を使用して、直ちに応答する。
2．応答事項のうち相手局の呼出符号の代わりに「QRZ ?」を使用して、直ちに応答する。
3．呼出局の呼出符号が確実に判明するまで応答しない。
4．応答事項のうち相手局の呼出符号を省略して、直ちに応答する。

**出題頻度：★★★★★**

〔Ⅲ－13－9〕　次の「　」内は、無線局がモールス無線電信により試験電波を発射する場合に送信する事項の一部である。［　］内に入れるべき字句を下の番号から選べ。

「1　EX　　　　　　　　3回
　2　DE　　　　　　　　1回
　3　自局の呼出符号　　［　］」

1．1回
2．2回
3．2回以下
4．3回

**出題頻度：★★**

〔Ⅲ－13－10〕　モールス無線通信において、通報の送信を終了し、他に送信すべき通報がないことを通知しようとするときは、送信した通報に続いて、どの事項を送信して行うことになっているか、正しいのものを次のうちから選べ。

1．EX（3回）　DE　自局の呼出符号（1回）
2．NIL　K
3．「VVV」の連続　自局の呼出符号
4．QSK　K

**出題頻度：★★★**

〔Ⅲ－13－11〕　次の「　」内は、アマチュア局のモールス無線電信において、相手局（1局）を呼び出す場合に順次送信する事項である。［　］内に入れるべき字句を下の番号から選べ。

「1　相手局の呼出符号　［　］
2　DE　1回
3　自局の呼出符号　3回以下」

1．3回以下
2．2回
3．1回
4．数回

**出題頻度：★★★**

〔Ⅲ－13－12〕　次の「　」内は、アマチュア局のモールス無線通信において、相手局（1局）を呼び出す場合に順次送信する事項である。［　］内に入れるべき字句を下の番号から選べ。

「1　相手局の呼出符号　［　］
2　DE　1回
3　自局の呼出符号　3回以下」

1．1回
2．2回以下
3．2回
4．3回以下

出題頻度：★★

〔Ⅲ－13－13〕　次の記述は、モールス無線通信における無線局の応答について述べたものである。［　］内に入れるべき字句を下の番号から選べ。

無線局は、自局に対する呼出しを受信した場合において直ちに通報を受信できない事由があるときは、応答事項の次に［　］及び分で表す概略の待つべき時間を送信するものとする。

1．VVV
2．$\overline{\mathrm{AS}}$
3．$\overline{\mathrm{HH}}$
4．EX

出題頻度：★

〔Ⅲ－13－14〕　次の「　」内は、アマチュア局のモールス無線通信において、免許状に記載された通信の相手方である無線局を一括して呼び出す場合に順次送信する事項である。［　］内に入れるべき字句を下の番号から選べ。

「1　CQ　［　］
2　DE　1回
3　自局の呼出符号　3回以下
4　K　1回　」

1．2回以下
2．3回
3．5回以下

4．10回以下

出題頻度：★

〔Ⅲ－13－15〕 次の「　」内は、アマチュア局のモールス無線通信において、免許状に記載された通信の相手方である無線局を一括して呼び出す場合に順次送信する事項である。［　］内に入れるべき字句を下の番号から選べ。

「1　CQ　　　　　　　　3回
　2　DE　　　　　　　　1回
　3　自局の呼出符号　　［　］
　4　K　　　　　　　　　1回」

1．　5回
2．　3回以下
3．　2回
4．　1回

# 第3級・ナンバー〔14〕法規

出題頻度：★★★★

〔Ⅲ－14－1〕 次の記述は、混信に関する規定である。［　］内に入れるべき字句を下の番号から選べ。

送信局は、業務を満足に行うために必要な［　］電力をふく射する 。

1．最小限の
2．最大限の
3．適当に制限した
4．自由に決定した

出題頻度：★★

〔Ⅲ－14－2〕 無線通信規則では、アマチュア局を第三者の

1 2 3 4 5 6 7 8 9 10 11 12 13 14 15 16

ために国際通信の伝送に使用することは、関係国の主管庁間の特別取極による場合を除き、どのように定めているか、次のうちから選べ。

1．禁止されることがある。
2．内容により禁止される。
3．絶対に禁止される。
4．禁止されない。

**出題頻度：★**

〔Ⅲ－14－3〕　アマチュア局を第三者のために国際通信の伝送に使用することについて、無線通信規則では、どのように定めているか、次のうちから選べ。

1．関係国の主管庁相互間の特別取極がない限り、絶対に禁止される。
2．関係国の主管庁相互間の特別取極の有無にかかわりなく、絶対に禁止される。
3．人命の安全にかかる通信に限り、認められる。
4．必要最小限にとどめなくてはならない。

**出題頻度：★**

〔Ⅲ－14－4〕　無線通信規則では、異なる国のアマチュア局相互間の伝送が許可される場合においても、関係国の主管庁相互間の特別取極による変更を除き、その伝送は、どのような用語で行わなければならないと定めているか、次のうちから選べ。

1．略語
2．普通語
3．暗語
4．隠語

**出題頻度：★★★★**

〔Ⅲ－14－5〕　無線通信規則では、送信局は、業務を満足に行うためどのような電力でふく射しなければならないと定めているか。正しいものを次のうちから選べ。

1．相手局の要求する電力
2．適当に制限した電力
3．必要な最大限の電力
4．必要な最小限の電力

**出題頻度：★**

〔Ⅲ－14－6〕　次の記述は、アマチュア業務に関する国際電気通信連合憲章に規定する無線通信規則の規定であるが、［　］内に入れるべき字句を下の番号から選べ。

憲章、条約及びこの規則のすべての一般規定は、アマチュア局に適用する。特に周波数の発射は、この種の局について［　］が許す限り安定でスプリアス発射のないものでなければならない。

1．技術開発の状況
2．設備の保守状況
3．送信装置の状況
4．局の管理状況

**出題頻度：★★★**

〔Ⅲ－14－7〕　モールス無線電信通信において、手送による欧文の送信中に誤った送信をしたことを知ったときは、次のどれによらなければならないか。

1．「$\overline{\mathrm{HH}}$」を前置して、初めから更に送信する。
2．「RPT」を前置して、誤った語字から更に送信する。
3．そのまま送信を継続し、送信終了後「RPT」を前置して、訂正箇所を示して正しい語字を送信する。
4．「$\overline{\mathrm{HH}}$」を前置して、正しく送信した適当な語字から更に送信する。

**出題頻度：★★★**

〔Ⅲ－14－8〕　無線局がなるべく擬似空中線回路を使用しなければならない場合は、次のどの場合か。

1．無線設備の機器の取替え又は増設の際に運用するとき。
2．運用の停止の処分を受けた無線局を運用するとき。
3．工事設計書に記載された空中線を使用できないとき。
4．無線設備の機器の試験又は調整を行うために運用するとき。

**出題頻度：★★**

〔Ⅲ－14－9〕　次の「　」内は、無線局がモールス無線電信により試験電波を発射する場合に送信する事項の一部である。［　］内に入れるべき字句を下の番号から選べ。

「1　EX　　　　　　　　　［　］
　2　DE　　　　　　　　　1回
　3　自局の呼出符号　　　3回」

1．3回
2．2回以下
3．2回
4．1回

**出題頻度：★★★★**

〔Ⅲ－14－10〕　アマチュア局のモールス無線通信において、長時間継続して通報を送信するとき、10分ごとを標準として適当に送信しなければならない事項は、次のどれか。

1．相手局の呼出符号
2．自局の呼出符号

3．（1） 相手局の呼出符号
（2） DE
（3） 自局の呼出符号
4．（1） DE
（2） 自局の呼出符号

**出題頻度：★★★**

〔Ⅲ－14－11〕 モールス無線通信における非常の場合の無線通信において、連絡を設定するための呼出し又は応答は、呼出事項又は応答事項に「$\overline{OSO}$」を何回前置して行うことになっているか。正しいものを次のうちから選べ。

1．1回
2．2回
3．3回
4．4回

**出題頻度：★★**

〔Ⅲ－14－12〕 アマチュア局は、自局の発射する電波が放送の受信に支障を与え、又は与えるおそれがあるときは、非常の場合の無線通信等を行う場合を除き、どうしなければならないか、正しいものを次のうちから選べ。

1．空中線電力を小さくして、注意しながら電波を発射する。
2．重大な支障を与えるときは、電波の発射を中止する。
3．速やかに当該周波数による電波の発射を中止する。
4．要求があれば、直ちに電波の発射を中止する。

**出題頻度：★★**

〔Ⅲ－14－13〕 次の記述は、国際電気通信連合憲章等の一般規定のアマチュア業務への適用について、無線通信規則の規定に沿って述べたものである。［　］内に入れるべき字句を下の番号から選べ。

国際電気通信連合憲章、国際電気通信連合条約及び無線通信規則の［　］一般規定は、アマチュア局に適用する。

1．すべての
2．運用に関する
3．技術特性に関する
4．混信を回避するための措置に関する

**出題頻度：★★★★★**

〔Ⅲ－14－14〕 国際電気通信連合憲章、国際電気通信連合条約又は無線通信規則に違反する局を認めた局は、どうしなければならないか、正しいものを次のうちから選べ。

1．違反を認めた局の属する国の主管庁に報告する。
2．違反した局の属する国の主管庁に報告する。
3．違反した局に通報する。
4．国際電気通信連合に報告する。

**出題頻度：★★★**

〔Ⅲ－14－15〕 次に掲げるもののうち、無線通信規則の規定に照らし、アマチュア局に禁止されていない伝送は、どれか。

1．略語による伝送
2．不要な伝送
3．虚偽の信号の伝送
4．まぎらわしい信号の伝送

**出題頻度：★★**

〔Ⅲ－14－16〕 次の記述は、局の識別に関する無線通信規則の規定である。［　］内に入れるべき字句を下の番号から選べ。

虚偽の又は［　］識別表示を使用する伝送は、すべて禁止する。

1．適当でない
2．国際符字列に従わない
3．まぎらわしい
4．割り当てられていない

**出題頻度：★★**

〔Ⅲ－14－17〕 次の記述は、局の識別について、無線通信規則の規定に沿って述べたものである。［　］内に入れるべき字句を下の番号から選べ。

アマチュア業務においては、［　］は、識別信号を伴うものとする。

1．異なる国のアマチュア局相互間の伝送
2．連絡設定における最初の呼出し及び応答
3．すべての伝送
4．モールス無線電信による異なる国のアマチュア局相互間の伝送

**出題頻度：★★**

〔Ⅲ－14－18〕 次の記述は、アマチュア局における呼出符号の伝送について、無線通信規則の規定に沿って述べたものである。［　］内に入れるべき字句を下の番号から選べ。

アマチュア局は、その伝送中［　］自局の呼出符号を伝送しなければならない。

1．短い間隔で
2．30 分ごとに
3．必要により随時
4．通信状態を考慮して適宜の間隔で

# 第3級・ナンバー〔15〕法規

**出題頻度：★★**

〔Ⅲ－15－1〕　ＯＷＡＳＥ３　をモールス符号で表したものは、次のどれか。

1．－－－　・－・　・－　・・・　・　－－－・・
2．・－－－　・－－　・－　・・・　・　－－－・・
3．－－－　・－－　・－　・・・　・　・・・－－
4．・－－－　・－・　・－　・・・　・　・・・－－

注　モールス符号の点、線の長さ及び間隔は、簡略化してある。

**出題頻度：★★★**

〔Ⅲ－15－2〕　６ＴＥＮＤＯＵ　をモールス符号で表したものは、次のどれか。

1．－・・・・　－　・　－・　－・・　－－－　・・－
2．－・・・・　－　・　－・　・－・・　－－－　・－・
3．・・・・－　－　・　－・　・－・・　－－－　・・－
4．・・・・－　－　・　－・　－・・　－－－　・－・

注　モールス符号の点、線の長さ及び間隔は、簡略化してある。

**出題頻度：★★★**

〔Ⅲ－15－3〕　４ＧＥＮＫＡＩ　をモールス符号で表したものは、次のどれか。

1．・・・・－　・－－　・　－・　－・－　・－　・・・
2．・・・・－　－－・　・　－・　－・－　・－　・・
3．－・・・・　・－－　・　－・　－・－　・－　・・
4．－・・・・　－－・　・　－・　－・－　・－　・・・

注　モールス符号の点、線の長さ及び間隔は、簡略化してある。

**出題頻度：★★**

〔Ⅲ－15－4〕　２ＤＡＩＳＥＮ　をモールス符号で表したものは、次のどれか。

1. ・・－－－　－・・・　・－　・・　・・・・　・　－
2. ・・－－－　－・・　・－　・・　・・・　・　－・
3. －－－・・　－・・　・－　・・　・・・・　・　－
4. －－－・・　－・・・　・－　・・　・・・　・　－

注　モールス符号の点、線の長さ及び間隔は、簡略化してある。

**出題頻度：★★★★**

〔Ⅲ－15－5〕　ＯＴＡＲＵ１　をモールス符号で表したものは、次のどれか。

1. －－－　－　・－　・－・　・・・－　－－－－・
2. －－－　－　・－　・－－・　・・－　－－－－・
3. －－－　－　・－　・－・　・・－　・－－－－
4. －－－　－　・－　・－－・　・・・－　・－－－－

注　モールス符号の点、線の長さ及び間隔は、簡略化してある。

**出題頻度：★★★**

〔Ⅲ－15－6〕　ＯＮＴＡＫＥ４　をモールス符号で表したものは、次のどれか。

1. －－－　－・　－　・－　－・－　・　・・・・－
2. －－－　－・　－－　・－　－・－－　・　・・・・－
3. －－－　－・　－－　・－　－・－　・　－・・・・
4. －－－　－・　－　・－　－・－－　・　－・・・・

注　モールス符号の点、線の長さ及び間隔は、簡略化してある。

**出題頻度：★★★**

〔Ⅲ－15－7〕　３ＤＥＮＰＡ　をモールス符号で表したものは、次のどれか。

1. ・・・－－　－・・　・　－・　・－－・　・－

2. ・・・−−　−・・・　・　−・　・−−　・−

3. −−−・・　−・・　・　−・　・−−　・−

4. −−−・・　−・・・　・　−・　・−−・　・−

注　モールス符号の点、線の長さ及び間隔は、簡略化してある。

**出題頻度：★★★**

〔Ⅲ−15−8〕　３ＩＳＥＷＡＮ　をモールス符号で表したものは、次のどれか。

1. −−・・・　・・　・・・　・　・・・−　・−　−・

2. −−・・・　・・　・・・・　・　・−　・−　−・

3. ・・・−−　・・　・・・　・　・−−　・−　−・

4. ・・・−−　・・　・・・・　・　・・・−　・−　−・

注　モールス符号の点、線の長さ及び間隔は、簡略化してある。

**出題頻度：★★★**

〔Ⅲ−15−9〕　２ＡＧＩＲＯ　をモールス符号で表したものは、次のどれか。

1. −−・・・　・−　−・　・・　・−・　−−−

2. −−・・・　・−　−−・　・・　・−・　・−−−

3. ・・−−−　・−　−・　・・　・−・　・−−−

4. ・・−−−　・−　−−・　・・　・−・　−−−

注　モールス符号の点、線の長さ及び間隔は、簡略化してある。

**出題頻度：★★**

〔Ⅲ−15−10〕　２ＥＢＩＳＵ　をモールス符号で表したものは、次のどれか。

1. ・・−−−　−・　−・・　・・　・・・　・・−

2. ・・−−−　・　−・・・　・・　・・・　・・−

3. −−−・・　・　−・・　・・　・・・　・・−

4. −−−・・　−・　−・・・　・・　・・・　・・−

注　モールス符号の点、線の長さ及び間隔は、簡略化してある。

**出題頻度：★★★**

〔Ⅲ－15－11〕　ＥＢＩＮＡ４　をモールス符号で表したものは、次のどれか。

　１．・　－・・　・・　・－・　・－　・・・・－
　２．・　－・・・　・・　－・　・－　・・・・－
　３．・　－・・　・・　－・　・－　－・・・・
　４．・　－・・・　・・　・－・　・－　－・・・・

　注　モールス符号の点、線の長さ及び間隔は、簡略化してある。

**出題頻度：★★**

〔Ⅲ－15－12〕　４ＭＵＳＥＮ　をモールス符号で表したものは、次のどれか。

　１．－・・・・　－－・　・・－　・・・　・　－・
　２．－・・・・　－－　・・－　・・・　・　－・・
　３．・・・・－　－－・　・・－　・・・　・　－・・
　４．・・・・－　－－　・・－　・・・　・　－・

　注　モールス符号の点、線の長さ及び間隔は、簡略化してある。

**出題頻度：★★**

〔Ⅲ－15－13〕　１ＡＴＵＧＩ　をモールス符号で表したものは、次のどれか。

　１．・－－－－　・－　－　・・－　－－・　・・
　２．・－－－－　・－　－－　・・・－　－－・　・・
　３．－－－－・　・－　－－　・・－　－－・　・・
　４．－－－－・　・－　－　・・・－　－－・　・・

　注　モールス符号の点、線の長さ及び間隔は、簡略化してある。

**出題頻度：★★★★**

〔Ⅲ－15－14〕　２ＺＡＴＵＯＮ　をモールス符号で表したものは、次のどれか。

　１．・・－－－　－－・　・－　－　・－・　－－－　－・

2．・・－－－　－－・・　・－　－　・・－　－－－　－・

3．－－－・・　－－・　・－　－　・・－　－－－　－・

4．－－－・・　－－・・　・－　－　・－・　－－－　－・

注　モールス符号の点、線の長さ及び間隔は、簡略化してある。

**出題頻度：★**

〔Ⅲ－15－15〕　ＥＮＩＷＡ４　をモールス符号で表したものは、次のどれか。

1．・　－・　・・　・－－　・－　・・・・－

2．・　－－・　・・　・－－・　・－　・・・・－

3．・　－－・　・・　・－－　・－　－－－－・

4．・　－・　・・　・－－・　・－　－－－－・

注　モールス符号の点、線の長さ及び間隔は、簡略化してある。

## 第3級・ナンバー〔16〕法規

**出題頻度：★★**

〔Ⅲ－16－1〕　５ＹＸＫＵＭＯ　をモールス符号で表したものは、次のどれか。

1．－－－－－　－・－－　－・・－　－・－・　・・－　－－　－－－

2．－－－－－　－・－－　－・・－　－・－　・・－　－－　－－・

3．・・・・・　－・－－　－・・－　－・－・　・・－　－－　－－・

4．・・・・・　－・－－　－・・－　－・－　・・－　－－　－－－

注　モールス符号の点、線の長さ及び間隔は、簡略化してある。

**出題頻度：★★★**

〔Ⅲ－16－2〕　９ＰＣＭＵＲＯ　をモールス符号で表したものは、次のどれか。

1．・－－－－　・－－・　－・－・　－－　・・－　－－・　－－－

2．・－－－－　・－－・　－・－・　－　・・－　・－・　－－－

3．－－－－・　・－－・　－・－・　－　・・－　－－・　－－－

4．－－－－・　・－－・　－・－・　－－　・・－　・－・　－－－

注　モールス符号の点、線の長さ及び間隔は、簡略化してある。

**出題頻度：★★★★**

〔Ⅲ－16－3〕　３ＭＩＧＪＢＶ　をモールス符号で表したものは、次のどれか。

1．－－・・・　－－　・・　－－・　・－－　－・・・　・・・－

2．－－・・・　－－　・・・　－－・　・－－－　－・・・　・・・－

3．・・・－－　－－　・・　－－・　・－－－　－・・・　・・・－

4．・・・－－　－－　・・・　－－・　・－－　－・・・　・・・－

注　モールス符号の点、線の長さ及び間隔は、簡略化してある。

**出題頻度：★★**

〔Ⅲ－16－4〕　９ＫＦＺＨＷＲＯ　をモールス符号で表したものは、次のどれか。

1．－－－－・　－・－　・・－・　－－・・　・・・・　・－－　・－・　－－－

2．－－－－・　－・－－　・・－・　－－・・　・・・・　・－－　・－・　－－

3．・－－－－　－・－　・・－・　－－・・　・・・・　・－－　・－・　－－

4．・－－－－　－・－－　・・－・　－－・・　・・・・　・－－　・－・　－－－

注　モールス符号の点、線の長さ及び間隔は、簡略化してある。

**出題頻度：★★★★**

〔Ⅲ－16－5〕　８ＤＥＮＪＩＨＷ　をモールス符号で表したものは、次のどれか。

1．・・・－－　－・・　・　－・　－・－－　・・　・・・・　・－－

2．・・・－－　－・・　・　－－　・－－－　・・　・・・・　・－－

3．－－－・・　－・・　・　－－　－・－－　・・　・・・・　・－－

4．－－－・・　－・・　・　－・　・－－－　・・　・・・・　・－－

注　モールス符号の点、線の長さ及び間隔は、簡略化してある。

**出題頻度：★★★**

〔Ⅲ－16－6〕　3SIGRWL　をモールス符号で表したものは、次のどれか。

1. ・・・－－　・・・・　・・　・－－・　・－・　・－－　・－・・
2. ・・・－－　・・・　・・　－－・　・－・　・－－　・－・・
3. －－・・・　・・・　・・　・－－・　・－・　・－－　・－・・
4. －－・・・　・・・・　・・　－－・　・－・　・－－　・－・・

注　モールス符号の点、線の長さ及び間隔は、簡略化してある。

**出題頻度：★★★**

〔Ⅲ－16－7〕　7CRDTOU　をモールス符号で表したものは、次のどれか。

1. －－・・・　－・－・　・－・　－・・　－　－－－　・・－
2. －－・・・　－・－・　・－・　－・・　－－　－－－　・・・－
3. ・・・－－　－・－・　・－・　－・・　－－　－－－　・・－
4. ・・・－－　－・－・　・－・　－・・　－　－－－　・・・－

注　モールス符号の点、線の長さ及び間隔は、簡略化してある。

**出題頻度：★★**

〔Ⅲ－16－8〕　THIMPDC5　をモールス符号で表したものは、次のどれか。

1. －　・・・・　・・　－－　・－－・　－・・　－・－・　・・・・・
2. －　・・・・　・・　－－・　・－－・　－・・　－・－　・・・・・
3. －　・・・・　・・　－－・　・－－・　－・・　－・－・　－－－－－
4. －　・・・・　・・　－－　・－－・　－・・　－・－　－－－－－

注　モールス符号の点、線の長さ及び間隔は、簡略化してある。

**出題頻度：★★★**

〔Ⅲ－16－9〕　QVXMZBE8　をモールス符号で表したものは、次のどれか。

1. －－・－　・・・－　－・・－　－－　－－・・　－・・・　・　－－－・・

2．－・－－　・・・－　－・－　－－　－－・・　－・・・　・　－－－・・
3．－・－－　・・・－　－・・－　－－　－－・・　－・・・　・　・・・－－
4．－－・－　・・・－　－・－　－－　－－・・　－・・・　・　・・・－－

注　モールス符号の点、線の長さ及び間隔は、簡略化してある。

**出題頻度：★★★**

〔Ⅲ－16－10〕　ＴＵＳＨＬＭＺ７　をモールス符号で表したものは、次のどれか。

1．－　・・－　・・・　・・・・　・－・・　－－・　－－・・　・・・－－
2．－　・・－・　・・・　・・・・　・－・・　－－　－－・・　・・・－－
3．－　・・－・　・・・　・・・・　・－・・　－－・　－－・・　－－・・・
4．－　・・－　・・・　・・・・　・－・・　－－　－－・・　－－・・・

注　モールス符号の点、線の長さ及び間隔は、簡略化してある。

**出題頻度：★★**

〔Ⅲ－16－11〕　５ＶＨＩＢＦＹＡ　をモールス符号で表したものは、次のどれか。

1．・・・・・　・・・－　・・・・　・・　・－・・　・・－・　－－・－　・－
2．・・・・・　・・・－　・・・・　・・　－・・・　・・－・　－・－－　・－
3．－－－－－　・・・－　・・・・　・・　－・・・　・・－・　－－・－　・－
4．－－－－－　・・・－　・・・・　・・　・－・・　・・－・　－・－－　・－

注　モールス符号の点、線の長さ及び間隔は、簡略化してある。

**出題頻度：★★**

〔Ⅲ－16－12〕　ＥＣＨＸＺＹＮ８　をモールス符号で表したものは、次のどれか。

1．・　－・－・　・・・・　－・－　－－・・　－・－－　－・　・・－－－
2．・　－・－・　・・・・　－・・－　－－・・　－－・－　－・　・・－－－
3．・　－・－・　・・・・　－・・－　－－・・　－・－－　－・　－－－・・
4．・　－・－・　・・・・　－・－　－－・・　－－・－　－・　－－－・・

注　モールス符号の点、線の長さ及び間隔は、簡略化してある。

**出題頻度：★★★★**

〔Ⅲ－16－13〕　６ＭＩＹＣＫＸ　をモールス符号で表したものは、次のどれか。

1．－・・・・　－－　・・　－・－－　－・－・　－・－　－・・－
2．－・・・・　・－－　・・　－－・－　－・－・　－・－　－・・－
3．・－－－－　・－－　・・　－・－－　－・－・　－・－　－・・－
4．・－－－－　－－　・・　－－・－　－・－・　－・－　－・・－

注　モールス符号の点、線の長さ及び間隔は、簡略化してある。

**出題頻度：★★**

〔Ⅲ－16－14〕　７ＦＵＪＩＳＶＮ　をモールス符号で表したものは、次のどれか。

1．・・－－－　・・－・　・－・　・－－－　・・　・・・　・・・－　－・
2．・・－－－　・・－・　・・－　・－－－　・・　・・・・　・・・－　－・
3．－－・・・　・・－・　・－・　・－－－　・・　・・・・　・・・－　－・
4．－－・・・　・・－・　・・－　・－－－　・・　・・・　・・・－　－・

注　モールス符号の点、線の長さ及び間隔は、簡略化してある。

**出題頻度：★**

〔Ⅲ－16－15〕　７ＫＵＳＨＹＲＯ　をモールス符号で表したものは、次のどれか。

1．　・・・－－　－・－　・・－　・・・　・・・・　－・－－　・－・　・－－－
2．　・・・－－　－・－　・・－　・・・　・・・・　－－・－　・－・　－－－
3．－－・・・　－・－　・・－　・・・　・・・・　－－・－　・－・　・－－－
4．－－・・・　－・－　・・－　・・・　・・・・　－・－－　・－・　－－－

注　モールス符号の点、線の長さ及び間隔は、簡略化してある。

## ★モールス符号樹形図

『完マル 2019 年版』のお便りとして福島県石川郡・長岡達己さんからモールス符号を簡単に覚えられる『モールス符号樹形図」を教えていただきました。規則性のないアルファベットの暗記は、樹形図で整理すると効率よく覚えられます。具体的には各符号の点と線の順番で分岐させるもので、点は上の分岐、線は下の分岐で整理してあります。

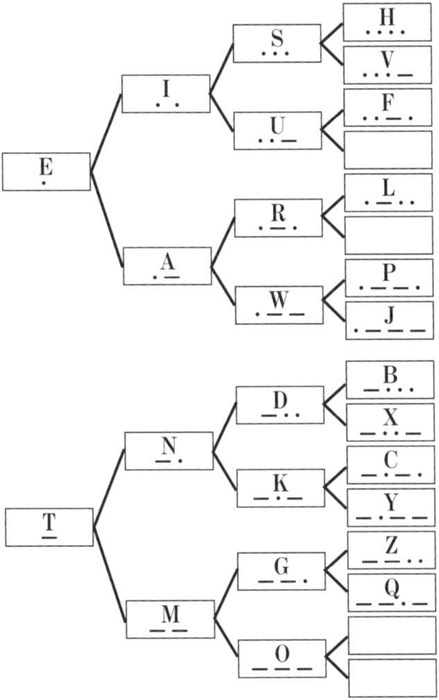

# 第３級・ナンバー〔17〕無線工学

●第４級・共通問題

〔13 − 25〕★　〔13 − 26〕★★★

**出題頻度：★**

〔Ⅲ − 17 − 1〕 次のものは、導体、半導体及び絶縁体の順に並べたものである。誤っているのはどれか。

1．鉛 ――→ 亜酸化銅 ――→ 空気
2．アルミニウム ――→ シリコン ――→ 大地
3．銅 ――→ セレン ――→ 雲母
4．銀 ――→ ゲルマニウム ――→ 油

**出題頻度：★★★**

〔Ⅲ − 17 − 2〕 図に示すように、２本の軟鉄棒ＡとＢに互いに逆向きとなるようにコイルを巻き、２本が直線状になるように糸でつるしスイッチＳを閉じると、ＡとＢはどのようになるか。

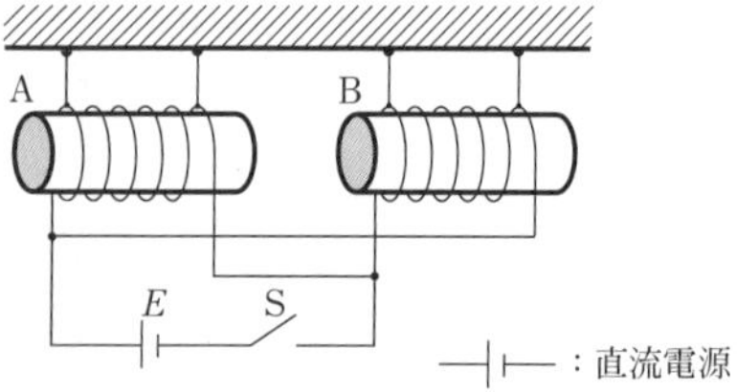


1．変化がない。
2．引き付け合ったり離れたりする。
3．互いに離れる。
4．互いに引き付け合う。

**出題頻度：★**

〔Ⅲ－17－3〕　図に示す回路において、端子ａｂ端子間の電圧は、幾らになるか。

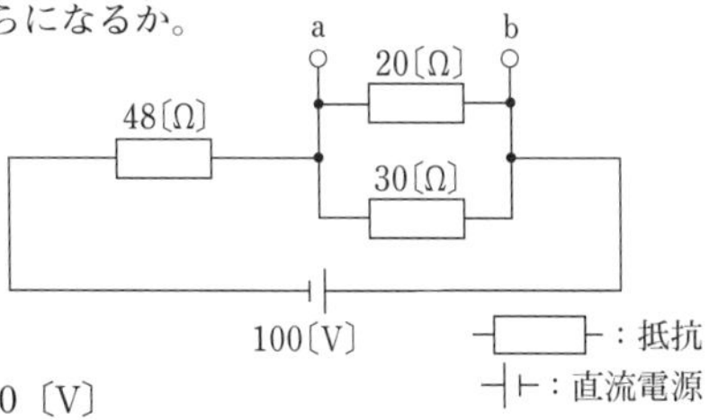


1．20〔V〕
2．24〔V〕
3．30〔V〕
4．48〔V〕

**出題頻度：★★**

〔Ⅲ－17－4〕　2〔A〕の電流を流すと20〔W〕の電力を消費する抵抗器がある。これに50〔V〕の電圧を加えたら何ワットの電力を消費するか。

1．　25〔W〕
2．　50〔W〕
3．250〔W〕
4．500〔W〕

**出題頻度：★**

〔Ⅲ－17－5〕　図に示す回路において、コイルのリアクタンスは、ほぼ幾らか。

1．3.14〔kΩ〕
2．1.57〔kΩ〕
3．0.32〔kΩ〕
4．0.16〔kΩ〕

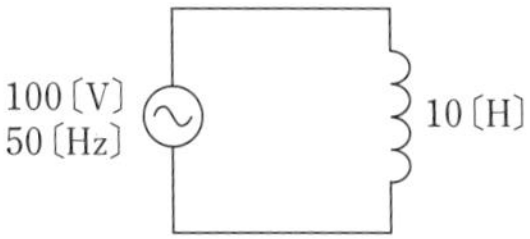

**出題頻度：★★★**

〔Ⅲ－17－6〕　コイルの電気的性質で、誤っているのは次のうちどれか。

1．電流を流すと磁界が生ずる。
2．電流が変化すると逆起電力が生ずる。
3．交流を流したとき、電流の位相は加えた電圧の位相より進む。
4．周波数が高くなるほど交流は流れにくい。

**出題頻度：★★**

〔Ⅲ－17－7〕　次の記述の［　］内に入れるべき字句の組合せで、正しいのはどれか。

磁気誘導を生じる物質を磁性体といい、鉄、ニッケルなどの物質は［A］という。また、加えた磁界と反対の方向にわずかに磁化される銅、銀などは［B］という。

1．A：強磁性体　　B：反磁性体
2．A：強磁性体　　B：常磁性体
3．A：非磁性体　　B：反磁性体
4．A：非磁性体　　B：常磁性体

**出題頻度：★★**

〔Ⅲ－17－8〕　図に示す回路において、静電容量8〔μF〕のコンデンサに蓄えられている電荷が$2\times10^{-5}$〔C〕であるとき、静電容量2〔μF〕のコンデンサに蓄えられる電荷の値として、正しいのは次のうちどれか。

1．$5\times10^{-6}$〔C〕
2．$6\times10^{-6}$〔C〕
3．$7\times10^{-5}$〔C〕
4．$8\times10^{-5}$〔C〕

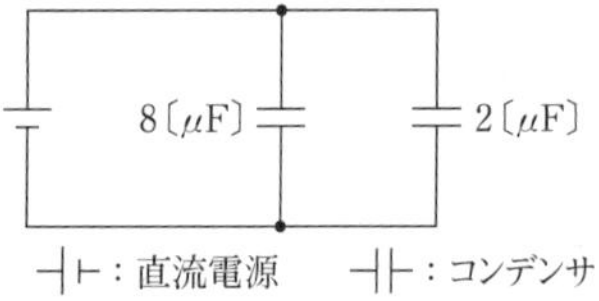

**出題頻度：★★★★★**

〔Ⅲ－17－9〕 図に示すように、真空中を直進する電子に対して、その進行方向に平行で強い電界が加えられると電子はどのようになるか。

1．電子は回転運動をする。
2．電子の進行速度が変わる。
3．電子の進行方向が変わる。
4．電子の数が増加する。

**出題頻度：★★★**

〔Ⅲ－17－10〕 次の記述は、図に示す磁石と鉄片について述べたものである。［ ］内に入れるべき字句の組合せで、正しいのはどれか。

鉄片は磁石に近づけると磁化され、磁石のN極に近い端が［A］になり、遠い端が［B］になって、磁石は鉄片を［C］する。このような現象を磁気誘導という。

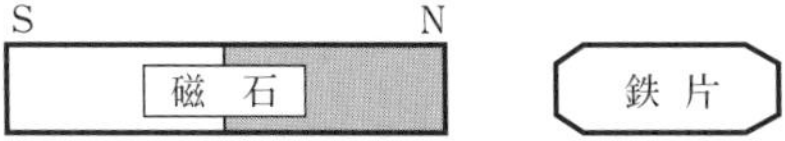


| | | | |
|---|---|---|---|
| 1． | A：S極 | B：N極 | C：吸引 |
| 2． | A：S極 | B：N極 | C：反発 |
| 3． | A：N極 | B：S極 | C：吸引 |
| 4． | A：N極 | B：S極 | C：反発 |

**出題頻度：★**

〔Ⅲ－17－11〕 図に示す記号で表される半導体素子の名称は次のうちどれか。

1．バラクタダイオード
2．発光ダイオード
3．ホトダイオード

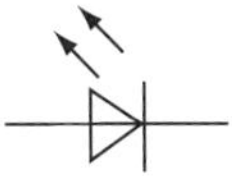

4．トンネルダイオード

**出題頻度：★★**

〔Ⅲ－17－12〕　次の記述の［　］内に入れるべき字句の組合せで、正しいのはどれか。

図に示すように、プラス（＋）に帯電している物体 a に、帯電していない導体 b を近づけると、導体 b において、物体 a に近い側には［A］の電荷が生じ、物体 a に遠い側には［B］の電荷が生じる。この現象を［C］という。

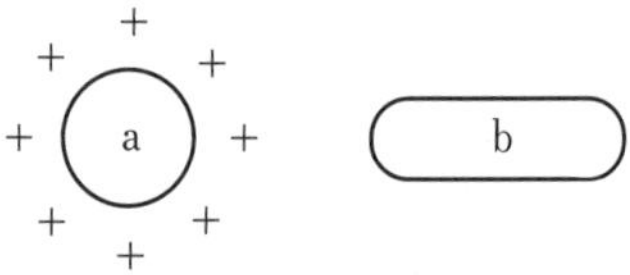


| | | |
|---|---|---|
| 1．A：マイナス | B：マイナス | C：電磁誘導 |
| 2．A：マイナス | B：プラス | C：静電誘導 |
| 3．A：プラス | B：マイナス | C：静電誘導 |
| 4．A：プラス | B：プラス | C：電磁誘導 |

**出題頻度：★★**

〔Ⅲ－17－13〕　図に示す回路において、コンデンサのリアクタンスの値として、最も近いのは次のうちどれか。

1．90〔Ω〕
2．70〔Ω〕
3．36〔Ω〕
4．18〔Ω〕

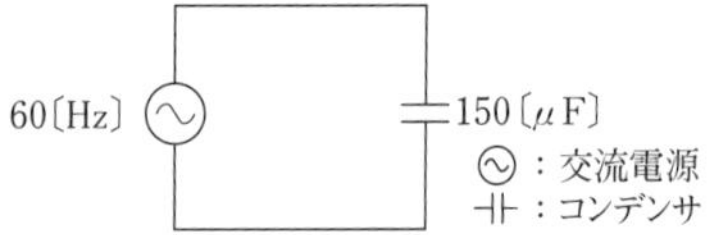

**出題頻度：★★★**

〔Ⅲ－17－14〕　図に示す並列共振回路において、インピーダンスを $Z$、電流を $i$、共振回路内の電流を $i_0$ としたとき、共振時にこれらの値は概略どのようになるか。

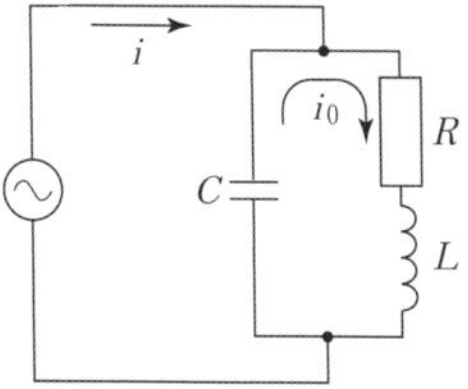


$R$：抵抗
$L$：コイル
$C$：コンデンサ

1．$Z$：最大　　$i$：最小　　$i_0$：最小
2．$Z$：最大　　$i$：最小　　$i_0$：最大
3．$Z$：最小　　$i$：最小　　$i_0$：最大
4．$Z$：最小　　$i$：最大　　$i_0$：最大

**出題頻度：★**

〔Ⅲ－17－15〕　1〔A〕の電流を流すと20〔W〕の電力を消費する抵抗器がある。これに50〔V〕の電圧を加えたら何ワットの電力を消費するか。

1．500〔W〕
2．250〔W〕
3．125〔W〕
4．　50〔W〕

**出題頻度：★**

〔Ⅲ－17－16〕　1〔A〕の電流を流すと10〔W〕の電力を消費する抵抗器がある。これに50〔V〕の電圧を加えたら何ワットの電力を消費するか。

1．　50〔W〕
2．100〔W〕

3．125〔W〕

4．250〔W〕

**出題頻度：★**

〔Ⅲ－17－17〕　図に示す回路において、端子ａｂ端子間の電圧は、幾らになるか。

1．12〔V〕

2．20〔V〕

3．30〔V〕

4．48〔V〕

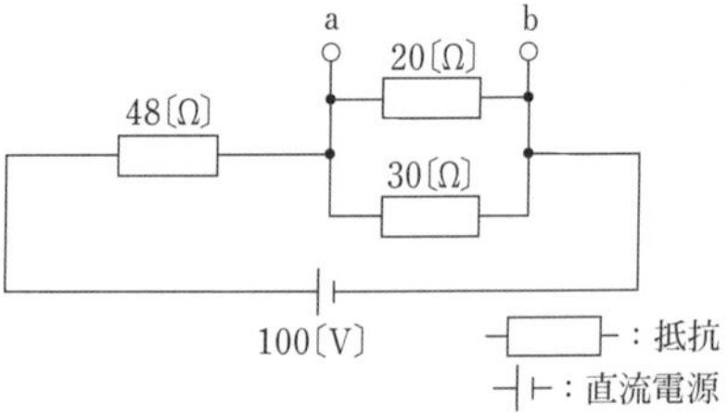


**出題頻度：★★**

〔Ⅲ－17－18〕　図（図記号）に示す半導体素子についての記述で、正しいのはどれか。

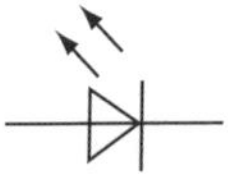

1．温度の変化を、電気信号に変換する。

2．電気エネルギーを、光のエネルギーに変換する。

3．光のエネルギーを、電気エネルギーに変換する。

4．加えられた電圧の大きさによって、静電容量が変化する。

## 第3級・ナンバー〔18〕無線工学

●第4級・共通問題

〔13－33〕★　〔13－38〕★★

**出題頻度：★★**

〔Ⅲ－18－1〕　図(図記号)に示す電界効果トランジスタ（FET）

の電極 a の名称は、次のうちどれか。

1．ゲート
2．コレクタ
3．ソース
4．ドレイン

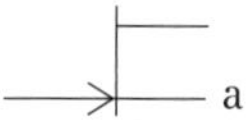


**出題頻度：★**

〔Ⅲ－18－2〕 真空中を直進する電子に対して、その進行方向に直角で強力な磁界が加えられると電子はどのようになるか。

1．電子の進行方向が変わる。
2．電子の進行速度が遅くなる。
3．電子の進行速度が速くなる。
4．電子の数が増加する。

**出題頻度：★★★★**

〔Ⅲ－18－3〕 図に示すように、真空中を直進する電子に対して、その進行方向に平行で強い電界が加えられると電子はどのようになるか。

1．電子は回転運動をする。
2．電子の進行方向が変わる。
3．電子の進行速度が変わる。
4．電子の数が増加する。

**出題頻度：★**

〔Ⅲ－18－4〕 電界効果トランジスタを一般の接合形トランジスタと比べた場合で、正しいのはどれか。

1．電流制御のトランジスタである。
2．内部雑音は大きい。
3．入力インピーダンスが低い。
4．高周波特性が優れている。

**出題頻度：★**

〔Ⅲ－18－5〕　電界効果トランジスタを一般の接合型トランジスタと比べた場合で、誤っているのはどれか。

1．電圧制御のトランジスタである。
2．入力インピーダンスが高い。
3．高周波特性が優れている。
4．内部雑音は大きい。

**出題頻度：★★**

〔Ⅲ－18－6〕　図（図記号）に示す電界効果トランジスタ（エンハンスメント形MOSFET）の電極aの名称は、次のうちどれか。

1．ソース
2．ゲート
3．ドレイン
4．コレクタ

**出題頻度：★**

〔Ⅲ－18－7〕　次の真理値表の論理回路の名称として、正しいものはどれか。ただし、真理値表の１は電圧の高い状態、０は電圧の低い状態を表すものとする。

1．AND回路
2．NOR回路
3．OR回路
4．NAND回路

| 入力A | 入力B | 出力 |
|---|---|---|
| 0 | 0 | 1 |
| 0 | 1 | 0 |
| 1 | 0 | 0 |
| 1 | 1 | 0 |

**出題頻度：★★★★★**

〔Ⅲ－18－8〕　次の記述の［　］内に入れるべき字句の組合せで、正しいのはどれか。

(1) 加える電圧により、静電容量が変化することを利用するものは、［A］である。

(2) 逆方向電圧を加えると、ある電圧で電流が急激に流れ、電圧がほぼ一定となることを利用するものは、［B］ダイオードであり、図記号は［C］で表される。

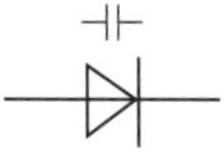

図1

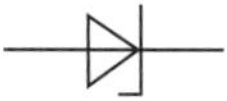

図2

1．A：バラクタダイオード　B：ツェナー　C：図2
2．A：バラクタダイオード　B：トンネル　C：図1
3．A：バリスタ　B：ツェナー　C：図1
4．A：バリスタ　B：トンネル　C：図2

**出題頻度：★★**

〔Ⅲ－18－9〕　図(図記号)に示す電界効果トランジスタ(FET)の名称は、次のうちどれか。

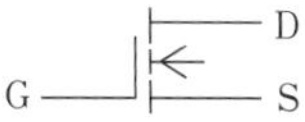


1．エンハンスメント形Nチャネル MOSFET
2．エンハンスメント形Pチャネル MOSFET
3．デプレッション形Nチャネル MOSFET
4．デプレッション形Pチャネル MOSFET

**出題頻度：★★**

〔Ⅲ－18－10〕　図に示す回路において、コイルのリアクタンスの値で、最も近いのはどれか。

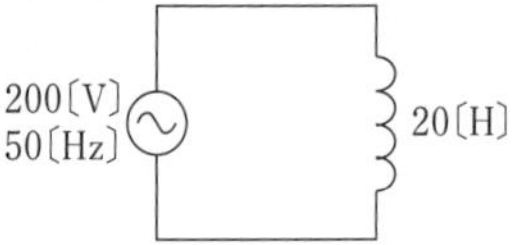


1．9.42〔kΩ〕
2．7.32〔kΩ〕
3．6.28〔kΩ〕
4．3.14〔kΩ〕

**出題頻度：★★★**

〔Ⅲ－18－11〕　次の記述の［　］内に入れるべき字句の組合せで、正しいのはどれか？

電界効果トランジスタ(FET)の電極名をトランジスタ（バイポーラトランジスタ）の電極名と対比すると、ソースは［A］に、ドレインは［B］に、ゲートは［C］に相当する。

1．A：ベース　B：エミッタ　C：コレクタ
2．A：ベース　B：コレクタ　C：エミッタ
3．A：コレクタ　B：エミッタ　C：ベース
4．A：エミッタ　B：コレクタ　C：ベース

**出題頻度：★**

〔Ⅲ－18－12〕　次の文の［　］内に入れるべき字句の組合せで、正しいのはどれか。

シリコン接合ダイオードに加える［A］を変えると、PN間の［B］が変化する。このような性質を利用するダイオードを［C］という。

1．A：逆方向電圧　B：静電容量　C：バラクタダイオード
2．A：逆方向電圧　B：静電容量　C：ツェナーダイオード
3．A：順方向電圧　B：抵　抗　C：バラクタダイオード
4．A：順方向電圧　B：抵　抗　C：ツェナーダイオード

**出題頻度：★★**

〔Ⅲ－18－13〕 図に示す記号で表される半導体素子の名称は次のうちどれか。

1．ホトダイオード
2．トンネルダイオード
3．ツェナーダイオード
4．バラクタダイオード

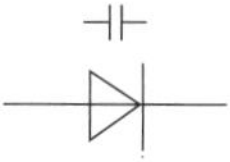

**出題頻度：★**

〔Ⅲ－18－14〕 図に示す記号で表される半導体素子の名称は、次のうちどれか。

1．ホトダイオード
2．トンネルダイオード
3．可変容量ダイオード
4．ツェナーダイオード

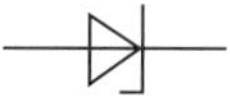

**出題頻度：★**

〔Ⅲ－18－15〕 図は、単一正弦波で振幅変調した波形をオシロスコープで測定したものである。変調度は幾らか。

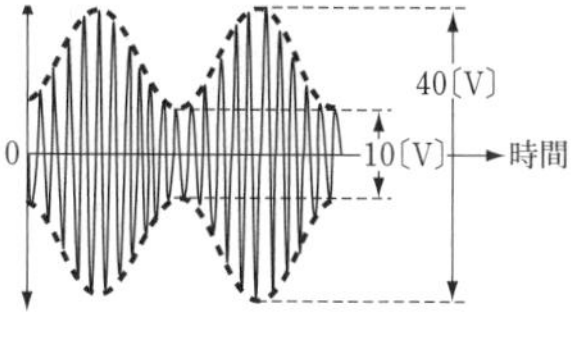


1．75〔%〕
2．40〔%〕
3．60〔%〕
4．25〔%〕

**出題頻度：★★**

〔Ⅲ－18－16〕　図(図記号)に示す電界効果トランジスタ(FET)の電極 a の名称は次のうちどれか。

1．ソース
2．ゲート
3．コレクタ
4．ドレイン

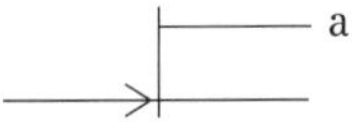


**出題頻度：★★**

〔Ⅲ－18－17〕　図は、振幅が 20〔V〕の搬送波を単一正弦波で振幅変調した波形をオシロスコープで測定したものである。変調度は幾らか。

1．66.7〔%〕
2．50.0〔%〕
3．33.3〔%〕
4．20.0〔%〕

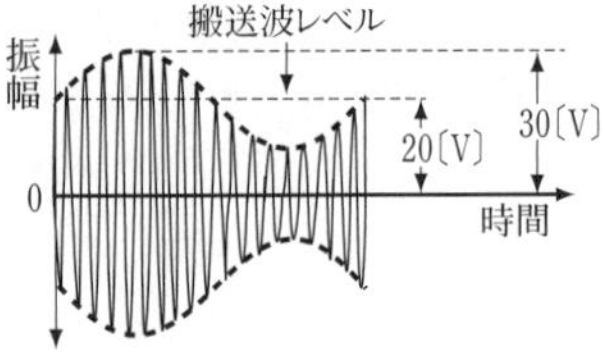


**出題頻度：★**

〔Ⅲ－18－18〕　次の記述の［　］内に入れるべき字句の組合せで、正しいのはどれか。

電界効果トランジスタ(FET)の電極名をトランジスタ（バイポーラトランジスタ）の電極名に対比させると、コレクタは［A］に、エミッタは［B］に、ベースは［C］に相当する。

1．A：ドレイン　　B：ソース　　C：ゲート
2．A：ソース　　B：ドレイン　　C：ゲート
3．A：ドレイン　　B：ゲート　　C：ソース
4．A：ゲート　　B：ソース　　C：ドレイン

**出題頻度：★**

〔Ⅲ－18－19〕 図（図記号）に示す半導体素子についての記述で、正しいのはどれか。

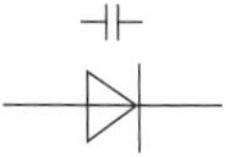

1．光のエネルギーを、電気エネルギーに変換する。
2．温度の変化を、電気信号に変換する。
3．電気エネルギーを、光のエネルギーに変換する。
4．加えられた電圧の大きさによって、静電容量が変化する。

**出題頻度：★**

〔Ⅲ－18－20〕 図に示す回路において、コンデンサ $C$ のリアクタンスの値として、最も近いのは次のうちどれか。

1．100〔Ω〕
2．50〔Ω〕
3．20〔Ω〕
4．10〔Ω〕

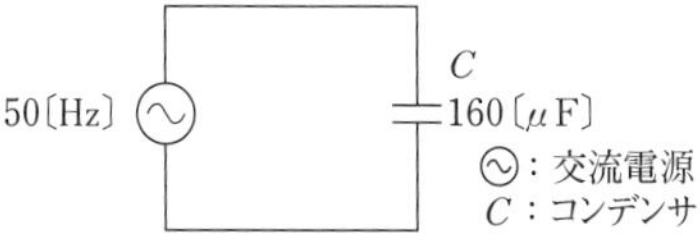


**出題頻度：★**

〔Ⅲ－18－21〕 PN 接合ダイオードに、ある値以上の逆方向電圧を加えると、電流が急激に流れだし、電圧がほぼ一定となることを利用する半導体素子の名称は、次のうちどれか。

1．フォトダイオード
2．トンネルダイオード
3．バラクタダイオード
4．ツェナーダイオード

# 第3級・ナンバー〔19〕無線工学

●第4級・共通問題

〔14－7〕★　〔14－9〕★★　〔14－30〕★★★
〔14－33〕★　〔14－34〕★　〔16－26〕★★

**出題頻度：★**

〔Ⅲ－19－1〕　トランジスタ回路において、次の文の［　］の部分に当てはまる字句の組合せは、下記のうちどれか。

［A］接地トランジスタの電流増幅率は、［B］電流の変化量を［C］電流の変化量で除した値で表される。

1．A：エミッタ　B：コレクタ　C：ベース
2．A：ベース　B：ベース　C：コレクタ
3．A：エミッタ　B：ベース　C：コレクタ
4．A：ベース　B：コレクタ　C：ベース

**出題頻度：★★**

〔Ⅲ－19－2〕　図に示すトランジスタ増幅（A級増幅器）において、ベース･エミッタ間に加える直流電源 $V_{BE}$ と、コレクタ･エミッタ間に加える直流電源 $V_{CE}$ の極性の組合せで、正しいのは次のうちどれか。

1. $V_{BE}$：─┃│─　$V_{CE}$：─┃│─
2. $V_{BE}$：─│┃─　$V_{CE}$：─│┃─
3. $V_{BE}$：─┃│─　$V_{CE}$：─│┃─
4. $V_{BE}$：─│┃─　$V_{CE}$：─┃│─

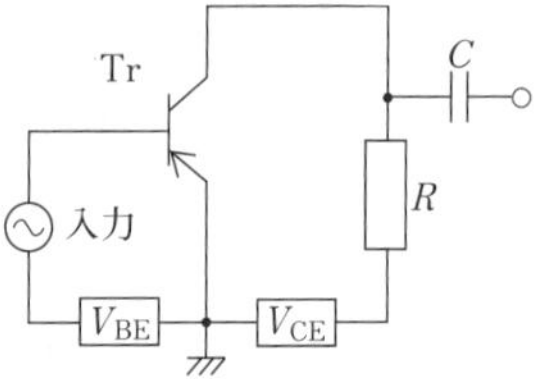


Tr：トランジスタ
$R$：抵抗
$C$：コンデンサ

**出題頻度：★★**

〔Ⅲ－19－3〕　図に示すNチャネル FET 増幅回路において、ゲート側電源 $V_{GS}$ 及びドレイン側電源 $V_{DS}$ の極性の組合せで、正しいのは次のうちどれか。ただし、A級増幅回路とする。

1. $V_{GS}$：—|┃—　　$V_{DS}$：—|┃—
2. $V_{GS}$：—┃|—　　$V_{DS}$：—|┃—
3. $V_{GS}$：—|┃—　　$V_{DS}$：—┃|—
4. $V_{GS}$：—┃|—　　$V_{DS}$：—┃|—

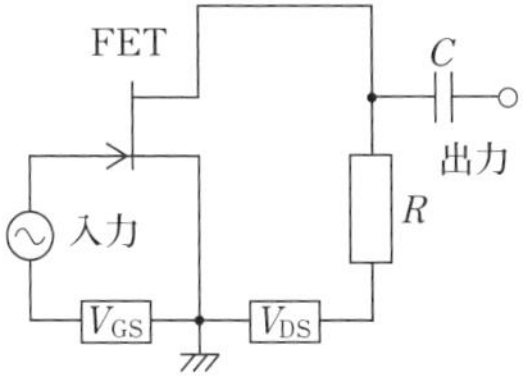


$R$：抵抗
$C$：コンデンサ

**出題頻度：★**

〔Ⅲ－19－4〕　直線検波器の特性についての説明で、正しいのはどれか。

1．入力が大きくなると、出力は入力に比例して大きくなる。
2．入力がある値を超えると出力は一定になる。
3．入力が大きくなるとひずみが多くなる。
4．入力電圧の振幅の変化を周波数に変える。

**出題頻度：★**

〔Ⅲ－19－5〕　トランジスタ回路において、次の文の［　］の部分に当てはまる字句の組合せは、下記のうちどれか。

［A］接地トランジスタの電流増幅率は、［B］電流の変化量を［C］電流の変化量で除した値で表される。

1．A：ベース　　B：コレクタ　　C：エミッタ
2．A：エミッタ　　B：エミッタ　　C：コレクタ
3．A：エミッタ　　B：コレクタ　　C：エミッタ
4．A：ベース　　B：エミッタ　　C：コレクタ

**出題頻度：★★★★**

〔Ⅲ－19－6〕　次の記述は、図に示すトランジスタ増幅回路について述べたものである。［　］内に入れるべき字句の組合せで、正しいのはどれか。

⑴［A］接地増幅回路である。

⑵　一般に他の接地方式の増幅回路に比べて、［B］インピーダンスは高く、［C］インピーダンスは低い。

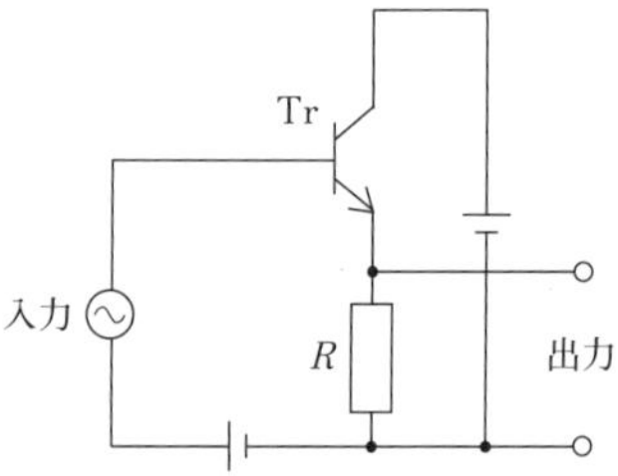


Tr：トランジスタ
$R$：抵抗
⊣⊢：直流電源

1．A：コレクタ　　B：出力　　C：入力
2．A：コレクタ　　B：入力　　C：出力
3．A：エミッタ　　B：出力　　C：入力
4．A：エミッタ　　B：入力　　C：出力

**出題頻度：★★★★★**

〔Ⅲ－19－7〕　次の記述の［　］内に入れるべき字句の組合せで、正しいのはどれか。

送信機に用いられる周波数逓倍器には、ひずみの［A］C級増幅回路が用いられ、その出力に含まれる［B］成分を取り出すことにより、基本周波数の整数倍の周波数を得る。

1．A：大きい　　B：高調波
2．A：大きい　　B：低調波

3．A：小さい　　　　B：高調波
4．A：小さい　　　　B：低調波

**出題頻度：★★★★**

〔Ⅲ－19－8〕　図に示すA、Bの論理回路に$X=1$、$Y=1$の入力を加えたとき、論理回路の出力$F$の組合せで、正しいものは次のうちどれか。

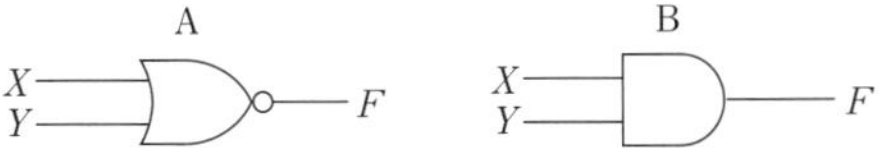


1．A：0　　　B：0
2．A：0　　　B：1
3．A：1　　　B：1
4．A：1　　　B：0

**出題頻度：★★★**

〔Ⅲ－19－9〕　図に示すA、Bの論理回路に$X=1$、$Y=1$の入力を加えたとき、論理回路の出力$F$の組合せで、正しいのは次のうちどれか。

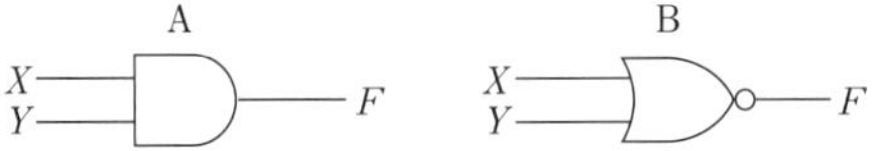


1．A：1　　　B：0
2．A：0　　　B：1
3．A：1　　　B：1
4．A：0　　　B：0

**出題頻度：★★**

〔Ⅲ－19－10〕　電信送信機において、出力波形が概略以下の図のようになる原因は、次のうちどれか。

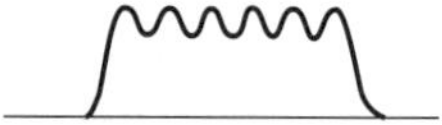

1．電源電圧の変動率が大きい
2．電源平滑回路の作用不完全
3．電けん回路のキークリック
4．電けん回路のリレーのチャタリング

**出題頻度：★★**

〔Ⅲ－19－11〕　次の記述の［　］内に入れるべき字句の組合せで、正しいのはどれか。

図の回路は［A］形トランジスタを用いて、［B］を共通端子として接地した増幅回路の一例である。この回路は、出力側から入力側への［C］が少なく、高周波増幅に適している。

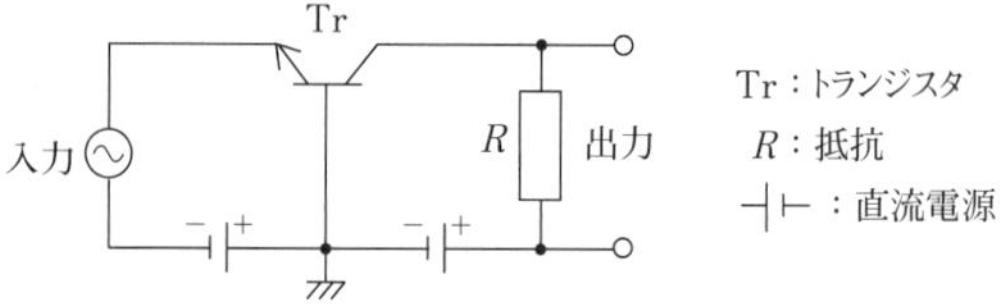


| | | | |
|---|---|---|---|
| 1． | A：NPN | B：エミッタ | C：電流増幅率 |
| 2． | A：NPN | B：ベース | C：帰還 |
| 3． | A：PNP | B：エミッタ | C：帰還 |
| 4． | A：PNP | B：ベース | C：電流増幅率 |

**出題頻度：★**

〔Ⅲ－19－12〕　次の記述の［　］内に入れるべき字句の組合せで、正しいのはどれか。

電界効果トランジスタ(FET)の電極名をトランジスタ（バイポーラトランジスタ）の電極名と対比すると、ソースは［A］に、ドレインは［B］に、ゲートは［C］に相当する。

1．A：エミッタ　B：コレクタ　C：ベース
2．A：エミッタ　B：ベース　C：コレクタ
3．A：ベース　B：コレクタ　C：エミッタ
4．A：ベース　B：エミッタ　C：コレクタ

**出題頻度：★**

〔Ⅲ－19－13〕 図に示すトランジスタ増幅器（A級増幅器）において、ベース･エミッタ間に加える電源 $V_{BE}$ と、コレクタ･エミッタ間に加える電源 $V_{CE}$ の極性の組合せで、正しいのは次のうちどれか。

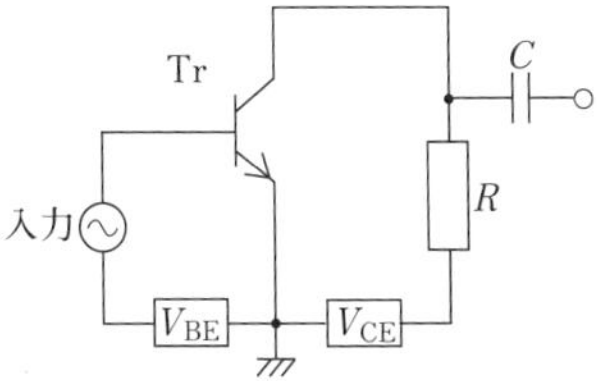


Tr：トランジスタ
$C$：コンデンサ
$R$：抵抗

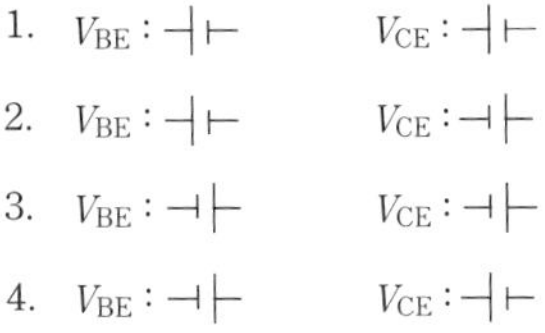

# 第3級・ナンバー〔20〕無線工学

●第4級・共通問題

〔14－7〕★★　〔16－26〕★★　〔17－3〕★★
〔18－3〕★　〔18－4〕★★　〔18－12〕★★

**出題頻度：★**

〔Ⅲ－20－1〕　DSB送信機において、占有周波数帯幅が広がる場合の説明として、誤っているのはどれか。

1．送信機が寄生振動を起こしている。
2．変調器の出力に非直線ひずみの成分がある。
3．変調器の周波数特性が高域で低下している。
4．変調率が100〔%〕を超え、過変調を起こしている。

**出題頻度：★**

〔Ⅲ－20－2〕　電信送信機において、被変調波形が図のようになる原因は、次のうちどれか。

1．電けん回路のリレーの調整不良
2．電源の容量不足
3．電源平滑回路の容量不足
4．電けん回路のフィルタが不適当

**出題頻度：★**

〔Ⅲ－20－3〕　電けん操作をしたとき、電信波形が図のようになる原因で、正しいのはどれか。

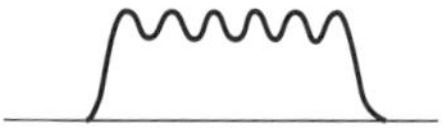

1．電源のリプルが大きい。
2．チャタリングが生じている。
3．寄生振動が生じている。
4．キークリックが生じている。

**出題頻度：★★**

〔Ⅲ－20－4〕　電信送信機の出力の異常波形の概略とその原因が正しく対応しているのはどれか。

波　形　　　　原　　因

1.  電けん回路のキークリック

2.  電源の容量不足

3. 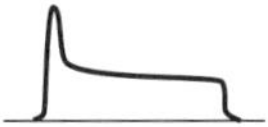 寄生振動が生じている

4. 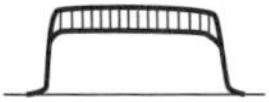 電けん回路のリレーのチャタリング

**出題頻度：★**

〔Ⅲ－20－5〕　中間周波数が 455〔kHz〕のスーパヘテロダイン受信機で、3.545〔MHz〕の電波が受信されているとき、局部発振周波数は次のどの周波数となるか。

1．2.635〔MHz〕
2．3.545〔MHz〕
3．4.000〔MHz〕
4．4.455〔MHz〕

**出題頻度：★★**

〔Ⅲ－20－6〕　送信機の回路において、緩衝増幅器の配置で、

最も適切なのは次のうちどれか。

1．周波数逓倍器と励振増幅器の間
2．励振増幅器と電力増幅器の間
3．音声増幅器の次段
4．発振器の次段

**出題頻度：★★★**

〔Ⅲ－20－7〕　図に示すA、Bの論理回路に $X=1$、$Y=0$ の入力を加えたとき、論理回路の出力 $F$ の組合せで、正しいのは次のうちどれか。

A　　　　　　B

1．A：0　　B：0
2．A：0　　B：1
3．A：1　　B：1
4．A：1　　B：0

**出題頻度：★★**

〔Ⅲ－20－8〕　次の記述の［　］内に入れるべき字句の組合せで、正しいのはどれか。

送信機の出力端子に接続して、高調波を除去するフィルタとして［A］が用いられる。このフィルタの減衰量は、［B］に対してなるべく小さく、［C］に対しては十分大きくなければならない。

1．A：高域フィルタ（HPF）　B：基本波　C：高調波
2．A：帯域消去フィルタ（BRF）　B：高調波　C：基本波
3．A：低域フィルタ（LPF）　B：基本波　C：高調波
4．A：低域フィルタ（LPF）　B：高調波　C：基本波

**出題頻度：★★★**

〔Ⅲ－20－9〕　次の記述の［　］内に入れるべき字句の組合せで、正しいのはどれか。

図の回路は［A］形トランジスタを用いて、［B］を共通端子として接地した増幅回路の一例である。この回路は、出力側から入力側への［C］が少なく、高周波増幅に適している。

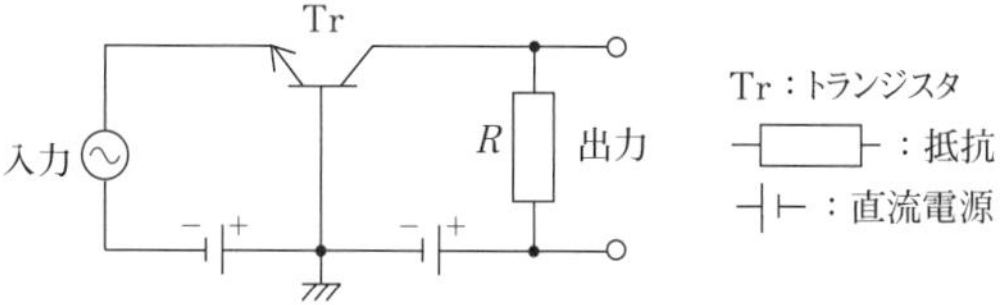


1．A：PNP　　B：エミッタ　　C：帰還
2．A：PNP　　B：ベース　　C：電流増幅率
3．A：NPN　　B：ベース　　C：帰還
4．A：NPN　　B：エミッタ　　C：電流増幅率

**出題頻度：★**

〔Ⅲ－20－10〕　図に示す発振回路の原理図の名称として、正しいのは次のうちどれか。

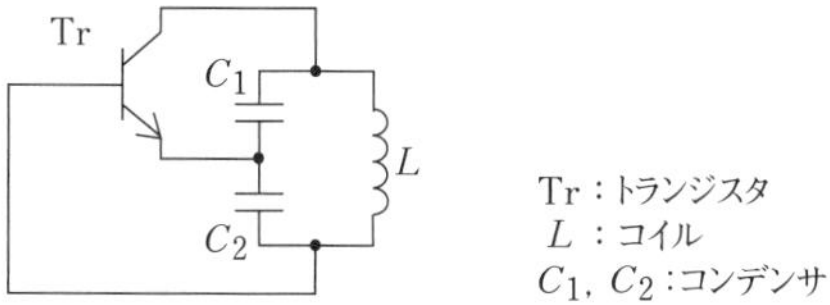


1．ハートレー発振回路
2．ピアース BE 発振回路
3．コレクタ同調発振回路
4．コルピッツ発振回路

**出題頻度：★★**

〔Ⅲ－20－11〕　スーパヘテロダイン受信機において、近接周波数による混信を軽減するには、どのようにするのが最も効果的か。

1．AGC 回路を断（OFF）にする。
2．中間周波増幅部に適切な特性の帯域フィルタ（BPF）を用いる。
3．局部発振器に水晶発振回路を用いる。
4．高周波増幅部の利得を下げる。

**出題頻度：★★**

〔Ⅲ－20－12〕　図に示す発振回路の原理図の名称として、正しいのは次のうちどれか。

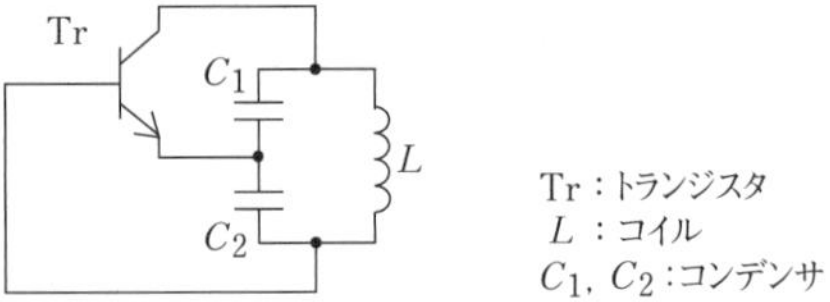


1．ハートレー発振回路
2．コルピッツ発振回路
3．ピアース BE 水晶発振回路
4．無調整水晶発振回路

**出題頻度：★★★★★**

〔Ⅲ－20－13〕　次の記述の［　］内に入れるべき字句の組合せで、正しいのはどれか。

(1) 加える電圧により、静電容量が変化することを利用するものは、［A］である。

(2) 逆方向電圧を加えると、ある電圧で電流が急激に流れ、電圧がほぼ一定となることを利用するものは、［B］ダイオードであり、図記号は［C］で表される。

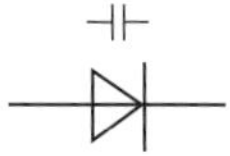

図１

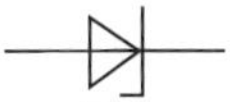

図２

1．A：バリスタ　B：ツェナー　C：図1
2．A：バリスタ　B：トンネル　C：図2
3．A：バラクタダイオード　B：ツェナー　C：図2
4．A：バラクタダイオード　B：トンネル　C：図1

**出題頻度：★★★★★★**

〔Ⅲ－20－14〕　次の記述の［　］内に入れるべき字句の組合せで、正しいのはどれか。

送信機に用いられる周波数逓倍器は、ひずみの［A］C級増幅回路が用いられ、その出力に含まれる［B］成分を取り出すことにより、基本周波数の整数倍の周波数を得る。

1．A：大きい　B：高調波
2．A：大きい　B：低調波
3．A：小さい　B：高調波
4．A：小さい　B：低調波

**出題頻度：★★**

〔Ⅲ－20－15〕　図に示すA、Bの論理回路に $X=1$、$Y=1$ の入力を加えたとき、論理回路の出力 $F$ の組合せで、正しいのは次のうちどれか。

A

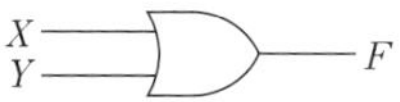


B

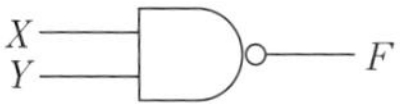


1．A：0　B：0
2．A：0　B：1
3．A：1　B：1

4．A：1　　B：0

# 第3級・ナンバー〔21〕無線工学

●第4級・共通問題

〔15－12〕★　〔15－25〕★　〔15－37〕★
〔16－1〕★★★　〔16－17〕★★★　〔16－25〕★★
〔16－27〕★　〔16－31〕★★　〔17－2〕★★
〔17－27〕★　〔18－20〕★

**出題頻度：★★**

〔Ⅲ－21－1〕 次の記述の［　］内に入れるべき字句の組合せで、正しいのはどれか。

SSB (J3E) 送信機の動作において、音声信号波と発振器で作られた搬送波を［A］に加えると、上側波帯と下側波帯が生ずる。この両側波帯のうち一方の側波帯を［B］で取り出して、SSB 波を作る。

1．A：周波数逓倍器　　B：帯域フィルタ (BPF)
2．A：周波数逓倍器　　B：周波数弁別器
3．A：平衡変調器　　B：周波数弁別器
4．A：平衡変調器　　B：帯域フィルタ (BPF)

**出題頻度：★**

〔Ⅲ－21－2〕 FM 送信機において、瞬間的に大きな音声信号が加わっても周波数偏移を一定値内に収めるためには、図の空欄の部分に何を設ければよいか。

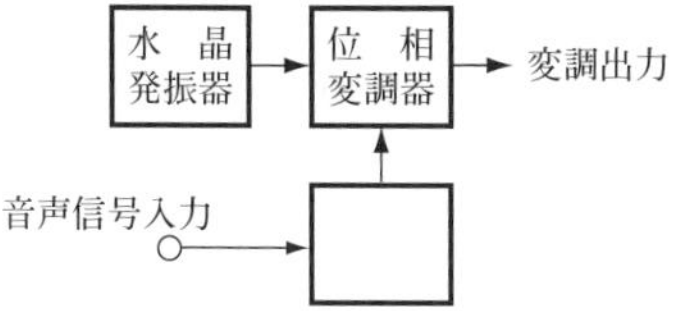


1. AGC 回路
2. 音声増幅器
3. IDC 回路
4. 緩衝増幅器

**出題頻度：★★**

〔Ⅲ－21－3〕 電信送信機において、出力波形が概略以下の図のようになる原因は、次のうちどれか。

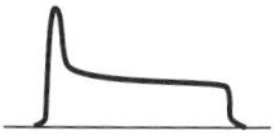

1. 電源のリプルが大きい。
2. 電けん回路のリレーにチャタリングが生じている。
3. キークリックが生じている。
4. 寄生振動が生じている。

**出題頻度：★★★★**

〔Ⅲ－21－4〕 電信（A1A）送信機において、電けんを押すと送信状態となり、電けんを離すと受信状態となる電けん操作は、何と呼ばれているか。

1. VFO 方式
2. 同時送受信方式
3. ブレークイン方式
4. PTT 方式

**出題頻度：★★**

〔Ⅲ－21－5〕　間接 FM 方式の FM (F3E) 送信機の構成において、変調波を得るには、図の空欄の部分に何を設ければよいか。

1．緩衝増幅器
2．平衡変調器
3．位相変調器
4．周波数逓倍器

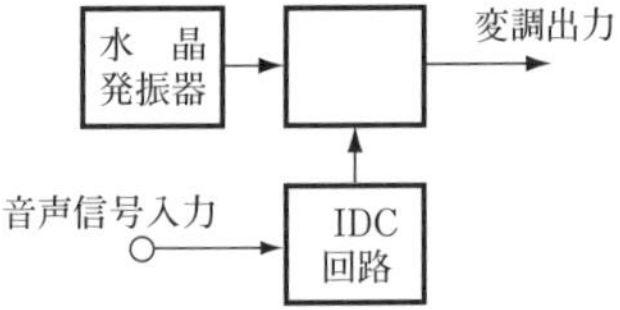


**出題頻度：★★**

〔Ⅲ－21－6〕　電信送信機において、出力波形が概略以下の図のようになる原因は、次のうちどれか。

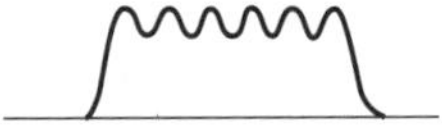

1．電けん回路のリレーのチャタリングが生じている。
2．寄生振動が生じている。
3．キークリックが生じている。
4．電源のリプルが大きい。

**出題頻度：★★★★**

〔Ⅲ－21－7〕　図は、SSB (J3E) 送信機の原理的な構成例を示したものである。［A］［B］内に入れるべき字句の名称の組合せで、正しいのは次のうちどれか。

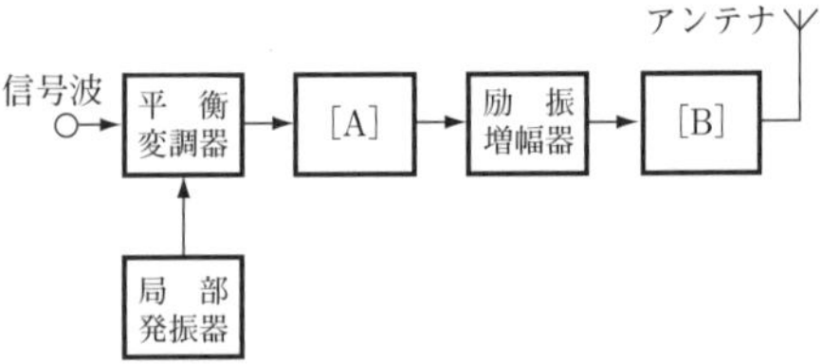

1．A：緩衝増幅器　　B：周波数逓倍器
2．A：緩衝増幅器　　B：電力増幅器
3．A：帯域フィルタ（BPF）　　B：周波数逓倍器
4．A：帯域フィルタ（BPF）　　B：電力増幅器

**出題頻度：★★★★**

〔Ⅲ－21－8〕　図に示すリング変調回路において、音声による変調入力信号を加える端子と出力に現れる周波数との組合せで、正しいのは次のうちどれか。

ただし、搬送波の周波数を $f_c$、変調入力信号の周波数を $f_s$ とする。

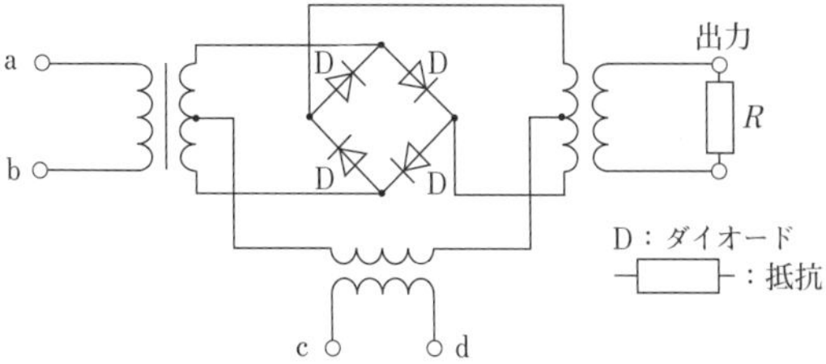


| | 変調入力信号（$f_s$）を加える端子 | 出力に現れる周波数成分 |
|---|---|---|
| 1． | a　b | $f_c + f_s$ |
| 2． | a　b | $f_c \pm f_s$ |
| 3． | c　d | $f_c \pm f_s$ |
| 4． | c　d | $f_c + f_s$ |

**出題頻度：★★★**

〔Ⅲ－21－9〕　図に示すDSB（A3E）スーパヘテロダイン受信機の構成には誤った部分がある。これを正すにはどうすればよいか。

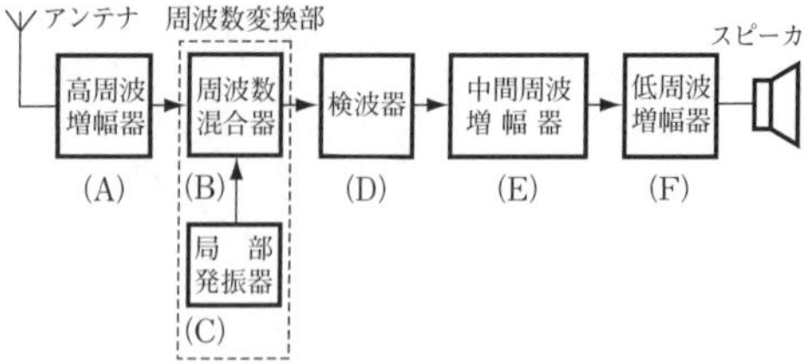


1．(A) と (F) を入れ替える。
2．(B) と (C) を入れ替える。
3．(C) と (D) を入れ替える。
4．(D) と (E) を入れ替える。

**出題頻度：★★★**

〔Ⅲ－21－10〕　間接FM方式のFM(F3E)送信機において、瞬間的に大きな音声信号が加わっても周波数偏移を一定値内に収めるためには、図の空欄の部分に何を設ければよいか。

1．IDC 回路
2．AFC 回路
3．AGC 回路
4．緩衝増幅器

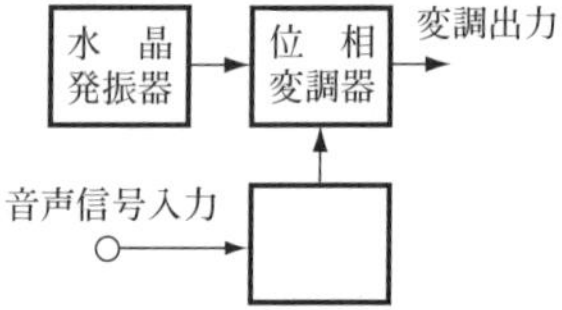


**出題頻度：★**

〔Ⅲ－21－11〕　直接FM方式のFM (F3E) 送信機において、大きな音声信号が加わったときに周波数偏移を一定値内に収めるためには、図の空欄の部分に何を設ければよいか。

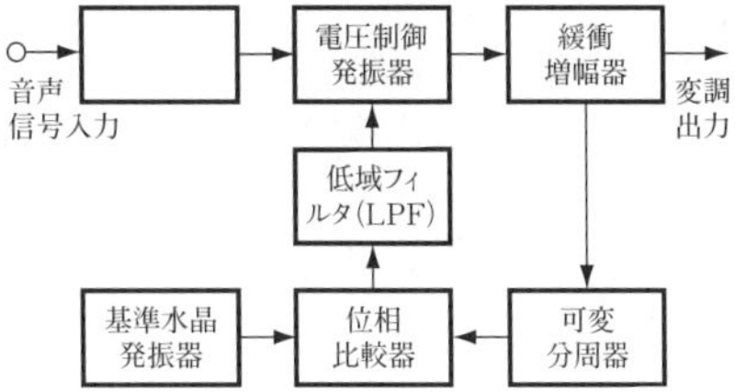


1．音声増幅器
2．IDC 回路
3．BFO 回路
4．局部発振器

**出題頻度：★**

〔Ⅲ－21－12〕　直接 FM 方式の FM（F3E）送信機において、大きな音声信号が加わったときに周波数偏移を一定値内に収めるためには、図の空欄の部分に何を設ければよいか。

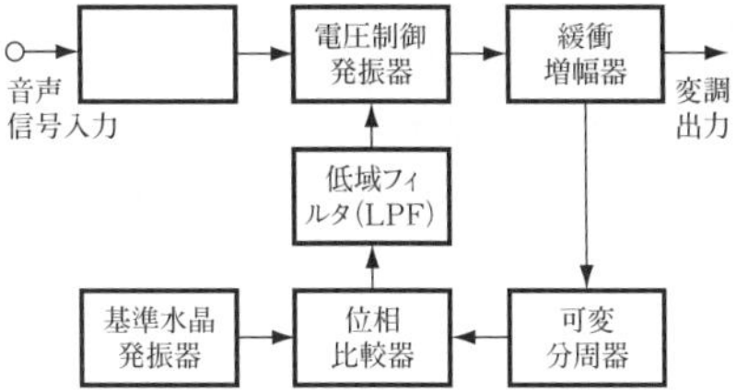


1．IDC 回路
2．AFC 回路
3．ANL 回路
4．音声増幅器

**出題頻度：★**

〔Ⅲ－21－13〕　図は、位相同期ループ（PLL）を用いた一般的な発振器の構成例を示したものである。図の［　］内に入れるべき字句で、正しいのは次のうちどれか。

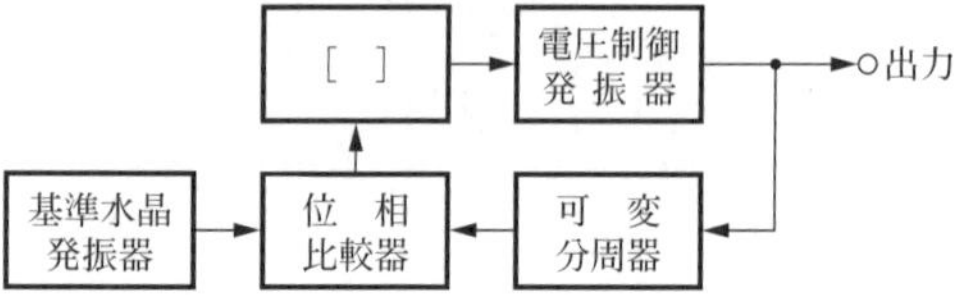


1．帯域フイルタ（BPF）
2．帯域除去フィルタ（BEF）
3．低域フィルタ（LPF）
4．高域フィルタ（HPF）

# 第3級・ナンバー〔22〕無線工学

**●第4級・共通問題**

〔14－34〕★　〔16－3〕★　〔16－23〕★
〔16－28〕★　〔17－9〕★★　〔17－13〕★★★★★
〔17－14〕★　〔17－16〕★　〔17－20〕★★★★
〔17－29〕★

**出題頻度：★★★★**

〔Ⅲ－22－1〕　電信送信機の出力の異常波形の概略図とその原因が、正しく対応しているのは、次のうちどれか。

波　形　　　原　　因

1.  電けん回路のリレーのチャタリング

2.  電けん回路のキークリック

3. 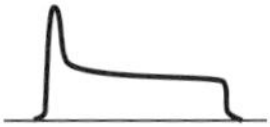 寄生振動が生じている

4.  電源の容量不足

**出題頻度：★★★★**

〔Ⅲ－22－2〕　電信（A1A）用受信機のBFO回路の記述で、正しいのは次のうちどれか。

1．出力側から出る雑音を少なくする回路である。
2．ダブルスーパヘテロダイン方式の第二局部発振器の回路である。
3．水晶発振器を用いた周波数安定回路である。
4．受信信号を可聴周波の信号に変換するための回路である。

**出題頻度：★★★**

〔Ⅲ－22－3〕　次の記述の［　］内に入れるべき字句の組合せで、正しいのは次のうちどれか。

シングルスーパヘテロダイン受信機において、［A］を設けると、［B］で発生する雑音の影響が少なくなるため［C］が改善される。

1．A：高周波増幅部　B：低周波増幅部　C：安定度
2．A：低周波増幅部　B：周波数変換部　C：安定度
3．A：周波数変換部　B：低周波増幅部　C：信号対雑音比
4．A：高周波増幅部　B：周波数変換部　C：信号対雑音比

**出題頻度：★★**

〔Ⅲ－22－4〕　ＡＭ受信機において、受信入力レベルが変動すると、出力レベルが不安定となる。この出力を一定に保つための働きをする回路は、次のうちどれか。

1．クラリファイヤ (又はRIT) 回路
2．スケルチ回路
3．AFC 回路
4．AGC 回路

**出題頻度：★★**

〔Ⅲ－22－5〕　図は、振幅40〔V〕の搬送波を単一正弦波で振幅変調した波形をオシロスコープで測定したものである。変調度は幾らか。

1．66.7〔%〕
2．50.0〔%〕
3．33.3〔%〕
4．20.0〔%〕

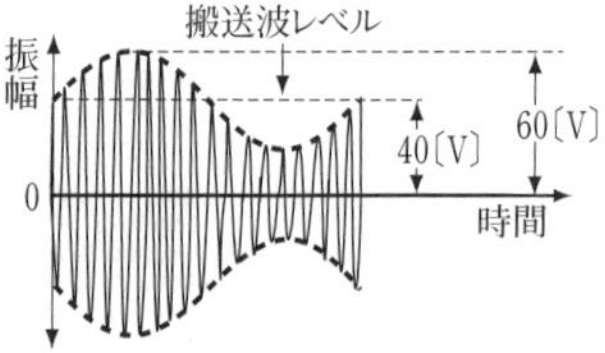


**出題頻度：★★★**

〔Ⅲ－22－6〕　受信機で希望する電波を受信しているとき、近接周波数の強力な電波により受信機の感度が低下するのは、どの現象によるものか。

1．影像周波数混信
2．相互変調
3．感度抑圧効果
4．引込み現象

**出題頻度：★**

〔Ⅲ－22－7〕　次の記述の［　］内に入れるべき字句の組合せで、正しいのはどれか。

周波数弁別器は、［A］の変化を［B］の変化に変換する回路であり、主としてFM波の［C］に用いられる。

| | | | |
|---|---|---|---|
| 1． | A：周波数 | B：振幅 | C：復調 |
| 2． | A：周波数 | B：振幅 | C：変調 |

3．A：振幅　　B：周波数　　C：復調
4．A：振幅　　B：周波数　　C：変調

**出題頻度：★★**

〔Ⅲ－22－8〕 電信送信機において、出力波形が概略以下の図のようになる原因は、次のうちどれか。

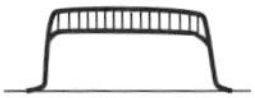

1．電源の容量が小さい。
2．キークリックが生じている。
3．電けん回路のリレーにチャタリングが生じている。
4．寄生振動が生じている。

**出題頻度：★**

〔Ⅲ－22－9〕 次の記述の［　］内に入れるべき字句の組合せで、正しいのはどれか。

周波数弁別器は、［A］の変化から信号波を取出す回路であり、主としてFM波の［B］に用いられる。

1．A：周波数　　B：復調
2．A：周波数　　B：変調
3．A：振幅　　B：復調
4．A：振幅　　B：変調

**出題頻度：★★★★★★**

〔Ⅲ－22－10〕 次の記述の［　］内に入れるべき字句の組合せで、正しいのはどれか。

送信機に用いられる周波数逓倍器は、一般にひずみの［A］C級増幅回路が用いられ、その出力に含まれる［B］成分を取り出すことにより、基本周波数の整数倍の周波数を得る。

1．A：大きい　　B：低調波
2．A：大きい　　B：高調波
3．A：小さい　　B：低調波
4．A：小さい　　B：高調波

**出題頻度：★★★★★★★★★★**

〔Ⅲ－22－11〕　図は、位相同期ループ（PLL）を用いた一般的な発振器の構成例を示したものである。［　］内に入れるべき字句で、正しいのは次のうちどれか。

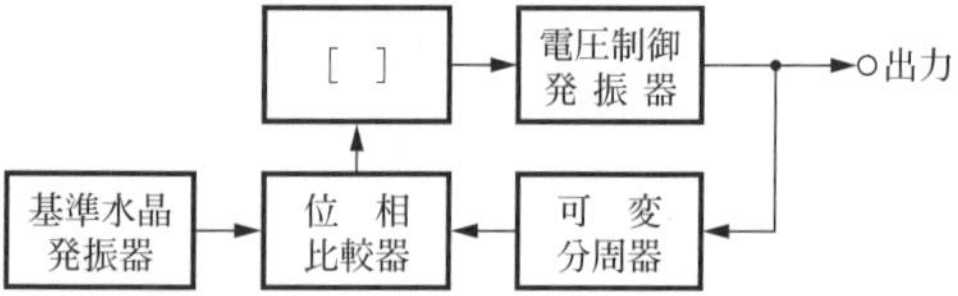


1．高域フィルタ（HPF）
2．低域フィルタ（LPF）
3．帯域フイルタ（BPF）
4．帯域除去フィルタ（BEF）

# 第3級・ナンバー〔23〕無線工学

**●第4級・共通問題**

〔16－28〕★★　〔18－3〕★

**出題頻度：★**

〔Ⅲ－23－1〕　A1A電波を受信する無線電信受信機のBFO（ビート周波数発振器）は、どのような目的で使用されるか。

1．近接周波数による混信を除去する。
2．通信が終わったとき警報を出す。
3．受信信号を可聴周波信号に変換する。

４．受信周波数を中間周波数に変える。

**出題頻度：★★**

〔Ⅲ－23－2〕　電信送信機において、出力波形が概略以下の図のようになる原因は、次のうちどれか。

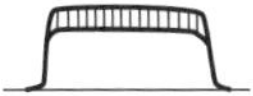

１．電源のリプルが大きい。
２．キークリックが生じている。
３．電けん回路のリレーにチャタリングが生じている。
４．寄生振動が生じている。

**出題頻度：★**

〔Ⅲ－23－3〕　電信送信機において、被変調波形が図のようになる原因は、次のうちどれか。

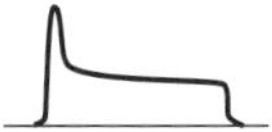

１．電けん回路のフィルタが不適当
２．電源の容量不足
３．電源平滑回路の容量不足
４．電けん回路のリレーの調整不良

**出題頻度：★**

〔Ⅲ－23－4〕　電信送信機において、出力波形が図のようになる原因は、次のうちどれか。

1．電けん回路のリレーのチャタリング
2．電源の容量不足
3．電源平滑回路の作用不完全
4．電けん回路のフィルタが不適当

**出題頻度：★★★★**

〔Ⅲ－23－5〕　図は、スーパヘテロダイン受信機の検波回路である。可変抵抗器 VR のタップＴを a 側に移動させると、どのようになるか。

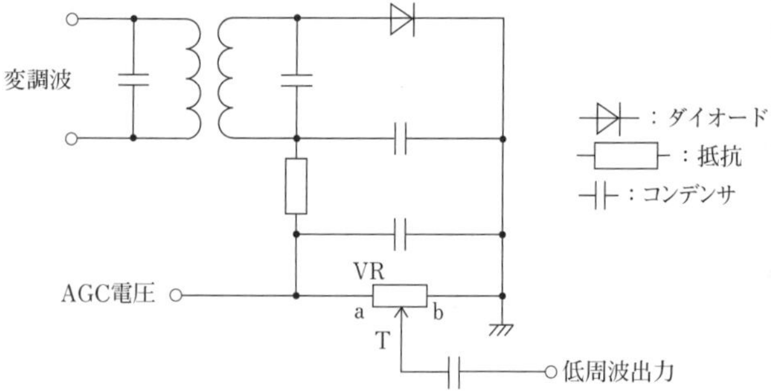


1．低周波出力が増大する。
2．AGC 電圧が増大する。
3．低周波出力が減少する。
4．AGC 電圧が減少する。

**出題頻度：★★★★**

〔Ⅲ－23－6〕　図は、スーパヘテロダイン受信機の検波回路である。可変抵抗器 VR のタップＴを b 側に移動させると、どのようになるか。

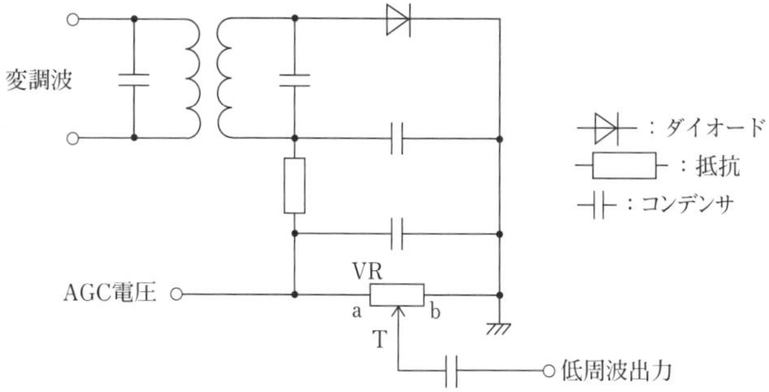


1．低周波出力が増大する。
2．AGC 電圧が増大する。
3．低周波出力が減少する。
4．AGC 電圧が減少する。

**出題頻度：★★★★**

〔Ⅲ－23－7〕 電信（A1A）送信機において、電けんを押すと送信状態となり、電けんを離すと受信状態となる電けん操作は、何と呼ばれているか。

1．同時送受信方式
2．ブレークイン方式
3．PTT 方式
4．VFO 方式

**出題頻度：★★**

〔Ⅲ－23－8〕 次の記述の［　］内に入れるべき字句の組合せで、正しいのはどれか。

スーパヘテロダイン受信機の中間周波増幅器は、周波数混合器で作られた中間周波数の信号を［A］するとともに、［B］妨害を除去する働きをする。

1．A：復調　　　　　　B：影像（イメージ）周波数
2．A：周波数変換　　　B：過変調
3．A：周波数逓倍　　　B：混変調
4．A：増幅　　　　　　B：近接周波数

**出題頻度：★★★★★**

〔Ⅲ－23－9〕　受信機で希望する電波を受信しているとき、近接周波数の強力な電波により受信機の感度が低下する現象は、次のうちどれか。

1．引込み現象
2．相互変調
3．影像周波数混信
4．感度抑圧効果

**出題頻度：★★**

〔Ⅲ－23－10〕　次の記述の［　］内に入れるべき字句の組合せで、正しいのはどれか。

スーパヘテロダイン受信機の中間周波増幅器の通過帯域幅が受信電波の占有周波数帯幅と比べて極端に［A］場合には、必要とする周波数帯域の一部が増幅されないので［B］が悪くなる。

1．A：狭い　　　B：選択度
2．A：狭い　　　B：忠実度
3．A：広い　　　B：感度
4．A：広い　　　B：安定度

**出題頻度：★★★**

〔Ⅲ－23－11〕　中間周波数が455〔kHz〕のスーパヘテロダイン受信機で、21.350〔MHz〕の電波が受信されているとき、局部発振周波数は次のどの周波数となるか。

1．22.260〔MHz〕

2．21.805〔MHz〕
3．21.350〔MHz〕
4．20.440〔MHz〕

**出題頻度：★**

〔Ⅲ－23－12〕　AM（A3E）送信機において、無変調の搬送波電力を200〔W〕とすると、変調信号入力が単一正弦波で変調度が60〔%〕のとき、振幅変調された送信波の平均電力の値として、正しいのは次のうちどれか。

1．218〔W〕
2．226〔W〕
3．236〔W〕
4．248〔W〕

**出題頻度：★**

〔Ⅲ－23－13〕　次の記述の［　］内に入れるべき字句の組合せで、正しいのはどれか。

送信機に用いられる周波数逓倍器には、一般にひずみの［A］C級増幅回路が用いられ、その出力に含まれる［B］成分を取り出すことにより、基本周波数の整数倍の周波数を得る。

| | | |
|---|---|---|
| 1． | A：大きい | B：高調波 |
| 2． | A：大きい | B：低調波 |
| 3． | A：小さい | B：高調波 |
| 4． | A：小さい | B：低調波 |

**出題頻度：★★**

〔Ⅲ－23－14〕　図は、振幅10〔V〕の搬送波を単一正弦波で振幅変調した波形をオシロスコープで測定したものである。変調度は幾らか。

1．20.0〔%〕
2．33.3〔%〕
3．50.0〔%〕
4．66.7〔%〕

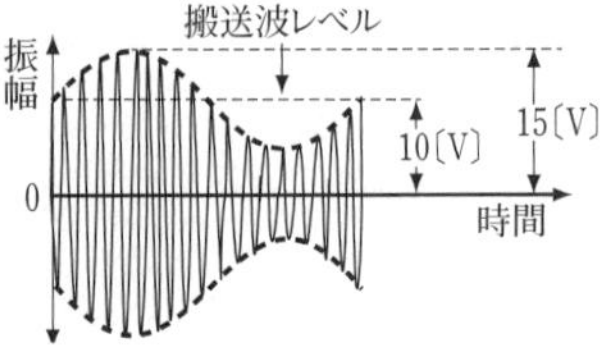


**出題頻度：★**

〔Ⅲ－23－15〕　電離層が生成されるのに最も影響のあるものは、次のうちどれか。

1．低気圧
2．太陽
3．海水温度
4．流星

**出題頻度：★★★★**

〔Ⅲ－23－16〕　図は、SSB（J3E）送信機の原理的な構成例を示したものである。［A］［B］内に入れるべき字句の名称の組合せで、正しいのは次のうちどれか。

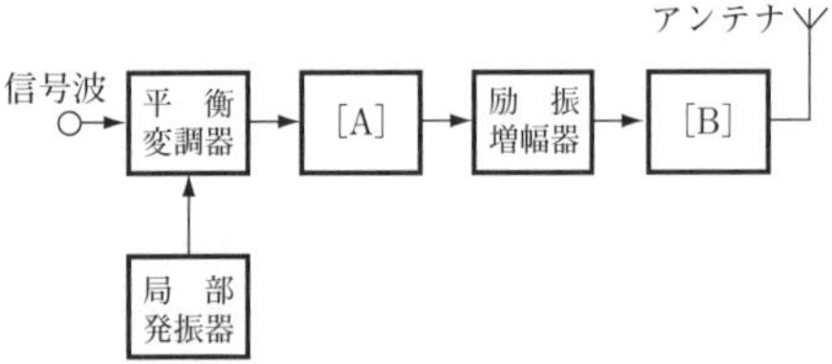


1．A：緩衝増幅器　　B：周波数逓倍器
2．A：緩衝増幅器　　B：電力増幅器
3．A：帯域フィルタ（BPF）　　B：周波数逓倍器
4．A：帯域フィルタ（BPF）　　B：電力増幅器

**出題頻度：★★★**

〔Ⅲ－23－17〕　図に示すSSB（J3E）送信機のリング変調回路において、搬送波を加える端子と出力に現れる電流の周波数との組合せで、正しいのは次のうちどれか。

ただし、搬送の周波数を $f_c$、変調入力信号の周波数を $f_s$ とする。

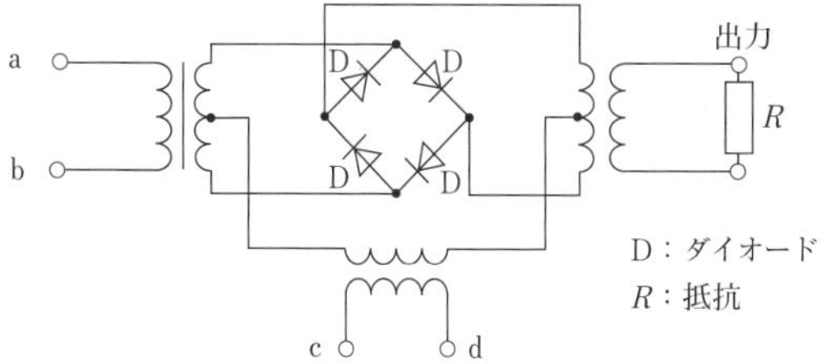


| | 搬送波を加える端子 | 出力に現れる周波数成分 |
|---|---|---|
| 1． | a　b | $f_c+f_s$ |
| 2． | a　b | $f_c \pm f_s$ |
| 3． | c　d | $f_c \pm f_s$ |
| 4． | c　d | $f_c+f_s$ |

**出題頻度：★★**

〔Ⅲ－23－18〕　図は、振幅40〔V〕の搬送波を単一正弦波で振幅変調した波形をオシロスコープで測定したものである。変調度は幾らか。

1．66.7〔%〕
2．50.0〔%〕
3．33.3〔%〕
4．20.0〔%〕

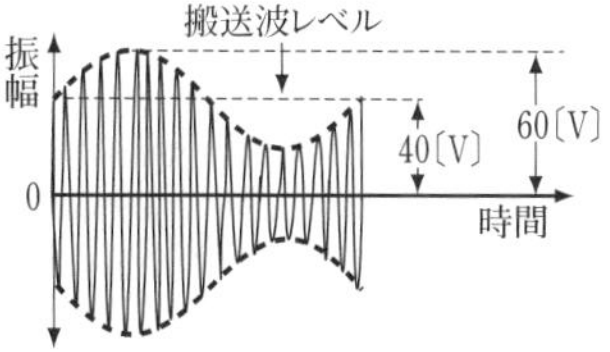

# 第3級・ナンバー〔24〕無線工学

●第4級・共通問題

〔19－2〕★★★　〔19－3〕★　〔19－8〕★★
〔19－11〕★★　〔19－12〕★　〔20－3〕★
〔20－4〕★★★　〔20－8〕★　〔20－10〕★★
〔20－13〕★★★★★　〔20－14〕★

出題頻度：★

〔Ⅲ－24－1〕　受信機に電波障害を与えるおそれがないものは、次のうちどれか。

1．高周波ミシン
2．電気溶接機
3．自動車の点火栓
4．白熱電球

出題頻度：★★

〔Ⅲ－24－2〕　送信側において、BCIが発生する最も重大な要因となるのは、次のうちどれか。

1．送信出力がリプルによる変調を受けているとき
2．発射電波の周波数安定度が悪いとき
3．電源電圧が変動しているとき
4．電けん回路でキークリックが発生しているとき

出題頻度：★★★★★

〔Ⅲ－24－3〕　電信（A1A）送信機で電波障害を防ぐ方法として、誤っているものは，次のうちどれか。

1．キークリック防止回路を設ける。
2．給電線結合部は、静電結合とする。
3．低域フィルタ（LPF）又は帯域フィルタ（BPF）を挿入する。

4．高調波トラップを使用する。

**出題頻度：★**

〔Ⅲ－24－4〕　次の記述は、送信機による BCI を避けるための対策について述べたものである。［　］内に入れるべき字句の組合せで、正しいのはどれか。

(1) 送信機の終段の同調回路とアンテナとの結合をできるだけ［A］にする。

(2) 電信送信機では［B］を避ける。

1．A：密　　B：キークリック

2．A：密　　B：ブレークイン方式

3．A：疎　　B：キークリック

4．A：疎　　B：ブレークイン方式

**出題頻度：★**

〔Ⅲ－24－5〕　アマチュア局の電波が近所のテレビジョン受像機に電波障害を与えることがあるが、これを通常何といっているか。

1．BCI

2．EMC

3．ITV

4．TVI

**出題頻度：★★★★★**

〔Ⅲ－24－6〕　無線局から発射された電波が、他の無線局の受信設備に妨害を与えるおそれがあるのは、次のうちどれか。

1．電源フィルタが使用されたとき

2．高調波が発射されたとき

3．送信電力が低下したとき

4．電源に蓄電池が使用されたとき

**出題頻度：★★★**

〔Ⅲ－24－7〕 AMラジオ受信機に、希望波と異なる周波数の強力な妨害波が加わると、希望波が妨害波の変調信号によって変調され、BCIを起こすことがある。この現象を何と呼んでいるか。

1．フェージング
2．ハウリング
3．ブロッキング
4．混変調

**出題頻度：★★**

〔Ⅲ－24－8〕 アマチュア局の電波が、近所のラジオ受信機に電波障害を与えることがあるが、これを通常何と言っているか。

1．EMC
2．TVI
3．ITV
4．BCI

## 第3級・ナンバー〔25〕無線工学

●第4級・共通問題

〔19－7〕★　〔19－8〕★　〔19－11〕★★
〔20－5〕★　〔20－10〕★　〔20－14〕★　〔21－4〕★★

**出題頻度：★**

〔Ⅲ－25－1〕 FM送信機で28〔MHz〕の周波数の電波を発射したところ、FM放送受信に混信を与えた。送信側で考えられる混信の原因で正しいのはどれか。

1．1/3倍の低調波が発射されている。
2．寄生振動が発生している。

3．過変調になっている。
4．第３高調波が強く発射されている。

**出題頻度：★★★★★★**

〔Ⅲ－25－2〕　送信機が、他の無線局の受信設備に、妨害を与えることがあるのは、どのような状態のときか。

1．送信電力が低下したとき
2．電源フィルタが使用されたとき
3．高調波が発射されたとき
4．電源に蓄電池が使用されたとき

**出題頻度：★★★★**

〔Ⅲ－25－3〕　送信側の原因で、TVI 及び BCI が発生する最も重大な要因となるものはどれか。

1．電源電圧が変動している場合
2．発射電波の周波数安定度が悪い場合
3．電けん回路でキークリックが発生している場合
4．送信出力がリプルによる変調を受けている場合

**出題頻度：★★★★★**

〔Ⅲ－25－4〕　電信（A1A）送信機で電波障害の発生を防ぐ方法として、誤っているものは、次のどれか。

1．キークリック防止回路を設ける。
2．低域フィルタ（LPF）又は帯域フィルタ（BPF）を挿入する。
3．給電線結合部は、静電結合とする。
4．高調波トラップを使用する。

**出題頻度：★★**

〔Ⅲ－25－5〕　空電による雑音妨害を、最も受けやすい周波数帯は、どれか。

1．マイクロ波 (SHF) 帯
2．極超短波 (UHF) 帯
3．超短波 (VHF) 帯
4．短波 (HF) 帯以下

**出題頻度：★★**

〔Ⅲ－25－6〕　雑音電波の発生を防止するため、送信機でとる処置で、有効でないものはどれか。

1．高周波部をシールドする。
2．各種の配線を束にする。
3．接地を完全にする。
4．電源線にノイズフィルタを入れる。

**出題頻度：★★★**

〔Ⅲ－25－7〕　次の記述の［　］内に入れるべき字句の組合せで、正しいのはどれか。

(1) D層とは、地上約［A］〔km〕付近に昼間発生する電離層のことをいう。
(2) スポラジックE層とは、地上約［B］〔km〕付近に突発的に発生する電離層のことをいい、わが国では［C］の昼間に多く発生する。

| | | |
|---|---|---|
| 1．A：30 ～ 50 | B：50 | C：春 |
| 2．A：60 ～ 90 | B：100 | C：夏 |
| 3．A：150 | B：200 | C：秋 |
| 4．A：300 | B：400 | C：冬 |

**出題頻度：★★★**

〔Ⅲ－25－8〕　図は、各種のアンテナの水平面内の指向性を示したものである。一般的なブラウンアンテナ（グランドプレーンアンテナ）の指向性はどれか。ただし、P点は、アンテナの位置を示す。

1.

2.

3.

4.

**出題頻度：★★**

〔Ⅲ－25－9〕 次の記述は、ニッケルカドミウム蓄電池と比べたときの、リチウムイオン蓄電池の一般的な特徴について述べたものである。誤っているのはどれか。

1．同じ大きさであれば、高容量が得られる。
2．電池１個の端子電圧は 1.2〔V〕より低い。
3．自然に少しずつ放電する自己放電量が少ない。
4．メモリー効果がないので、継ぎ足し充電ができる。

**出題頻度：★★★★★**

〔Ⅲ－25－10〕 半波長ダイポールアンテナの特性で、誤っているのは次のうちどれか。

1．電圧分布は両端で最大となる。
2．アンテナを大地と水平に設置すると、水平面内の指向性は８字形となる。
3．アンテナを大地と垂直に設置すると、水平面内では全方向性（無指向性）となる。
4．放射抵抗は 50〔Ω〕である。

**出題頻度：★★★**

〔Ⅲ－25－11〕 AM ラジオ受信機に、希望波と異なる周波数の強力な妨害波が加わると、希望波が妨害波の変調信号によって変調され、BCI を起こすことがある。この現象を何と呼んでいるか。

1．ハウリング　　3．混変調
2．ブロッキング　　4．フェージング

**出題頻度：★★★**

〔Ⅲ－25－12〕　ディップメータの用途で、正しいのは次のうちどれか。

1．アンテナの SWR の測定
2．高周波電圧の測定
3．送信機の占有周波数帯幅の測定
4．同調回路の共振周波数の測定

**出題頻度：★★★**

〔Ⅲ－25－13〕　長さが 8〔m〕の 1/4 波長垂直接地アンテナを用いて周波数が 7,050〔kHz〕の電波を放射する場合、この周波数でアンテナを共振させるために一般的に用いられる方法で、正しいのは次のうちどれか。

1．アンテナにコンデンサを直列に接続する。
2．アンテナにコンデンサを並列に接続する。
3．アンテナにコイルを並列に接続する。
4．アンテナにコイルを直列に接続する。

**出題頻度：★★**

〔Ⅲ－25－14〕　長さが 8〔m〕の 1/4 波長垂直接地アンテナを用いて周波数が 7,050〔kHz〕の電波を放射する場合、この周波数でアンテナを共振させるために一般的に用いられる方法で、正しいのは次のうちどれか。

1．アンテナにコンデンサを直列に接続する。
2．アンテナに抵抗を直列に接続する。
3．アンテナの接地抵抗を大きくする。
4．アンテナにコイルを直列に接続する。

**出題頻度：★**

〔Ⅲ－25－15〕　アマチュア局から発射された435〔MHz〕帯の基本波が、地デジ（地上デジタルテレビ放送470～710〔MHz〕）のアンテナ直下型受信用ブースタに混入し電波障害を与えた。この防止対策として、地デジアンテナと受信用ブースタとの間に挿入すればよいのは、次のうちどれか。

1．ダミーロード（擬似負荷）
2．低域フィルタ（LPF）
3．ラインフィルタ
4．トラップフィルタ（BEF）

**出題頻度：★★★★**

〔Ⅲ－25－16〕　次の記述の［　］内に入れるべき字句の組合せで、正しいのはどれか。

(1) 電源回路で、交流入力電圧100〔V〕、交流入力電流2〔A〕というとき、これらの大きさは、一般に［A］を表す。
(2) 交流の瞬時値のうちで最も大きな値を最大値といい、正弦波交流では、平均値は最大値の［B］倍になり、実効値は最大値の［C］倍になる。

なお、$\sqrt{2}$はルート2、$\pi$はパイを表す。

| | | | |
|---|---|---|---|
| 1． | A：実効値 | B：$1/(\sqrt{2})$ | C：$2/\pi$ |
| 2． | A：実効値 | B：$2/\pi$ | C：$1/(\sqrt{2})$ |
| 3． | A：平均値 | B：$1/(\sqrt{2})$ | C：$2/\pi$ |
| 4． | A：平均値 | B：$2/\pi$ | C：$1/(\sqrt{2})$ |

# 第3級・ナンバー〔26〕無線工学

●第4級・共通問題

〔20 − 10〕★　〔21 − 10〕★　〔21 − 13〕★
〔21 − 14〕★★★　〔21 − 16〕★　〔22 − 4〕★
〔22 − 21〕★

**出題頻度：★★★★★**

〔Ⅲ − 26 − 1〕　図に示す整流回路において、平滑回路のチョークコイルCH及びコンデンサ$C_1$、$C_2$の働きの組合せで、正しいのは次のどれか。

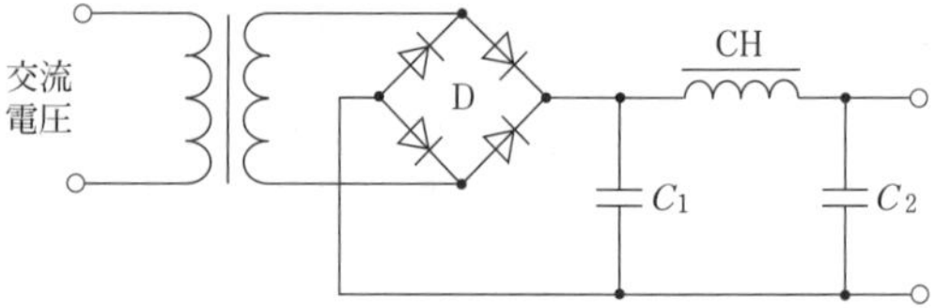


D：ダイオード

| | CHの働き | $C_1$、$C_2$の働き |
|---|---|---|
| 1． | 交流を通す | 直流を妨げる |
| 2． | 交流を妨げる | 直流を通す |
| 3． | 直流を通す | 交流を通す |
| 4． | 直流を妨げる | 交流を妨げる |

**出題頻度：★**

〔Ⅲ − 26 − 2〕　給電線に要求される特性で、誤っているのはどれか。

1．損失が少ないこと。
2．外部から電気的影響を受けないこと。
3．電波が放射できること。

4．特性インピーダンスが一定であること。

**出題頻度：★★**

〔Ⅲ－26－3〕　内部抵抗50〔kΩ〕の電圧計の測定範囲を20倍にするには、直列抵抗器（倍率器）の抵抗値を幾らにすればよいか。

1．　2.6〔kΩ〕
2．　25〔kΩ〕
3．　950〔kΩ〕
4．1,000〔kΩ〕

**出題頻度：★★**

〔Ⅲ－26－4〕　最大目盛値5〔mA〕、内部抵抗81〔Ω〕の直流電流計がある。これを最大目盛値50〔mA〕になるようにするには、何オームの分流器を用いればよいか。

1．　5〔Ω〕
2．　7〔Ω〕
3．　9〔Ω〕
4．　11〔Ω〕

**出題頻度：★**

〔Ⅲ－26－5〕　最大目盛値5〔mA〕、内部抵抗38〔Ω〕の直流電流計がある。これを最大目盛値100〔mA〕になるようにするには、何オームの分流器を用いればよいか。

1．0.1〔Ω〕
2．1.0〔Ω〕
3．2.0〔Ω〕
4．4.0〔Ω〕

**出題頻度：★★**

〔Ⅲ－26－6〕　3.5〔MHz〕用の半波長ダイポールアンテナの

長さの値として、最も近いのは次のうちどれか。

1．11〔m〕
2．21〔m〕
3．43〔m〕
4．86〔m〕

**出題頻度：★★★**

〔Ⅲ－26－7〕　半波長ダイポールアンテナの放射電力を12〔W〕にするためのアンテナ電流の値として、最も近いのはどれか。ただし、熱損失となるアンテナ導体の抵抗分は無視するものとする。

1．0.1〔A〕　　3．0.3〔A〕
2．0.2〔A〕　　4．0.4〔A〕

**出題頻度：★**

〔Ⅲ－26－8〕　半波長ダイポールアンテナの放射電力を8〔W〕にするためのアンテナ電流の値として、最も近いのはどれか。ただし、熱損失となるアンテナ導体の抵抗分は無視するものとする。

1．0.33〔A〕　　3．1.32〔A〕
2．0.66〔A〕　　4．2.64〔A〕

**出題頻度：★**

〔Ⅲ－26－9〕　半波長ダイポールアンテナの放射電力を10〔W〕にするためのアンテナ電流の値として、最も近いのはどれか。ただし、熱損失となるアンテナ導体の抵抗分は無視するものとする。

1．3.7〔A〕
2．1.8〔A〕
3．0.37〔A〕
4．0.18〔A〕

**出題頻度：★★★★★★★**

〔Ⅲ－26－10〕　図の破線は、水平設置の八木アンテナ（八木・宇田アンテナ）の水平面内指向性を示したものである。正しいのは次のうちどれか。ただし、Ｄは導波器、Ｐは放射器、Ｒは反射器とする。

1.
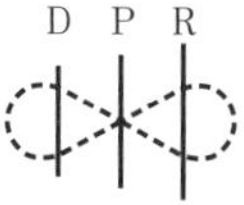


2.
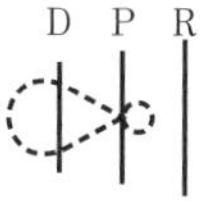


3.

4.

**出題頻度：★★★**

〔Ⅲ－26－11〕　一般的な八木アンテナ(八木・宇田アンテナ)の記述として、誤っているのは次のうちどれか。

1．指向性アンテナである。
2．接地アンテナの一種である。
3．反射器、放射器及び導波器で構成される。
4．導波器の素子数の多いものは、指向性が鋭い。

**出題頻度：★★★★★**

〔Ⅲ－26－12〕　容量30〔Ah〕の蓄電池を３〔A〕で連続使用すると、通常は何時間使用できるか。

1．3時間　　3．10時間
2．6時間　　4．30時間

**出題頻度：★**

〔Ⅲ－26－13〕　最大目盛値１〔mA〕、内部抵抗0.4〔Ω〕の直流電流計がある。これを最大目盛値５〔mA〕になるようにするには、何オームの分流器を用いればよいか。

1．0.01〔Ω〕
2．0.02〔Ω〕
3．0.1　〔Ω〕
4．0.2　〔Ω〕

**出題頻度：★**

**〔Ⅲ－26－14〕** 半波長ダイポールアンテナの放射電力を27〔W〕にするためのアンテナ電流の値として、最も近いのはどれか。ただし、熱損失となるアンテナ導体の抵抗分は無視するものとする。

1．6.1〔A〕　　3．0.6〔A〕
2．3.6〔A〕　　4．0.36〔A〕

**出題頻度：★**

**〔Ⅲ－26－15〕** 半波長ダイポールアンテナの放射電力を12〔W〕にするためのアンテナ電流の値として、最も近いのは次のうちどれか。ただし、熱損失となるアンテナ導体の抵抗分は無視するものとする。

1．0.1〔A〕　　3．1.4〔A〕
2．0.4〔A〕　　4．3.7〔A〕

**出題頻度：★★**

**〔Ⅲ－26－16〕** 半波長ダイポールアンテナの放射電力を12〔W〕にするためのアンテナ電流の値として、最も近いのは次のうちどれか。ただし、熱損失となるアンテナ導体の抵抗分は無視するものとする。

1．0.4〔A〕　　3．1.2〔A〕
2．0.8〔A〕　　4．1.6〔A〕

出題頻度：★★

〔Ⅲ－26－17〕 最大目盛値１〔mA〕、内部抵抗0.9〔Ω〕の直流電流計がある。これを最大目盛値10〔mA〕になるようにするには、何オームの分流器を用いればよいか。

1．0.01〔Ω〕　　3．0.1〔Ω〕
2．0.02〔Ω〕　　4．0.2〔Ω〕

# 第3級・ナンバー〔27〕無線工学

●第４級・共通問題

〔21－3〕★★★★　〔21－5〕★★　〔22－6〕★
〔22－21〕★　〔22－22〕★　〔22－27〕★

出題頻度：★

〔Ⅲ－27－1〕 次の文の［　］の部分に当てはまる字句の組合せは、下記のうちどれか。

分流器は［A］の測定範囲を広げるために用いられるもので、計器に［B］接続して用いる。

1．A：電圧計　　B：並列
2．A：電流計　　B：直列
3．A：電流計　　B：並列
4．A：電圧計　　B：直列

出題頻度：★★

〔Ⅲ－27－2〕 電流計において、分流器の抵抗$R$をメータの内部抵抗$r$の４分の１の値に選ぶと、測定範囲は何倍になるか。

1．6倍　　3．4倍
2．5倍　　4．3倍

**出題頻度：★★★★★**

〔Ⅲ－27－3〕　給電線に必要な電気的条件で、誤っているのは次のうちどれか。

1．絶縁耐力が十分であること
2．誘電損が少ないこと
3．給電線から放射される電波が強いこと
4．導体の抵抗損失が少ないこと

**出題頻度：★★**

〔Ⅲ－27－4〕　単相全波整流回路と比べたときの単相半波整流回路の特徴で、誤っているのは次のうちどれか。

1．変圧器が2次側の直流により磁化される。
2．リプル周波数は同じである。
3．出力電圧（電流）の直流分が小さい。
4．脈流の中に含まれる交流分が大きい。

**出題頻度：★**

〔Ⅲ－27－5〕　接合ダイオードが整流作用の動作を行うことの原理的な説明をしているのは、次のうちどれか。

1．順方向電圧を加えたとき電流は流れにくい。
2．逆方向電圧を加えたとき内部抵抗は小さい。
3．順方向電圧を加えたとき内部抵抗は小さい。
4．逆方向電圧を加えたとき電流は容易に流れる。

**出題頻度：★★★★**

〔Ⅲ－27－6〕　長さが8〔m〕の1/4波長垂直接地アンテナを用いて、周波数が7,050〔kHz〕の電波を放射する場合、この周波数でアンテナを共振させるために一般的に用いられる方法で、正しいのは次のうちどれか。

1．アンテナの接地抵抗を大きくする。
2．アンテナに抵抗を直列に接続する。

3．アンテナにコンデンサを直列に接続する。
4．アンテナにコイルを直列に接続する。

**出題頻度：★★**

〔Ⅲ－27－7〕　次の記述は、短波（HF）帯の電波の電離層伝搬について述べたものである。正しいのはどれか。

1．昼間は低い周波数ではD層とE層を突き抜けてしまうから、高い周波数を用いる。
2．昼間は高い周波数ではD層とE層に吸収されてしまうから、低い周波数を用いる。
3．夜間は高い周波数ではE層とF層を突き抜けてしまうから、低い周波数を用いる。
4．夜間は低い周波数ではE層とF層を突き抜けてしまうから、高い周波数を用いる。

**出題頻度：★★★**

〔Ⅲ－27－8〕　容量（10時間率）20〔Ah〕の蓄電池を2〔A〕で連続使用すると、通常何時間まで使用できるか。

1．2時間　　3．10時間
2．5時間　　4．20時間

**出題頻度：★★★**

〔Ⅲ－27－9〕　半波長ダイポールアンテナの放射電力を18〔W〕にするためのアンテナ電流の値として、最も近いのはどれか。ただし、熱損失となるアンテナ導体の抵抗分は、無視するものとする。

1．3.7〔A〕
2．1.4〔A〕
3．0.5〔A〕
4．0.1〔A〕

**出題頻度：★★**

〔Ⅲ－27－10〕　次の記述の［　］内に入れるべき字句の組合せで、正しいのはどれか。

(1)　送信機で発生する高調波がアンテナから発射されるのを防止するため、［A］を用いる。

(2)　高調波の発射を防止するフィルタの遮断周波数は、基本波周波数より［B］。

1．A：高域フィルタ（HPF）　　B：低い
2．A：低域フィルタ（LPF）　　B：低い
3．A：高域フィルタ（HPF）　　B：高い
4．A：低域フィルタ（LPF）　　B：高い

**出題頻度：★★★**

〔Ⅲ－27－11〕　次の記述の［　］内に入れるべき字句の組合せで、正しいのはどれか。

(1)　電離層における電波の第一種減衰が、時間と共に変化するために生ずるフェージングを［A］性フェージングという。

(2)　電離層反射波は、地球磁界の影響を受けて、だ円偏波となって地上に到達する。このだ円軸が受信アンテナの指向方向と一致する場合には誘起電圧が高く、直角の場合は低くなり、誘起電圧が時間的に変化（強弱）するために生ずるフェージングを［B］性フェージングという。

1．A：吸収　　B：干渉
2．A：吸収　　B：偏波
3．A：干渉　　B：跳躍
4．A：干渉　　B：偏波

**出題頻度：★**

〔Ⅲ－27－12〕　通常、水平面内の指向性が全方向性（無指

向性）として使用されるアンテナは、次のうちどれか。

1．水平半波長ダイポールアンテナ
2．八木アンテナ（八木・宇田アンテナ）
3．垂直半波長ダイポールアンテナ
4．パラボラアンテナ

**出題頻度：★★**

〔Ⅲ－27－13〕 半波長ダイポールアンテナの放射電力を３〔W〕にするためのアンテナ電流の値として、最も近いのはどれか。ただし、熱損失となるアンテナ導体の抵抗分は、無視するものとする。

| | |
|---|---|
| 1．1.0〔A〕 | 3．0.4〔A〕 |
| 2．0.7〔A〕 | 4．0.2〔A〕 |

## 第３級・ナンバー〔28〕無線工学

●**第４級・共通問題**

| | | |
|---|---|---|
| 〔21－2〕★★ | 〔21－13〕★ | 〔22－25〕★★ |
| 〔23－11〕★★★ | 〔23－18〕★ | 〔23－30〕★ |
| 〔23－33〕★ | 〔24－12〕★ | |

**出題頻度：★★**

〔Ⅲ－28－1〕 次の文の［　］の部分に当てはまる字句の組合せは、下記のうちどれか。

使用する電波の波長がアンテナの［A］波長より短い場合は、アンテナ回路に直列に［B］を入れ、アンテナの［C］長さを短くしてアンテナを共振させる。

| | A | B | C |
|---|---|---|---|
| 1． | A：固有 | B：延長コイル | C：電気的 |
| 2． | A：固有 | B：短縮コンデンサ | C：電気的 |
| 3． | A：励振 | B：短縮コンデンサ | C：幾何学的 |
| 4． | A：励振 | B：延長コイル | C：幾何学的 |

**出題頻度：★★**

〔Ⅲ－28－2〕　送信用アンテナに、延長コイルを必要とするのは、どのようなときか。

1．使用する電波の波長がアンテナの固有波長より短いとき
2．使用する電波の波長がアンテナの固有波長に等しいとき
3．使用する電波の周波数がアンテナの固有周波数より高いとき
4．使用する電波の周波数がアンテナの固有周波数より低いとき

**出題頻度：★★**

〔Ⅲ－28－3〕　次の記述の［　］内に入れるべき字句の組合せで、正しいのはどれか。

送信所から短波帯の電波を発射したとき、［A］が減衰して受信されなくなった地点から、［B］が最初に地表に戻ってくる地点までを不感地帯という。

1．A：直接波　　　B：電離層反射波
2．A：地表波　　　B：大地反射波
3．A：直接波　　　B：大地反射波
4．A：地表波　　　B：電離層反射波

**出題頻度：★**

〔Ⅲ－28－4〕　水平面内の指向性が図のようになるアンテナは、次のうちどれか。ただし、点Pは、アンテナの位置を示す。

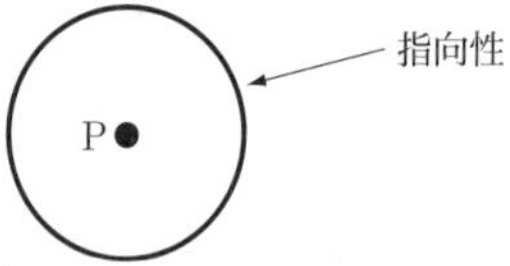

1．パラボラアンテナ
2．八木アンテナ（八木・宇田アンテナ）
3．垂直半波長ダイポールアンテナ
4．キュビカルクワッドアンテナ

**出題頻度：★★**

〔Ⅲ－28－5〕　次の記述の［　］内に入れるべき字句の組合せで、正しいのはどれか。

短波（HF）帯の電波伝搬において、地上から上空に向かって垂直に発射された電波は、［A］より［B］と電離層を突き抜けるが、これより［C］と反射して地上に戻ってくる。

| | A | B | C |
|---|---|---|---|
| 1． | 最低使用可能周波数（LUF） | 低い | 高い |
| 2． | 最低使用可能周波数（LUF） | 高い | 低い |
| 3． | 臨界周波数 | 低い | 高い |
| 4． | 臨界周波数 | 高い | 低い |

**出題頻度：★★★**

〔Ⅲ－28－6〕　図に示す整流回路において、ａ点の電圧が中点ｂの電圧より高いとき、電流はどのように流れるか。

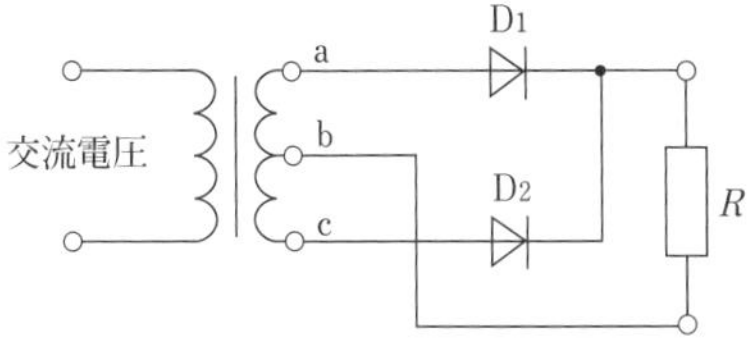


$R$：抵抗
$D_1$, $D_2$：ダイオード

1．c → $D_2$ → $R$ → b
2．b → $R$ → $D_2$ → c
3．a → $D_1$ → $D_2$ → c
4．a → $D_1$ → $R$ → b

**出題頻度：★★**

〔Ⅲ－28－7〕　次の記述の［　］内に入れるべき字句の組合せで、正しいのはどれか。

電離層のＦ層は、地上約［A］〔km〕付近の高さを中心に存在している。Ｆ層には$F_1$層と$F_2$層があり、$F_1$層は$F_2$層より高さが［B］。

1．A：　50　　B：低い
2．A：100　　B：高い
3．A：300　　B：低い
4．A：500　　B：高い

**出題頻度：★★★★★★**

〔Ⅲ－28－8〕　図の破線は、水平設置の八木アンテナ（八木・宇田アンテナ）の水平面内指向性を示したものである。正しいのは次のうちどれか。ただし、Ｄは導波器、Ｐは放射器、Ｒは反射器とする。

1.

2.

3.

4.

**出題頻度：★★★★★**

〔Ⅲ－28－9〕　次の記述は、短波（HF）の電離層伝搬について述べたものである。正しいのはどれか。

1．最高使用可能周波数（MUF）は、臨界周波数より高い。

2．最高使用可能周波数（MUF）の 50 パーセントの周波数を最適使用周波数（FOT）という。

3．最高使用可能周波数（MUF）は、送受信点間の距離が変わっても一定である。

4．最低使用可能周波数（LUF）以下の周波数の電波は、電離層の第一種減衰がない。

**出題頻度：★**

**〔Ⅲ－28－10〕** 次の記述の［　］内に入れるべき字句の組合せで、正しいのはどれか。

使用する電波の波長がアンテナの［A］波長より短いときは、アンテナ回路に直列に［B］を入れ、アンテナの［C］長さを短くしてアンテナを共振させる。

| | | | |
|---|---|---|---|
| 1． | A：固有 | B：延長コイル | C：幾何学的 |
| 2． | A：固有 | B：短縮コンデンサ | C：電気的 |
| 3． | A：励振 | B：短縮コンデンサ | C：幾何学的 |
| 4． | A：励振 | B：延長コイル | C：電気的 |

**出題頻度：★**

**〔Ⅲ－28－11〕** 通常、水平面内の指向性が図のようになるアンテナは、次のうちどれか。ただし、点Pは、アンテナの位置を示す。

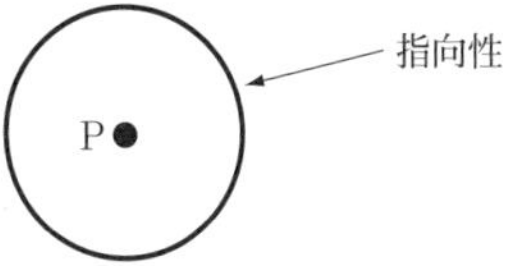


1．水平半波長ダイポールアンテナ

2．八木アンテナ（八木・宇田アンテナ）

3．垂直半波長ダイポールアンテナ

4．キュビカルクワッドアンテナ

**出題頻度：★★★★★**

〔Ⅲ－28－12〕　半波長ダイポールアンテナの特性で、誤っているのは次のうちどれか。

1．放射抵抗は50〔Ω〕である。
2．アンテナを大地と垂直に設置すると、水平面内では全方向性（無指向性）となる。
3．アンテナを大地と水平に設置すると、水平面内の指向性は８字形となる。
4．電圧分布は両端で最大となる。

# 第3級・ナンバー〔29〕無線工学

●第４級・共通問題

〔21－3〕★★★、〔21－14〕★、　〔22－25〕★★、〔24－10〕★

**出題頻度：★**

〔Ⅲ－29－1〕　次の文の［　］内に当てはまる字句の組合せで、正しいのはどれか。

送受信機の電源に商用電源を用いる場合は、［A］により所要の電圧にした後、［B］を経て［C］でできるだけ完全な直流にする。

| | | | |
|---|---|---|---|
| 1． | A：変圧器 | B：整流回路 | C：平滑回路 |
| 2． | A：変調器 | B：整流回路 | C：平滑回路 |
| 3． | A：変圧器 | B：平滑回路 | C：整流回路 |
| 4． | A：変調器 | B：平滑回路 | C：整流回路 |

**出題頻度：★**

〔Ⅲ－29－2〕　アンテナを建てるときの注意事項で、誤っているのは次のうちどれか。

1．強風の場合でも、容易に倒れないようにする。

2．倒れた場合でも、人や周囲の家屋等に損傷を与えないようにする。
3．給電線は人体に容易に触れる構造でもよい。
4．避雷器又は接地装置を設ける。

**出題頻度：★★★★★★★**

〔Ⅲ－29－3〕　昼間に21〔MHz〕帯の電波を使用して通信を行っていたが、夜間になって遠距離の地域との通信が不能となった。そこで周波数帯を切り替えたところ、再び通信が可能となった。通信を可能にした周波数帯は、次のうちどれか。

1．　7〔MHz〕帯
2．　28〔MHz〕帯
3．　50〔MHz〕帯
4．144〔MHz〕帯

**出題頻度：★★**

〔Ⅲ－29－4〕　スポラジックE層についての記述のうち、正しいのはどれか。

1．高さは、D層とほぼ同じである。
2．冬季の昼間に多く発生する。
3．電子密度は、E層より大きい。
4．マイクロ波（SHF）帯の電波を反射する。

**出題頻度：★**

〔Ⅲ－29－5〕　次の文の［　］の部分に当てはまる字句の組合せは、下記のうちどれか。

回路の［A］を測定するときは被測定回路に直列に、［B］を測定するときは被測定回路に並列に計器を接続する。また、特に［C］の場合、極性を間違わないよう注意しなければならない。

1．A：電圧　　B：電流　　C：直流

2．A：電流　　B：電圧　　C：直流
3．A：電流　　B：電圧　　C：交流
4．A：電圧　　B：電流　　C：交流

**出題頻度：★**

〔Ⅲ－29－6〕　電離層伝搬について、正しいものはどれか。

1．昼間は低い周波数ではD層とE層を突き抜けてしまうから、高い周波数を用いる。
2．昼間は高い周波数ではD層とE層に吸収されてしまうから、低い周波数を用いる。
3．夜間は低い周波数ではE層とF層を突き抜けてしまうから、高い周波数を用いる。
4．夜間は高い周波数ではE層とF層を突き抜けてしまうから、低い周波数を用いる。

**出題頻度：★★**

〔Ⅲ－29－7〕　最大指示値5〔mA〕、内部抵抗18〔Ω〕の直流電流計がある。これを最大指示値が50〔mA〕にするための分流器の値として、正しいのはどれか。

1．50〔Ω〕
2．10〔Ω〕
3．5〔Ω〕
4．2〔Ω〕

**出題頻度：★★**

〔Ⅲ－29－8〕　図は、短波(HF)帯における、ある2地点間のMUF/LUF曲線の例を示したものである。この区間における08時(JST)の最適使用周波数(FOT)の値として、最も近いのは次のうちどれか。ただし、MUFは最高使用可能周波数、LUFは最低使用可能周波数を示す。

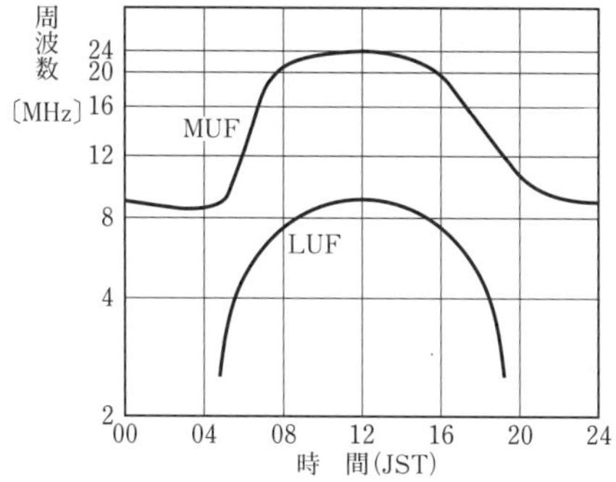


1．　4〔MHz〕
2．　7〔MHz〕
3．12〔MHz〕
4．18〔MHz〕

**出題頻度：★★★★**

〔Ⅲ－29－9〕 次の記述の［　］内に入れるべき字句の組合せで、正しいのはどれか。

(1) 電源回路で、交流入力電圧100〔V〕、交流入力電流2〔A〕というとき、これらの大きさは、一般に［A］を表す。

(2) 交流の瞬時値のうちで最も大きな値を最大値といい、正弦波交流では、平均値は最大値の［B］倍になり、実効値は最大値の［C］倍になる。

なお、$\sqrt{2}$はルート2、$\pi$はパイを表す。

| | A | B | C |
|---|---|---|---|
| 1． | A：実効値 | B：$1/(\sqrt{2})$ | C：$2/\pi$ |
| 2． | A：実効値 | B：$2/\pi$ | C：$1/(\sqrt{2})$ |
| 3． | A：平均値 | B：$1/(\sqrt{2})$ | C：$2/\pi$ |
| 4． | A：平均値 | B：$2/\pi$ | C：$1/(\sqrt{2})$ |

**出題頻度：★★★**

〔Ⅲ－29－10〕　次の記述の［　］内に入れるべき字句の組合せで、正しいものはどれか。

図に示す熱電対形電流計は、直流及び交流の［A］を測定でき、図中のaの部分のインピーダンスが極めて［B］ため高周波電流の測定にも適する。

1．A：実効値　　B：大きい
2．A：実効値　　B：小さい
3．A：平均値　　B：小さい
4．A：平均値　　B：大きい

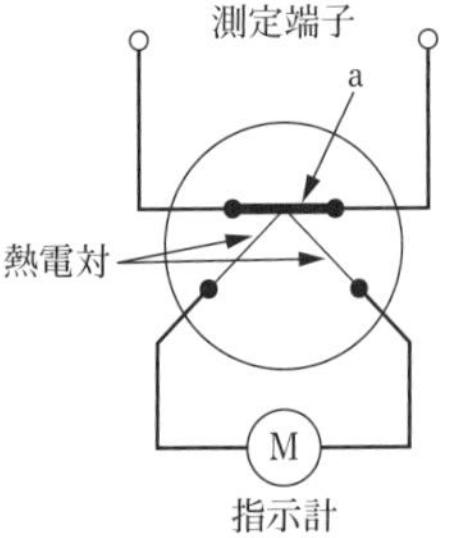


**出題頻度：★★★★★**

〔Ⅲ－29－11〕　短波の電離層伝搬における記述で、正しいのは次のうちどれか。

1．最高使用可能周波数（MUF）は、送受信点間の距離が変わっても一定である。
2．最高使用可能周波数（MUF）の50パーセントの周波数を最適使用周波数（FOT）という。
3．最低使用可能周波数（LUF）以下の周波数の電波は、電離層の第一種減衰がない。
4．最高使用可能周波数（MUF）は、臨界周波数より高い。

**出題頻度：★**

〔Ⅲ－29－12〕　図に示す整流回路において、交流電源電圧 $E$ が実効値 30〔V〕の正弦波電圧であるとき、負荷にかかる脈流電圧の平均値として、最も近いものを下の番号から選べ。ただし、ダイオードDの特性は理想的なものとする。

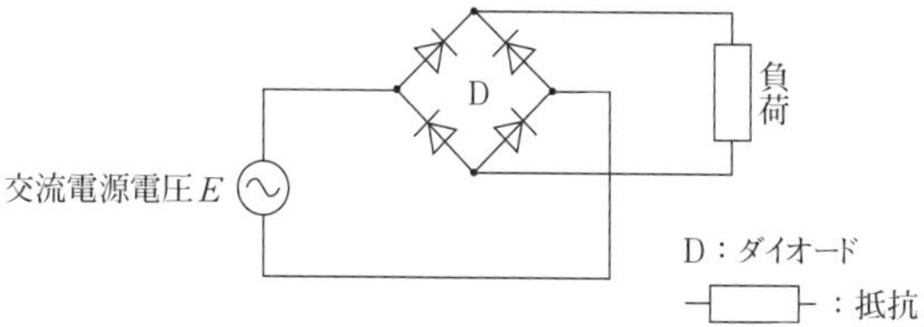


1．21〔V〕
2．27〔V〕
3．30〔V〕
4．42〔V〕

**出題頻度：★★**

〔Ⅲ－29－13〕　オシロスコープで図に示すような波形を観測した。この波形の繰り返し周波数の値として、正しいのは次のうちどれか。ただし、横軸（掃引時間）は、１目盛り当たり１〔ms〕とする。

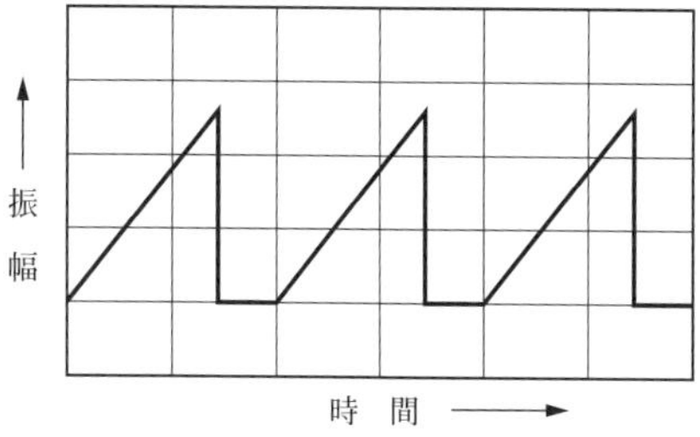

1．2.0〔kHz〕
2．1.5〔kHz〕
3．1.0〔kHz〕
4．0.5〔kHz〕

**出題頻度：★★★★★**

**〔Ⅲ－29－14〕** 容量（10時間率）30〔Ah〕の蓄電池を3〔A〕で連続使用すると、通常は何時間使用できるか。

1．　3時間
2．　6時間
3．10時間
4．30時間

**出題頻度：★★★**

**〔Ⅲ－29－15〕** 図は、短波（HF）帯における、ある2地点間のMUF/LUF曲線の例を示したものであるが、この区間における12時（JST）の最適使用周波数（FOT）の値として、最も近いのは次のうちどれか。ただし、MUFは最高使用可能周波数、LUFは最低使用可能周波数を示す。

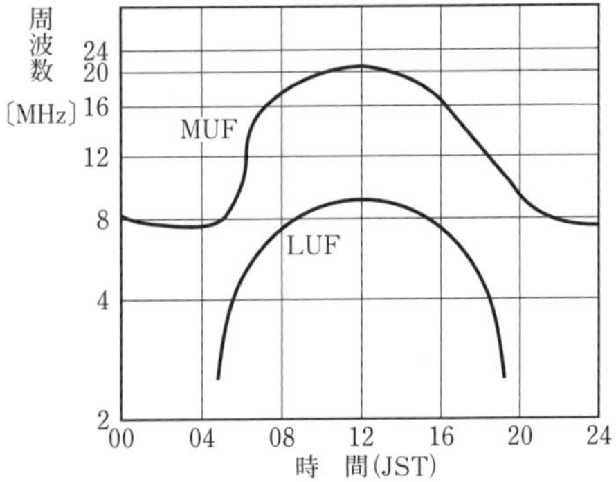

1．21〔MHz〕
2．18〔MHz〕
3．　7〔MHz〕
4．3.5〔MHz〕

**出題頻度：★★**

〔Ⅲ－29－16〕　最大目盛値5〔mA〕、内部抵抗1.8〔Ω〕の直流電流計がある。これを最大目盛値が50〔mA〕にするための分流器の値として、正しいのは次のうちどれか。

1．　5〔Ω〕
2．　1〔Ω〕
3．0.5〔Ω〕
4．0.2〔Ω〕

## 第3級・ナンバー〔30〕無線工学

**●第4級・共通問題**

〔21－15〕★　〔23－16〕★　〔23－30〕★★
〔23－33〕★★　〔24－2〕★　〔24－3〕★
〔24－14〕★　〔24－16〕★　〔24－17〕★

**出題頻度：★★**

〔Ⅲ－30－1〕　次の記述の［　］に入れるべき字句の組合せで、正しいのはどれか。

電波が電離層を突き抜けるときの減衰は、周波数が低いほど［A］、反射するときの減衰は、周波数が低いほど［B］なる。

1．A：大きく　　B：大きく
2．A：大きく　　B：小さく
3．A：小さく　　B：大きく
4．A：小さく　　B：小さく

**出題頻度：★**

〔Ⅲ－30－2〕　内部抵抗60〔kΩ〕の電圧計に480〔kΩ〕の倍率器を用いれば、測定範囲は何倍になるか。

1．10 倍
2．9 倍
3．8 倍
4．7 倍

**出題頻度：★**

〔Ⅲ－30－3〕　テスタで抵抗値を測定するときの操作で、メータ指針のゼロ点調整を行うには、２本のテスト棒をどのようにするか。

1．テスト棒は、先端を接触させて短絡（ショート）状態にする。
2．テスト棒は、先端をそれぞれ測定する抵抗の両端に、確実に接触させる。
3．テスト棒は、先端を離し開放状態にする。
4．テスト棒は、測定端子よりはずしておく。

**出題頻度：★**

〔Ⅲ－30－4〕　アンテナへ供給される電力を通過形電力計で測定したら、進行電力が25〔W〕、反射電力が5〔W〕であった。アンテナへ供給された電力は幾らか。

1．15〔W〕
2．20〔W〕
3．25〔W〕
4．30〔W〕

**出題頻度：★★★**

〔Ⅲ－30－5〕　周波数カウンタの測定原理として、正しいのは次のうちどれか。

1．コイルと可変コンデンサで構成された同調回路を被測定信号の周波数に共振させたとき、可変コンデンサの目盛りから周波数を読み取る。
2．同軸管の共振を利用したもので、共振波長と短絡板の位置をあらかじめ校正しておくことにより、短絡板の位置から波長を読み取り周波数を求める。
3．水晶発振器によって、周波数を正確に校正した補間発振器の高調波と、被測定周波数とのゼロビートを取り、このときの補間発振器の周波数から求める。
4．基準周波数により一定の時間を区切り、その時間中に含まれる被測定信号のサイクル数を数えて周波数を求める。

**出題頻度：★★★**

〔Ⅲ－30－6〕　次の記述の［　］内に入れるべき字句の組合せで、正しいのはどれか。

図に示す熱電対形電流計の原理図において、aの部分は［A］で、bの部分は［B］であり、指示計に［C］形計器が用いられる。

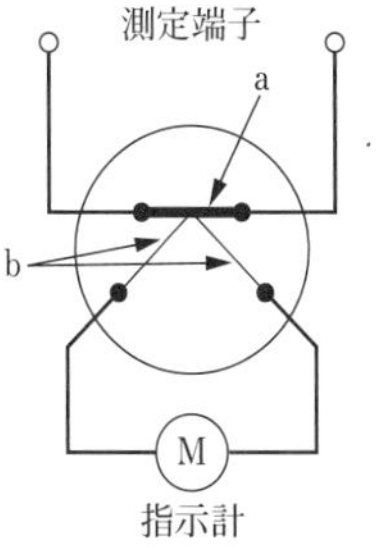


1．A：サーミスタ　B：リッツ線　C：誘導
2．A：サーミスタ　B：熱電対　　C：永久磁石可動コイル

3．A：熱線　　B：リッツ線　　C：誘導
4．A：熱線　　B：熱電対　　C：永久磁石可動コイル

**出題頻度：★★★★★★★★★★**

〔Ⅲ－30－7〕　図は、位相同期ループ（PLL）を用いた一般的な発振器の構成例を示したものである。図の［　］内に入れるべき字句で、正しいのは次のうちどれか。

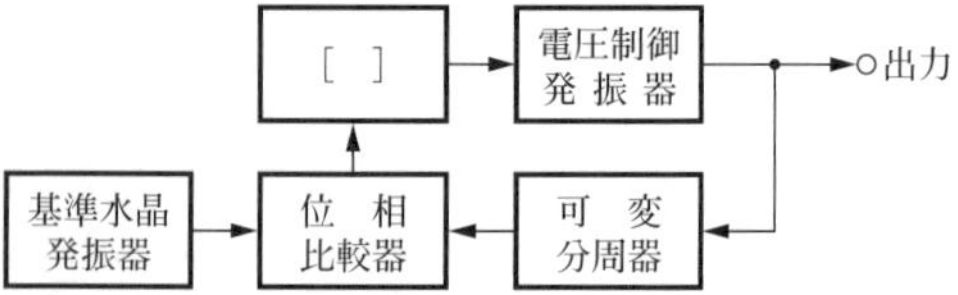


1．高域フィルタ（HPF）
2．帯域フイルタ（BPF）
3．帯域除去フィルタ（BEF）
4．低域フィルタ（LPF）

**出題頻度：★★★★★**

〔Ⅲ－30－8〕　図は、デジタル電圧計の原理的な構成例を示したものである。図の［A］［B］内に入れるべき字句の組合せで、正しいのはどれか。

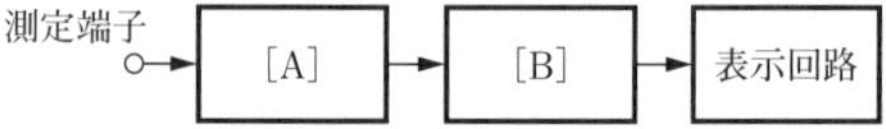


1．A：A－D変換器　　B：計数回路
2．A：A－D変換器　　B：検波回路
3．A：直流増幅器　　B：計数回路
4．A：直流増幅器　　B：検波回路

**出題頻度：★★**

〔Ⅲ－30－9〕　図に示すように、破線で囲んだ電圧計 $V_0$ に、$V_0$ の内部抵抗 $r$ の 3 倍の値の直列抵抗器（倍率器）$R$ を接続すると、測定範囲は $V_0$ の何倍になるか。

1．2 倍
2．3 倍
3．4 倍
4．5 倍

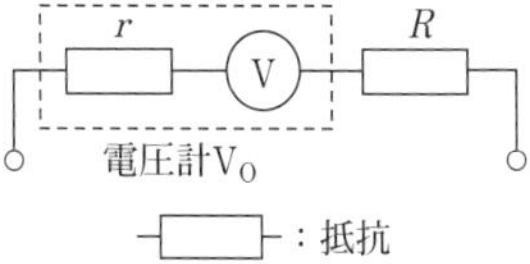


**出題頻度：★★★**

〔Ⅲ－30－10〕　測定器を利用して行う操作のうち、定在波比測定器（SWR メータ）が使用されるのは、次のうちどれか。

1．共振回路の共振周波数を測定するとき
2．アンテナと給電線との整合状態を調べるとき
3．送信周波数を測定するとき
4．寄生発射の有無を調べるとき

**出題頻度：★★**

〔Ⅲ－30－11〕　オシロスコープで図に示すような波形を観測した。この波形の繰り返し周波数の値として、最も近いのは次のうちどれか。ただし、横軸（掃引時間）は、1 目盛り当たり 0.5〔ms〕とする。

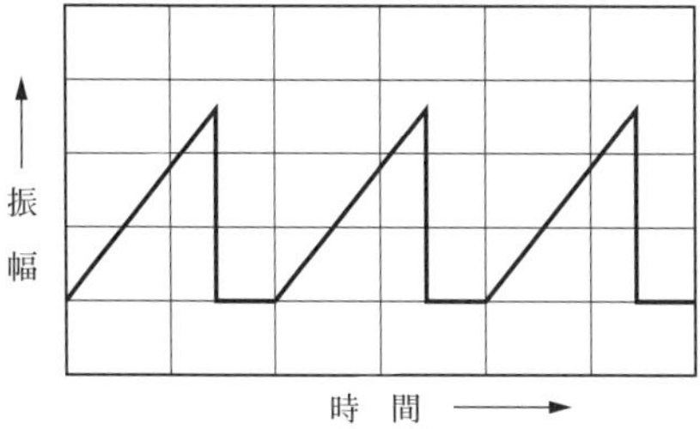

1．0.1〔kHz〕
2．0.25〔kHz〕
3．0.5〔kHz〕
4．1.0〔kHz〕

**出題頻度：★**

〔Ⅲ－30－12〕 図に示すように、破線で囲んだ電圧計 $V_0$ に、$V_0$ の内部抵抗 $r$ の 2 倍の値の直列抵抗器（倍率器）$R$ を接続すると、測定範囲は $V_0$ の何倍になるか。

1．2 倍
2．3 倍
3．4 倍
4．5 倍

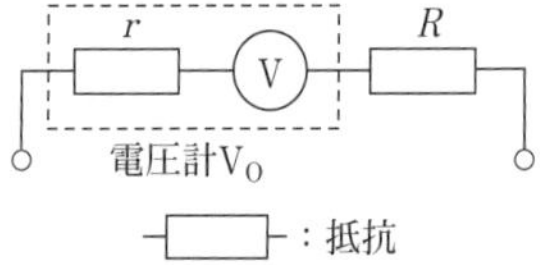


**出題頻度：★★★**

〔Ⅲ－30－13〕 ディップメータの用途で、正しいのは次のうちどれか。

1．アンテナの SWR の測定
2．高周波電圧の測定
3．送信機の占有周波数帯幅の測定
4．同調回路の共振周波数の測定

# 第3級・解説と正解

## 第3級・ナンバー〔1〕～〔16〕法規

### ●第３級・法規〔１〕の解説と正解

**Ⅲ-1-1**　免許失効のときは、「遅滞なく」空中線を撤去します。
（正解：１）

**Ⅲ-1-2**　免許状には、発振の方式は記載されません。
[免許状に発振方式記載なし]　（正解：３）

**Ⅲ-1-3**　記載される事項は「免許人の住所」です。（正解：３）

**Ⅲ-1-4**　再免許の申請の期間は、満了の１か月以上１年以内です。すなわち、無線局の免許が切れる１年前から１か月前までの期間です。　（正解：３）

**Ⅲ-1-5**　電波法の目的は、電波の公平かつ「能率的」な利用を確保することで、公共の福祉を増進します。　（正解：１）

**Ⅲ-1-6**　電波法の目的についての設問です。空欄には、「公平かつ能率的な利用」が入ります。ポイントは「公平」と「能率」です。　（正解：４）

**Ⅲ-1-7**　免許状には、「空中線の型式」は記載されません。
[免許状に、「空中線の型式」記載なし]　（正解：４）

**Ⅲ-1-8**　再免の指定事項は、「電波の型式及び周波数」です。
[再免の指定事項は、電波の型式及び周波数、呼出符号、空中線電力、運用許容時間]　（正解：４）

**Ⅲ-1-9**　再免の指定事項は、「空中線電力」です。
（正解：１）

**Ⅲ-1-10** 無線設備の設置場所の変更は、「あらかじめ総務大臣に申請し、その許可」を受けます。 **(正解：1)**

**●第3級・法規〔2〕の解説と正解**

**Ⅲ-2-1** 通信の相手方、通信事項……などの変更は、あらかじめ総務大臣の「許可」を受けなければなりません。**(正解：2)**

**Ⅲ-2-2** 選択肢の1．2．3．は、免許状記載事項です。4．の無線従事者の氏名の記載はありません。個人局では免許人と同一人ですが、社団局（クラブ局）では無線従事者は大勢います。無線従事者の記載はありません。 **(正解：4)**

**Ⅲ-2-3** 無線設備の設置場所の変更は、「あらかじめ総務大臣の許可」を受けます。 **(正解：2)**

**Ⅲ-2-4** 無線設備の変更工事は、「あらかじめ総務大臣の許可」が必要です。 **(正解：3)**

**Ⅲ-2-5** 再免許の申請は、免許の切れる6箇月前から1箇月前までの期間に行います。 **(正解：2)**

**Ⅲ-2-6** 免許状の指定事項である「周波数」が入ります。 **(正解：4)**

**Ⅲ-2-7** 無線設備の変更工事は、「あらかじめ総務大臣の許可」が必要です。 **(正解：4)**

**Ⅲ-2-8** 指定事項の変更ですから、答は「その旨を申請する」です。同じ手続方法で、「その旨を申請する」と「あらかじめ許可を受ける」の2つの表現が使用されています。要注意です。 **(正解：2)**

**Ⅲ-2-9** 前問と同様、「その旨を申請する」です。 **(正解：2)**

**Ⅲ-2-10** 無線設備の設置場所の変更は、「あらかじめ総務大臣に申請し、その許可」を受けます。 **(正解：1)**

**Ⅲ-2-11** 再免の指定事項は、「電波の型式及び周波数」です。[再免の指定事項は、電波の型式及び周波数、呼出符号、空中線電力、運用許容時間] **(正解：4)**

**●第3級・法規〔3〕の解説と正解**

**Ⅲ-3-1** 送信装置は、「通常使用する通信速度」で、できる限

り安定に動作しなければなりません。 (正解：2)

**Ⅲ-3-2** 送信設備とは、送信装置と「送信空中線系」とから成る電波を送る設備をいいます。 (正解：3)

**Ⅲ-3-3** 「送信装置」とは、無線通信の送信のための高周波エネルギーを発生する装置及び「これに付加する装置」をいいます。 (正解：1)

**Ⅲ-3-4** 周波数をその許容範囲内に維持するための「発振回路の方式」は、できる限り外囲の温度若しくは湿度の変化によって影響を受けないものでなければなりません。 (正解：3)

**Ⅲ-3-5** アマチュア局にあっては、「通常使用する通信速度でできる限り安定に動作するもの」となっています。(正解：1)

**Ⅲ-3-6** 許容偏差は100万分の500です。 (正解：4)

**Ⅲ-3-7** 空中線電力の許容偏差は、「上限20％・下限制限なし」です。たとえば、10〔W〕局は上限12〔W〕、下限は1〔W〕でも0.5〔W〕でもよいことになります。 (正解：3)

**Ⅲ-3-8** 電波の特性周波数を0.025％以内の誤差で、許可された周波数帯内にあることを確認できる装置を備え付けているもの。「特周0.025％」と覚えます。周波数の許容偏差と間違えないこと。 (正解：4)

**Ⅲ-3-9** F3E（周波数変調でアナログ単一チャネルの電話）の空中線電力は、「平均電力」で表示します。 (正解：1)

**Ⅲ-3-10** 抑圧搬送波はJ、電話はEなので、型式は「J3E」です。 (正解：2)

**Ⅲ-3-11** 電信（A1A）電波が占有する周波数帯幅の許容値は「0.5kHz」です。 (正解：3)

**Ⅲ-3-12** 前問と同様、許容値は「0.5kHz」です。 (正解：2)

**Ⅲ-3-13** J3E（SSB）は、A3E（AM）の半分の占有周波数帯幅ですから「3kHz」です。 (正解：3)

**Ⅲ-3-14** 電波型式は3桁の記号で表し、振幅変調で両側波帯はA、副搬送波を使用しないデジタルの単一信号での変調は1、聴覚受信の電信伝送はAです。したがって、「A1A」になりま

第3級・法規

す。（正解：1）

**Ⅲ-3-15** 電波の質は、「周波数の偏差及び幅、高調波の強度等」を表します。（正解：2）

**Ⅲ-3-16** 電波の質は、「周波数の偏差及び幅、高調波の強度等」を表します。（正解：3）

**Ⅲ-3-17** 電波の質は、「周波数の偏差及び幅、高調波の強度等」を表します。（正解：4）

**Ⅲ-3-18** F3E（周波数変調でアナログ単一チャネルの電話）の空中線電力は、「平均電力」で表示します。（正解：4）

**Ⅲ-3-19** 電波型式 A1A（一般に使用されるモールス符号通信の電波）の電力は「尖頭電力」で表示します。（正解：3）

**●第3級・法規〔4〕の解説と正解**

**Ⅲ-4-1** 再交付後、旧免許証を発見した場合、「発見した免許証を 10 日以内に返します」。（正解：4）

**Ⅲ-4-2** 第3級の操作範囲は、「アマチュア無線局の空中線電力 50 ワット以下の無線設備で 18 メガヘルツ以上又は8メガヘルツ以下の周波数を使用するものの操作」です。（正解：2）

**Ⅲ-4-3** 業務に従事しているときは、免許証を「携帯」します。（正解：1）

**Ⅲ-4-4** 第3級で使える周波数の範囲は 18 メガヘルツ以上、8メガヘルツ以下です。[18 以上、8以下]（正解：4）

**Ⅲ-4-5** 無線従事者の「免許の取消し処分」を受けたときは、10 日以内に免許証を返納しなければなりません。（正解：2）

**Ⅲ-4-6** 再交付後、旧免許証を発見した場合、「発見した免許証を 10 日以内に返します」。（正解：3）

**Ⅲ-4-7** 無線従事者の「免許の取消し処分」を受けたときは、10 日以内に免許証を返納しなければなりません。（正解：4）

**●第3級・法規〔5〕の解説と正解**

**Ⅲ-5-1** 電波の発射のみを命ぜられる検査では、「発射する電波の質又は空中線電力」を調べます。（正解：2）

**Ⅲ-5-2** 無線従事者の免許が取り消されることがあるのは、「不

正な手段により免許を受けたとき」です。 （正解：2）

**Ⅲ-5-3** 非常通信を行ったときは、「総務大臣に報告」します。 （正解：1）

**Ⅲ-5-4** 所定の手続きにより、「総務大臣に報告」します。 （正解：1）

**Ⅲ-5-5** 「電波の質」が適合していないときは、臨時に電波の発射を停止されることがあります。 （正解：2）

**Ⅲ-5-6** 「発射する電波の質が総務省令で定めるものに適合していないとき」は、臨時に電波の発射の停止を命じられます。 （正解：1）

**Ⅲ-5-7** 「発射する電波の質が総務省令で定めるものに適合していないとき」は、臨時に電波の発射の停止を命じられます。 （正解：4）

**Ⅲ-5-8** 電波法に基づく処分に違反したときは、無線局の「運用の停止」処分を受けます。 （正解：1）

## ●第3級・法規〔6〕の解説と正解

**Ⅲ-6-1** 臨時検査では、「無線従事者の資格と員数」が検査されます。 （正解：4）

**Ⅲ-6-2** 電波法に基づく命令の規定に違反したときは、「無線従事者の免許が取り消されます」。 （正解：3）

**Ⅲ-6-3** 無線従事の免許が取り消されます。 （正解：3）

**Ⅲ-6-4** 「不正な手段」によりその免許を受けたときは、取り消されることがあります。 （正解：3）

**Ⅲ-6-5** 3月（3か月）以内の運用停止、または期間を定めて「運用許容時間」「周波数若しくは空中線電力の制限」を受けます。 （正解：3）

**Ⅲ-6-6** 総務大臣は「電波法の規定に違反した」とき、その免許を取り消し、または3か月以内の期間を定めてその業務に従事することを停止できます。 （正解：2）

**Ⅲ-6-7** 「不正な手段」によりその免許を受けたときは、取り消されることがあります。 （正解：4）

**Ⅲ-6-8** 「発射する電波の質が総務省令で定めるものに適合していないとき」は、臨時に電波の発射の停止を命じられます。
（正解：4）

**●第3級・法規〔7〕の解説と正解**

**Ⅲ-7-1** 空欄には、「金銭上の利益のためでなく」が入ります。
（正解：2）

**Ⅲ-7-2** 日本は、「第三地域」に属します。（正解：3）

**Ⅲ-7-3** 失効の免許状は、「1か月以内に返納」します。
（正解：4）

**Ⅲ-7-4** 「臨時に電波の発射の停止を命じられた」だけでは免許状を返納する必要はありません。（正解：2）

**Ⅲ-7-5** 失効した免許状は、「1か月以内に返納」します。
（正解：2）

**●第3級・法規〔8〕の解説と正解**

**Ⅲ-8-1** 「アマチュア、すなわち、金銭上の利益のためでなく、もっぱら個人的に無線技術に興味をもち、正当に許可された者が行う自己訓練、通信及び技術研究のための無線通信業務」、この全文を覚えておきましょう。（正解：1）

**Ⅲ-8-2** 空欄には、「技術研究」が入ります。（正解：1）

**Ⅲ-8-3** 無線通信業務のため、世界を3つの地域に分けています。日本は、「第三地域」に所属します。（正解：4）

**Ⅲ-8-4** この定義全文を暗記しておきましょう。空欄には「自己訓練、通信」が入ります。（正解：2）

**Ⅲ-8-5** 空欄には「個人的に無線技術に興味をもち」が入ります。
（正解：1）

**Ⅲ-8-6** 日本は、「第三地域」に属します。（正解：3）

**Ⅲ-8-7** アマチュア用に周波数が分配されているのは「21,000kHz ～ 21,450kHz」です。（正解：4）

**Ⅲ-8-8** アマチュア無線業務に分配されているのは「144MHz ～ 146MHz」です。（正解：2）

**Ⅲ-8-9** アマチュア無線業務に分配されているのは「21,000kHz

(21MHz) ～ 21,450kHz (21.45MHz)」です。他は、アマチュアバンドではありません。 （正解：1）

**Ⅲ-8-10** 「28～29.7MHz」がアマチュア無線用の周波数帯です。 （正解：1）

**Ⅲ-8-11** 「50～54MHz」がアマチュア無線用の周波数帯です。 （正解：3）

**Ⅲ-8-12** アマチュア無線業務に分配されている周波数帯は「21,000kHz～21,450kHz」です。 （正解：4）

**Ⅲ-8-13** 「21,000kHz～21,450kHz」です。他の周波数帯は、アマチュアバンドにごく近い周波数帯ですが、誤りです。 （正解：4）

**Ⅲ-8-14** 日本は、「第三地域」に属します。 （正解：3）

**Ⅲ-8-15** 「18,068～18,168kHz」がアマチュア無線用の周波数帯です。 （正解：3）

### ●第3級・法規〔9〕の解説と正解

**Ⅲ-9-1** 電信の略符号で $\overline{\text{AR}}$（符号の上の横線は、字の間を離さずに続けて打つこと）は、「通報の送信終了」の略符号です。 （正解：3）

**Ⅲ-9-2** 電信の略符号で $\overline{\text{VA}}$ は、「通信終了」の意味です。 （正解：1）

**Ⅲ-9-3** 訂正符号は「$\overline{\text{HH}}$」です。２つのＨの上にラインが引かれているのは、Ｈの符号を離さずに続けて２回打つことです。 （正解：2）

**Ⅲ-9-4** 電信で送信の待機を要求する「お待ちください」の符号は「$\overline{\text{AS}}$」を用います。次に「待つべき時間と理由」を送信します。 （正解：1）

**Ⅲ-9-5** アマチュア局の呼出符号は、「免許状」に記載されたところによります。 （正解：4）

**Ⅲ-9-6** 空欄には「特定の相手方」が入ります。 （正解：4）

**Ⅲ-9-7** 電波の型式及び周波数は、「免許状」に記載されたところによります。 （正解：3）

**Ⅲ-9-8** 通信を行うときは、自局の識別信号(コールサイン)を付して、出所を明らかにしなければなりません。**(正解：4)**

**Ⅲ-9-9** 無線通信の秘密の保護に関する問題です。「特定の相手方に対して行われる無線通信を傍受してその存在若しくは内容を漏らし、又はこれを窃用してはならない。」と決められています。この全文を覚えておきましょう。**(正解：3)**

**Ⅲ-9-10** 空欄には、「特定の相手方」が入ります。**(正解：4)**

**Ⅲ-9-11** 空欄には、「存在若しくは内容」が入ります。**(正解：4)**

**Ⅲ-9-12** 免許状には、「通信方式」は記載されません。[免許状に、「通信方式」記載なし] **(正解：3)**

**●第3級・法規〔10〕の解説と正解**

**Ⅲ-10-1** 特定の相手局を呼び出すとき、相手の呼出符号は、「3回以下」です。**(正解：1)**

**Ⅲ-10-2** 応答する場合は、すでに交信に入っていますから自局の呼出符号は「1回」です。**(正解：1)**

**Ⅲ-10-3** 長時間継続して送信するときには、「10分」ごとを標準にこちらはの意味の「DE」と自局の呼出符号を送信します。**(正解：2)**

**Ⅲ-10-4** 反復を求めるときは、「RPT」の次に反復する箇所を示します。**(正解：3)**

**Ⅲ-10-5** 直ちに受信したいときは、「どうぞ送信してください」に相当する「K」を送ります。**(正解：4)**

**Ⅲ-10-6** 通報は、「$\overline{\mathrm{AR}}$」をもって終わります。**(正解：3)**

**Ⅲ-10-7** 無線通信の秘密の保護に関する問題です。「特定の相手方に対して行われる無線通信を傍受してその存在若しくは内容を漏らし、又はこれを窃用してはならない。」と決められています。この全文を覚えておきましょう。**(正解：2)**

**Ⅲ-10-8** 「機器の試験や調整をするとき」は、擬似空中線回路を使います。**(正解：2)**

**Ⅲ-10-9** 「他の無線局から停止要求がないかどうか」確認しま

す。　（正解：1）

**Ⅲ-10-10**　Q符号で表すと、明りょう度は「QRK」、程度を5段階に分けて、非常に良いは「5」です。すなわち「QRK5」です。　（正解：3）

**Ⅲ-10-11**　混信はQRM、非常に強いは5段階で5になります。「QRM5」のモールス符号を探します。　（正解：1）

**Ⅲ-10-12**　電力は免許状に記載された範囲内で、通信を行うための「必要最小のもの」で運用します。　（正解：4）

**Ⅲ-10-13**　電信で送信の待機を要求する「お待ちください」の符号は「$\overline{\mathrm{AS}}$」を用います。次に「待つべき時間と理由」を送信します。　（正解：1）

**Ⅲ-10-14**　空欄には、「特定の相手方」が入ります。（正解：3）

**Ⅲ-10-15**　通信上の誤りを知ったときには、「通報終了後一括して」ではなく、「直ちに」訂正します。　（正解：1）

**Ⅲ-10-16**　確実に受信したときには、「受信しました」を表す「R」・－・を送信します。　（正解：2）

**●第3級・法規〔11〕の解説と正解**

**Ⅲ-11-1**　「受信証を送ります」に相当するものは、「QSL」です。　（正解：1）

**Ⅲ-11-2**　再交付の場合、旧免許状は「遅滞なく返納する」です。失効のときの「1か月以内に返納」と勘違いをしないように注意してください。　（正解：2）

**Ⅲ-11-3**　他の無線局から停止の要求がないかどうか、しばしばその電波の周波数により聴守して確かめます。　（正解：1）

**Ⅲ-11-4**　すぐに受信できないときは、「$\overline{\mathrm{AS}}$」と待つべき時間とその理由を送信します。「$\overline{\mathrm{AS}}$」の略符号は、送信を待機するという意味です。　（正解：1）

**Ⅲ-11-5**　訂正符号は$\overline{\mathrm{HH}}$（HとHを離さないで連続して打つ）です。　（正解：2）

**Ⅲ-11-6**　通報の終わりは$\overline{\mathrm{AR}}$（AとRを離さないで連続して打つ）です。　（正解：3）

**Ⅲ-11-7**　Q符号で「当局は、・・・」をいうのは「QRA」です。
（正解：4）

**Ⅲ-11-8**　相手局の呼出符号は「３回以下」です。　（正解：1）

**Ⅲ-11-9**　呼んできた局名が不明のときは、「QRZ ？」を使用して、直ちに応答します。　（正解：3）

**Ⅲ-11-10**　Q符号で「信号の強さは…」は「QSA」です。非常に強いは「5」です。「QSA5」になります。　（正解：4）

**Ⅲ-11-11**　「こちらは、受信証を送ります。」のQ符号は「QSL」です。　（正解：1）

**Ⅲ-11-12**　誤送信を知ったときは「$\overline{\mathrm{HH}}$」を前置して、正しいところに戻って送信します。　（正解：2）

**Ⅲ-11-13**　自局の発射しようとする周波数、その他必要と認める周波数により聴守（ワッチ）します。　（正解：1）

**Ⅲ-11-14**　試験電波が、他の通信に混信を与えていたら、「直ちに発射停止」をしなければなりません。　（正解：2）

**Ⅲ-11-15**　他の通信に混信を与えるおそれがあるときは、その通信が終わってから呼出しをします。　（正解：3）

**Ⅲ-11-16**　空電（ノイズ）のQ符号は「QRN」です。N＝ノイズと覚えるとよいでしょう。強さは数字の１～５で表し、「非常に強い」は５です。QRNの符号を探すと選択肢の２.とわかります。最後の５つの点は、数字の「５」です。　（正解：2）

**●第３級・法規〔12〕の解説と正解**

**Ⅲ-12-1**　相手局を決めた呼出しの方法です。「相手局の呼出符号：３回以下、DE：１回、自局の呼出符号：３回以下」です。[特定局の呼出しは３下、１、３下]　（正解：4）

**Ⅲ-12-2**　応答の場合、「相手局の呼出符号：３回以下、DE：１回､自局の呼出符号：１回」です。[３下、１、１]（正解：3）

**Ⅲ-12-3**　電信の略符号で$\overline{\mathrm{VA}}$（符号の上の横線は、字の間を離さずに続けて打つこと）は、「通信終了」の意味です。（正解：1）

**Ⅲ-12-4**　混信を与えるおそれのある電波の発射を停止して傍受します。　（正解：4）

**Ⅲ-12-5** 50ワット以下の場合、簡易化呼出しが可能ですから、「相手局の呼出符号… 3回以下」で良いのです。[簡易呼出しは相手コール（呼出符号）のみ] （正解：1）

**Ⅲ-12-6** 電信の場合の「非常」は「$\overline{\mathrm{OSO}}$」になります。非常の場合の応答は、「$\overline{\mathrm{OSO}}$」を3回前置します。 （正解：4）

**Ⅲ-12-7** 伝送中に自局の呼出符号を「短い間隔」で伝送しなければなりません。 （正解：1）

**Ⅲ-12-8** 違反を認めた局の属する国の主管庁に報告します。日本では、総務省です。 （正解：3）

**Ⅲ-12-9** 必要な「最小限」の電力でふく射します。（正解：1）

**Ⅲ-12-10** 他の無線局からの停止の要求がないかどうかを確かめます。 （正解：1）

**Ⅲ-12-11** 局の識別に関する規定では、「虚偽の又はまぎらわしい識別表示を使用する伝送は、すべて禁止する。」と定められています。 （正解：3）

**Ⅲ-12-12** 通報の送信を終了し、他に送信すべき通報がないときは「NIL　K」を送信します。 （正解：4）

**Ⅲ-12-13** 自局に対する呼出しがはっきりしない場合、その呼出しが反復され、自局に対する呼出しであることが確認できるまで応答してはいけません。 （正解：2）

**Ⅲ-12-14** 確実に受信したときには、「受信しました」を表す「R」・－・を送信します。 （正解：3）

**Ⅲ-12-15** 略語は、アマチュアの通信によく使用されます。特に、欧文によるモールス通信は略語が主体です。 （正解：2）

**Ⅲ-12-16** すでに通信している局に混信を与える旨を知らされたら、「直ちに呼出しを中止」します。 （正解：3）

### ●第3級・法規〔13〕の解説と正解

**Ⅲ-13-1** 長時間送信する場合は、10分ごとを標準として「DE」と自局の呼出符号を送信します。 （正解：4）

**Ⅲ-13-2** 反復して送信する場合は、各通ごと又は1連ごとに「RPT」を前置します。 （正解：4）

**Ⅲ-13-3** CQの出し方です。「CQ」は3回です。 **(正解：2)**

**Ⅲ-13-4** 一括して呼び出す場合は、「CQ 3回」、「DE 1回」、「自局の呼出符号 3回以下」、「K 1回」 **(正解：2)**

**Ⅲ-13-5** 長時間送信の場合、「DE」と自局のコールサインを送信します。 **(正解：1)**

**Ⅲ-13-6** 50ワット以下で応答するときは簡易化応答ができ、「相手局の呼出符号…3回以下」を省略できます。
[簡易応答はDEと自局コール（呼出符号）1回] **(正解：2)**

**Ⅲ-13-7** 相手局の呼出符号「3回以下」です。 **(正解：2)**

**Ⅲ-13-8** こちらを呼んでいる相手局の呼出符号がはっきりしないときは、「QRZ ？」を使用して、直ちに応答します。 **(正解：2)**

**Ⅲ-13-9** 自局の呼出符号は「3回」です。 **(正解：4)**

**Ⅲ-13-10** 他に送信するものがありませんは「NIL K」です。 **(正解：2)**

**Ⅲ-13-11** 相手の呼出符号は3回以下です。1局（特定の局）呼出しは、「3以下、DE、3以下」と覚えます。 **(正解：1)**

**Ⅲ-13-12** 相手局1局の呼出しですから、相手局の呼出符号は「3回以下」です。1局（特定の局）呼出しは、「3以下」と覚えます。 **(正解：4)**

**Ⅲ-13-13** 「$\overline{\mathrm{AS}}$及び分で表す待つべき時間」を送信します。「$\overline{\mathrm{AS}}$」は、待機を要求する符号です。 **(正解：2)**

**Ⅲ-13-14** 一括して呼び出す場合は、「CQ 3回」、「DE 1回」、「自局の呼出符号 3回以下」、「K 1回」 **(正解：2)**

**Ⅲ-13-15** 一括して呼び出す場合の自局の呼出符号は、「3回以下」です。 **(正解：2)**

### ●第3級・法規〔14〕の解説と正解

**Ⅲ-14-1** 混信に関する規定では、「業務を満足に行うための必要な最小限の電力を輻射する」と定められています。**(正解：1)**

**Ⅲ-14-2** 第三者のため（他人依頼）の伝送は、「絶対に禁止」されます。 **(正解：3)**

**Ⅲ-14-3**　第三者のため（他人依頼）の伝送は、「関係国の主管庁間の特別取極がない限り、絶対に禁止」されます。　（正解：1）

**Ⅲ-14-4**　用語は、「普通語」を用いて行います。　（正解：2）

**Ⅲ-14-5**　業務を満足に行うための「必要な最小限の電力を輻射する」と定められています。　（正解：4）

**Ⅲ-14-6**　周波数の発射は、「技術開発の状況」が許す限り安定でスプリアス発射のないもので行います。　（正解：1）

**Ⅲ-14-7**　誤送信を知ったときは「$\overline{\mathrm{HH}}$」を前置して、正しいところに戻って更に送信します。　（正解：4）

**Ⅲ-14-8**　擬似空中線（ダミーアンテナ）を使用するのは、無線設備の機器の試験または調整を行うときです。　（正解：4）

**Ⅲ-14-9**　機器調整のため、これから試験電波を発射しますという意味の略符号が「EX」です。「3回」送信します。（正解：1）

**Ⅲ-14-10**　10分ごとに「DEと自局の呼出符号」を送信します。
（正解：4）

**Ⅲ-14-11**　応答事項に$\overline{\mathrm{OSO}}$を「3回」前置して行うことになっています。　（正解：3）

**Ⅲ-14-12**　自局の発射する電波が放送の受信に支障を与えたり、そのおそれがあるときは、「速やかに当該周波数による電波の発射を中止」します。　（正解：3）

**Ⅲ-14-13**　国際電気通信の連合憲章、条約規則の「すべての」一般規定はアマチュア局に適用します。　（正解：1）

**Ⅲ-14-14**　違反を認めた無線局の国の主管庁に報告します。
（正解：1）

**Ⅲ-14-15**　略語による伝送は禁止されていません。アマチュア局では広く使われています。　（正解：1）

**Ⅲ-14-16**　虚偽のまたは「まぎらわしい」識別表示は、禁止されます。　（正解：3）

**Ⅲ-14-17**　アマチュア業務においては「すべての伝送」は、識別信号を伴うものとします。　（正解：3）

**Ⅲ-14-18** 伝送中に自局の呼出符号を「短い間隔」で伝送しなければなりません。 **(正解：1)**

**●第3級・法規〔15〕の解説と正解**

**Ⅲ-15-1** 数字を先に選び出すと楽です。ラストが「3」なのは選択肢の3.と4.です。4.はOとWが違っています。**(正解：3)**

**Ⅲ-15-2** 最初の符号の6がわかれば、答は選択肢の1.か2.に絞られます。しかし、2.はDとUが誤りです。 **(正解：1)**

**Ⅲ-15-3** 数字で始まるのは、選択肢の1.と2.です。1.はGとIが間違っています。 **(正解：2)**

**Ⅲ-15-4** 「2」で始まるのは、選択肢の1.と2.です。このうち1.はDとSが誤りです。 **(正解：2)**

**Ⅲ-15-5** 最後の「1」の符号がわかれば、答は選択肢の3.か4.に絞られます。4.はRとUが誤りです。 **(正解：3)**

**Ⅲ-15-6** 最後の「4」の符号がわかれば、答は選択肢の1.か2.に絞られます。2.はTとKが誤りです。 **(正解：1)**

**Ⅲ-15-7** 最初の「3」の符号がわかれば、答は選択肢の1.か2.に絞られます。2.はDとPが誤りです。 **(正解：1)**

**Ⅲ-15-8** 数字の「3」で始まるのは選択肢の3.と4.です。4.はSとWが誤りです。 **(正解：3)**

**Ⅲ-15-9** 最初の「2」の符号がわかれば、答は選択肢の3.か4.です。3.はGとOが誤りです。 **(正解：4)**

**Ⅲ-15-10** 数字の「2」が正しいのは選択肢の1.と2.です。このうち1.はEとBが誤りです。 **(正解：2)**

**Ⅲ-15-11** 数字「4」の符号は、選択肢の1.と2.が正しく、このうち1.はBとNが誤りです。 **(正解：2)**

**Ⅲ-15-12** 数字「4」の符号は、選択肢の3.と4.が正しく、このうち3.はMとNが誤りです。 **(正解：4)**

**Ⅲ-15-13** 数字「1」の正しいモールス符号は、選択肢の1.と2.です。あとに続く符号のTが、2.ではMなので正しい答えは1.になります。 **(正解：1)**

**Ⅲ-15-14** 数字「２」の符号は、選択肢の１．と２．です。１．はＺとＵが誤りです。 （正解：2）

**Ⅲ-15-15** ２文字目のＮが正しいのは、選択肢の１．と４．です。そして、最後の数字の４が正しいのは１．番です。 （正解：1）

## ●第３級・法規〔16〕の解説と正解

**Ⅲ-16-1** 「５」で始まるのは、選択肢の3. と 4. です。3. はＫとＯが誤りです。 （正解：4）

**Ⅲ-16-2** 最初の符号の「９」がわかれば、答は選択肢の３．か４．に絞られます。しかし、３．はＭとＲが誤りです。

（正解：4）

**Ⅲ-16-3** 最初の符号の「３」がわかれば、答は選択肢の３．か４．に絞られます。しかし、４．はＩとＪが誤りです。

（正解：3）

**Ⅲ-16-4** 最初の「９」の符号がわかれば、答は選択肢の１．か２．に絞られます。2. はＫとＯが誤りです。 （正解：1）

**Ⅲ-16-5** 最初の「８」の符号がわかれば、答は選択肢の３．か４．に絞られます。3. はＮとＪが誤りです。 （正解：4）

**Ⅲ-16-6** 最初の「３」の符号がわかれば、答は選択肢の１．か２．に絞られます。1. はＳとＧが誤りです。 （正解：2）

**Ⅲ-16-7** 数字の「７」で始まるのは選択肢の1. と 2. です。2. はＴとＵが違っています。 （正解：1）

**Ⅲ-16-8** ラストの数字が「５」であるのは、選択肢の1. と 2. です。2. はＭとＣが誤りです。 （正解：1）

**Ⅲ-16-9** 最後の「８」の符号がわかれば、答は選択肢の1. か 2. です。2. はＱとＸが誤りです。 （正解：1）

**Ⅲ-16-10** 先に数字の「７」を探します。すると、選択肢の３．か４．になります。他に間違い符号を探します。３．のうちＵとＭが誤りです。正しいのは４．です。 （正解：4）

**Ⅲ-16-11** 数字の「５」が正しいのは選択肢の１．と２．です。１．はＢとＹが誤りです。 （正解：2）

**Ⅲ-16-12** 末尾の数字が「８」なのは選択肢の３．と４．です。３．が正しく、４．はＸとＹが間違っています。 **（正解：３）**

**Ⅲ-16-13** 数字「６」の符号は、選択肢の１．と２．です。２．はＭとＹが誤りです。 **（正解：１）**

**Ⅲ-16-14** 数字「７」で始まるのは、選択肢の３．と４．です。３．はＵとＳが間違いです。 **（正解：４）**

**Ⅲ-16-15** 数字「７」で始まるのは、選択肢の３．と４．です。最後の文字「Ｏ」が正しいのは４．です。 **（正解：４）**

## お便り

たくさんの方々から、これから受験する方へのアドバイス、『完マル』へのお礼のお手紙、心温まるお便りをいただきました。お便りの一部をご紹介いたします。

★『完マル』のおかげで第３級アマチュア無線に合格しました。受験地は、愛知県のキュリオステーション中村公園テストセンター、受験日は2023年6月17日です。

CBT試験で、「Aタイプをクリックしてください」と指示がありました。この中で、『完全丸暗記 初級アマチュア無線予想問題集2022年版』の220ページの第4級工学［21-15］（リチウムイオン電池蓄電池の問題）が第３級工学の最終問題〔30〕として、第4級共通問題として出題されていましたのでご報告します。

（岐阜県加茂郡・伊積孝明様）

（注：2024年版も、第4級工学問題［21-15］は220ページ）

● 「お便り」をお待ちしております(p.511)。採用の場合は粗品を進呈します。

# 第3級・ナンバー〔17〕～〔30〕工学

## ●第３級・工学〔17〕の解説と正解

**Ⅲ-17-1** 左：導体、中：半導体、右：絶縁体の順に並んでいますから、縦方向にチェックします。絶縁体のところに「大地」が入っている、2. が誤りです。大地は導体です。 **（正解：２）**

**Ⅲ-17-2** 電磁石Ａ、Ｂの極性がわかれば解けます。Ａは左がＮ極、Ｂは左がＳ極です。また、もっと簡単に逆向きのコイルに同じ方向の電流を流しますからＡ、Ｂの極性は反対になります。図の方向に並べると、２つの磁石の中間では同極性になります。Ｓ極とＳ極は反発し、「互いに離れる」です。 **（正解：３）**

**Ⅲ-17-3** 20〔Ω〕と30〔Ω〕の並列の合成抵抗を算出し、それに48〔Ω〕を加えれば、全抵抗が出ます。

流れる電流 $I$ を算出すれば、a と b 間の電圧は $E_{ab} = R_{ab} \times I$ で求めることができます。a と b 間の合成抵抗 $R_{ab}$ は、

$$R_{ab} = \frac{1}{\dfrac{1}{20} + \dfrac{1}{30}} \qquad \therefore \quad \frac{1}{R_{ab}} = \frac{1}{20} + \frac{1}{30} = \frac{5}{60}$$

$$\frac{R_{ab}}{1} = \frac{60}{5} = 12\,〔\Omega〕$$

全体の抵抗は、$R = 48 + 12 = 60$〔Ω〕です。回路に流れる電流は、

$$I = \frac{E}{R} = \frac{100}{60} = \frac{5}{3}\,〔\mathrm{A}〕$$

です。したがって、a と b 間の電圧は、

$$E_{ab} = I \times R_{ab} = \frac{5}{3} \times 12 = 20\,〔\mathrm{V}〕$$ です。 **（正解：１）**

**Ⅲ-17-4** $I = 2$〔A〕、$P = 20$〔W〕から抵抗 $R$ を求めます。

$$P = I^2R \qquad \therefore 20 = 2^2 \times R \qquad R = \frac{20}{4} = 5\,〔\Omega〕$$

5〔Ω〕の抵抗に 50〔V〕加えたら電力はいくらかを求めます。

$$P = \frac{E^2}{R} = \frac{50^2}{5} = \frac{2500}{5} = 500 \text{〔W〕}$$

（正解：4）

**Ⅲ-17-5** 10〔H〕(ヘンリー) のコイル $L$ のリアクタンス $X_L$ を計する問題です。周波数 $f$ は 50〔Hz〕(ヘルツ) ですから、リアクタンスを求める式に数値を入れます。

$$X_L = 2\pi fL = 2 \times 3.14 \times 50 \times 10 = 3140 \text{〔Ω〕}$$

これを〔kΩ〕の単位に直しますと、

3140〔Ω〕= 3.14〔kΩ〕 （正解：1）

**Ⅲ-17-6** コイルに交流を流したとき、電流の位相は電圧の位相より 90 度遅れます。 （正解：3）

**Ⅲ-17-7** 鉄、ニッケルなどは「強磁性体」、加えた磁界と反対の方向にわずかに磁化される銅、銀などは「反磁性体」といいます。 （正解：1）

**Ⅲ-17-8** 8〔μF〕を $C_1$ として、その電荷 $Q_1$ が $2 \times 10^{-5}$〔C〕なので、両端の電圧 $E$ は、

$$E = \frac{Q_1}{C_1} = \frac{2 \times 10^{-5}}{8 \times 10^{-6}} = \frac{2 \times 10}{8} = 2.5 \text{〔V〕}$$

2〔μF〕を $C_2$ とすると、$E$ が 2.5〔V〕のとき、その電荷 $Q_2$ は、$Q_2 = E \times C_2 = 2.5 \times 2 \times 10^{-6} = 5 \times 10^{-6}$〔C〕と求められます。〔C〕はクーロンで電荷の単位です。 （正解：1）

**Ⅲ-17-9** 直進する電子に強力な電界を加えると、「進行速度」が変わります。 （正解：2）

**Ⅲ-17-10** 磁石にはN極とS極があってNとSは引き合い、同じ極どうしは反発します。鉄片は、磁石のNに近い方が「S極」遠い方が「N極」となって、吸引されます。 （正解：1）

**Ⅲ-17-11** この図記号は，電気により光る「発光ダイオード」です。 （正解：2）

**Ⅲ-17-12** ＋に帯電している物体 a に、帯電していない物体 b を近づけると a に近い方に－、そして遠い方 (反対側) に＋の電荷を生じます。この現象を静電誘導といいます。 （正解：2）

**Ⅲ-17-13** リアクタンス$X_C$を求める式は$X_C = 1/(\omega C) = 1/(2\pi fC)$、$C$は150〔$\mu$F〕です。これをファラッド(F)に直すと、$150 \times 10^{-6}$です。

$$X_C = \frac{1}{2 \times 3.14 \times 60 \times 150 \times 10^{-6}} = \frac{1}{6.28 \times 9 \times 10^3 \times 10^{-6}}$$

$$= \frac{1}{56.52 \times 10^{-3}} \fallingdotseq 0.018 \times 10^3 = 18〔\Omega〕$$

（正解：4）

**Ⅲ-17-14** 並列共振回路が共振したとき、①インピーダンス$Z$は「最大」、②流れ込む電流$i$は「最小」、③回路内を循環する電流$i_0$は「最大」になります。（正解：2）

**Ⅲ-17-15** まず抵抗の値を求め、電力の計算式を用います。

$$P = I^2R \quad \therefore R = \frac{P}{I^2} = \frac{20}{I^2} = 20〔\Omega〕$$

この20〔Ω〕の抵抗に50〔V〕を加えたときの電力$P$は、

$$P = \frac{E^2}{R} = \frac{50^2}{20} = \frac{2500}{20} = 125〔W〕$$

（正解：3）

**Ⅲ-17-16** まず抵抗の値を求め、電力の計算式を用います。

$$P = I^2R \quad \therefore R = \frac{P}{I^2} = \frac{10}{I^2} = 10〔\Omega〕$$

この10〔Ω〕の抵抗に50〔V〕を加えたときの電力$P$は、

$$P = \frac{E^2}{R} = \frac{50^2}{10} = \frac{2500}{10} = 250〔W〕$$

（正解：4）

**Ⅲ-17-17** 〔Ⅲ-17-3〕と同じ回路です。20〔Ω〕と30〔Ω〕の並列の合成抵抗$R_{ab}$は12〔Ω〕で、全体の抵抗は$R = 48 + 12 = 60$〔Ω〕です。aとb間の電圧$E_{ab}$は、

$$E_{ab} = I \times R_{ab} = \frac{100}{60} \times 12 = 20〔V〕$$ です。（正解：2）

**Ⅲ-17-18** ダイオードの記号に外向きの矢印線が付いているのは、LED（発光ダイオード）です。電圧を加えると、ダイオードが光ります。（正解：2）

## ●第３級・工学〔18〕の解説と正解

**Ⅲ-18-1** 電極 a は、「ソース」です。　　　　　　　　（正解：３）

**Ⅲ-18-2** 電磁力線が電子に働いて、電子の「進行方向」が変わります。　（正解：１）

**Ⅲ-18-3** 前問は進行方向に「直角な磁界」でしたが、本問は「平行な電界」です。平行な電界が加わると、電子の「進行速度」が変わります。　（正解：３）

**Ⅲ-18-4** 電界効果トランジスタ（FET）は入力インピーダンスが高く、「高周波特性が優れて」います。また、内部雑音が小さく、電圧制御形のトランジスタです。　（正解：４）

**Ⅲ-18-5** 電界効果トランジスタ（FET）は、一般の接合型トランジスタより内部雑音は「小さい」です。　（正解：４）

**Ⅲ-18-6** 電極 a は「ゲート」です。　　　　　　　　（正解：２）

**Ⅲ-18-7** 真理値をみると、入力ＡとＢが「0」のときだけ出力は「1」となり、その他の入力では、出力「0」になるのは「NOR 回路」です。　（正解：２）

**Ⅲ-18-8** 加える電圧で容量変化するのは「バラクタダイオード」です。電圧を一定にするためのダイオードは「ツェナー」ダイオードで、その図記号は「図２」です。　（正解：１）

**Ⅲ-18-9** 図記号からエンハンスメント形Ｎチャンネル MOS FET です。PMOS 形のときは矢印が逆になります。（正解：１）

**Ⅲ-18-10** リアクタンス $X_L$ は、$X_L = \omega L = 2\pi f L = 2 \times 3.14 \times 50 \times 20 = 6280$〔Ω〕$= 6.28$〔kΩ〕。　（正解：３）

**Ⅲ-18-11** FET とトランジスタを対比するとき、S＝E（ソース＝エミッタ）、D＝C（ドレイン＝コレクタ）、G＝B（ゲート＝ベース）と覚えておきます。　（正解：４）

**Ⅲ-18-12** 説明文は、加える「逆方向電圧」により「静電容量」が変化する可変容量ダイオードのことで、「バラクタダイオード」ともいいます。　（正解：１）

**Ⅲ-18-13** コンデンサの記号（─||─）が付いているのは、「バラクタダイオード（可変容量ダイオード）」です。電圧を変えると、

内部の静電容量が変わります。　　　　　　　　　（正解：4）

**Ⅲ-18-14**　図の記号は、電圧を一定にする働きをする「ツェナーダイオード」です。　　　　　　　　　（正解：4）

**Ⅲ-18-15**　図において、$A=40$〔V〕、$B=10$〔V〕とすると、

$$変調度=\frac{A-B}{A+B}\times 100〔\%〕$$

$$変調度=\frac{A-B}{A+B}\times 100=\frac{40-10}{40+10}\times 100=\frac{30}{50}\times 100$$

$$=60〔\%〕$$

（正解：3）

**Ⅲ-18-16**　電極aは、「ドレイン」です。　　　　　　　　　（正解：4）

**Ⅲ-18-17**　図から、波形の最大値$A$と最小値$B$を出して、

$M=\dfrac{A-B}{A+B}\times 100$〔%〕から算出します。

$A$は、$30\times 2=60$〔V〕。

$B$は、$(30-20)\times 2=20$〔V〕。

$$M=\frac{A-B}{A+B}\times 100=\frac{60-20}{60+20}\times 100=\frac{40}{80}\times 100$$

$$=0.5\times 100=50〔\%〕$$

（正解：2）

（なお、変調率の算出方法には、次のようにほかにもあります）

【別解】

$$M=\frac{b}{a}\times 100$$

$$=\frac{10}{20}\times 100=50〔\%〕$$

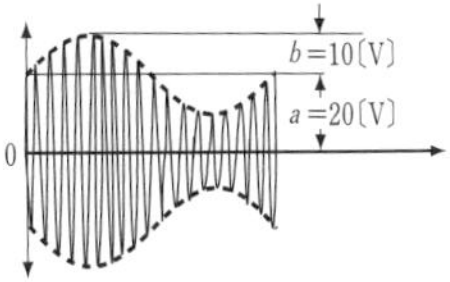


**Ⅲ-18-18**　FETとトランジスタを対比するとき、S＝E（ソース＝エミッタ）、D＝C（ドレイン＝コレクタ）、G＝B（ゲート＝ベース）と覚えておきます。　　　　　　　　　（正解：1）

**Ⅲ-18-19**　コンデンサの記号（─┤├─）が付いているのは、バラクタダイオード（可変容量ダイオード）です。電圧を変えると、内部の静電容量が変わります。　　　　　　　　　（正解：4）

**Ⅲ-18-20**　リアクタンス$X_C$を求める式は$X_C=1/(\omega C)=1/(2\pi fC)$、$C$は160〔$\mu$F〕です。これをファラッド(F)に直すと、$160\times10^{-6}$です。

$$X_C=\frac{1}{2\times3.14\times50\times160\times10^{-6}}=\frac{1}{6.28\times8\times10^{3}\times10^{-6}}$$

$$=\frac{1}{50.24\times10^{-3}}\fallingdotseq0.02\times10^{3}=20〔\Omega〕$$

（正解：3）

**Ⅲ-18-21**　ほぼ一定の電圧値を示す半導体は「ツェナーダイオード」です。（正解：4）

## ●第3級・工学〔19〕の解説と正解

**Ⅲ-19-1**　「エミッタ」接地トランジスタの電流増幅率は、「コレクタ」電流の変化量を「ベース」電流の変化量で除した値で表されます。式で表せば、$\beta=\Delta I_C/\Delta I_B$になります。
[丸暗記は、「E→C→B」の順]（正解：1）

**Ⅲ-19-2**　図のトランジスタはPNP形です。そのときは、ベースとコレクタはマイナスです。電池は、短い方がマイナスです。
[PNP形 Trは、BとCは−と覚えましょう]（正解：4）

**Ⅲ-19-3**　Nチャネル FETの増幅回路は、ゲート電極にマイナス電圧、ドレイン電極にプラスを加えます。（正解：1）

**Ⅲ-19-4**　直線検波は、その名のように入力対出力が直線的です(入力と出力が正比例します)。（正解：1）

**Ⅲ-19-5**　ベース接地の電流増幅率$\alpha$(アルファ)は、$\alpha=\Delta I_C/\Delta I_E$で求められます。（正解：1）

**Ⅲ-19-6**　図は「コレクタ」接地増幅回路です。「入力」インピーダンスが高く、「出力」インピーダンスが低いのが特徴です。

（正解：2）

**Ⅲ-19-7**　周波数逓倍《ていばい》器はひずみの「大きい」C級増幅を用いて、その出力に含む「高調波」成分を取り出します。（正解：1）

**Ⅲ-19-8**　図Aは「NOR回路」で、入力$X=1$、$Y=1$のとき出力$F=0$になります。図Bは「AND回路」ですから、$X=1$、$Y=1$のとき$F=1$になります。（正解：2）

**Ⅲ-19-9** 図Aは「AND回路」、図Bは「NOR回路」ですから、入力$X$、$Y$ともに1のとき、出力$F$は図Aが1、図Bは0です。 **（正解：1）**

**Ⅲ-19-10** 図の波形上部がさざ波のようになっている（リプルが乗っている）のは「電源平滑回路の作用不完全」で交流成分が電源に含まれています。 **（正解：2）**

**Ⅲ-19-11** 回路は「NPN形」トランジスタを用いた、「ベース接地」の増幅回路です。出力から入力への「帰還（フィードバック）」が少なく、高周波の増幅に適しています。 **（正解：2）**

**Ⅲ-19-12** FETとトランジスタを対比するとき、S＝E（ソース＝エミッタ）、D＝C（ドレイン＝コレクタ）、G＝B（ゲート＝ベース）と覚えておきます。 **（正解：1）**

**Ⅲ-19-13** 図のトランジスタはNPN形です。ベースとコレクタにはプラスを加えます。電池の記号は、長い方がプラスです。［NPN形Trは、BとCは＋と覚えましょう］ **（正解：2）**

### ●第3級・工学〔20〕の解説と正解

**Ⅲ-20-1** DSBは、変調器の高域が伸びている程、占有周波数帯幅が広くなります。高域が低下しても、占有周波数帯幅は広がりません。 **（正解：3）**

**Ⅲ-20-2** 図の波形は、キーを押したとき、符号の初めの方でリレーがバタつく症状です。チャタリングが生じるのは、「リレーの調整不良」です。 **（正解：1）**

**Ⅲ-20-3** 図は、「電源のリプルが大きい」場合です。 **（正解：1）**

**Ⅲ-20-4** 選択肢の2.の波形は、「電源の容量不足」です。キーを打った直後は、パワーが大きくても、次第にパワーが低下する波形です。 **（正解：2）**

**Ⅲ-20-5** $f_0$＝3.545〔MHz〕＋455〔kHz〕

455〔kHz〕をメガヘルツに直すと、0.455〔MHz〕ですから、

$f_0$＝3.545＋0.455＝4.000〔MHz〕 **（正解：3）**

**Ⅲ-20-6** 緩衝増幅器では、後段の影響が発振器に及ぼさないよう、クッションのような動きをします。 **（正解：4）**

**Ⅲ-20-7** 図Aは「OR回路」ですから、入力のいずれか1であれば$F=1$になります。図Bは「NAND回路」ですから$X=1$、$Y=0$を加えたとき$F=1$となります。 **（正解：3）**

**Ⅲ-20-8** 高調波を除去し、基本波を通すのは低域フィルタ（「LPF」ローパスフィルタ）です。基本波の減衰が小さく、高調波の減衰は大きくなければなりません。 **（正解：3）**

**Ⅲ-20-9** トランジスタの図記号のエミッタの矢印が外に向いているので「NPN」です。「ベース」を共通端子として、出力側から入力側への「帰還」が少ないベース接地回路です。

**（正解：3）**

**Ⅲ-20-10** 発振回路で、コイルにタップを付ける代わりに同調コンデンサで分割して、その中央をエミッタに接続した回路を「コルピッツ発振回路」といいます。 **（正解：4）**

**Ⅲ-20-11** 近接周波数混信対策には、中間周波増幅部にシャープな帯域フィルタ（BPF）を用いるのが効果的です。 **（正解：2）**

**Ⅲ-20-12** Ⅲ-20-10と同様です。エミッタを$C_1$と$C_2$の中央に接続した回路を「コルピッツ発振回路」といいます。 **（正解：2）**

**Ⅲ-20-13** 加える電圧で容量変化するのは「バラクタダイオード」です。電圧を一定にするためのダイオードは「ツェナーダイオード」で、その図記号は図2です。 **（正解：3）**

**Ⅲ-20-14** 周波数逓倍器はひずみの「大きい」C級増幅を用いて、その出力に含む「高調波」成分を取り出します。 **（正解：1）**

**Ⅲ-20-15** 図Aは「OR回路」です。入力のいずれか1であれば$F=1$になり、図Bは「NAND」回路ですから、$X=1$、$Y=1$を加えたときのみ$F=0$となります。 **（正解：4）**

**●第3級・工学〔21〕の解説と正解**

**Ⅲ-21-1** SSB（J3E）送信機では、搬送波を「平衡変調器」に加えると、両側波帯が得られ、このうち一方を「帯域フィルタ（BPF）」で取り出してSSBを作ります。 **（正解：4）**

**Ⅲ-21-2** 周波数偏移を抑える回路は「IDC」です。 **（正解：3）**

**Ⅲ-21-3** 符号の頭で“カッ”というような音が出るのを「キークリック」と呼びます。波形は、図のような異常が見られます。
(正解：3)

**Ⅲ-21-4** 電けんを押すと送信、離すと受信になる方式を「ブレークイン方式」と呼びます。 (正解：3)

**Ⅲ-21-5** FM送信機では「位相変調器」を用いて、変調波を作ります。 (正解：3)

**Ⅲ-21-6** 図の出力波形は、電源のリプル(交流成分)が残っています。平滑回路不良が原因です。 (正解：4)

**Ⅲ-21-7** Aは帯域フィルタで、片方の側波帯を通加させSSBを作ります。Bは電力増幅器です。 (正解：4)

**Ⅲ-21-8** ダイオードが4個リング(環)の形になっているので、リング変調回路と呼びます。リング変調回路は、平衡変調器です。したがって、出力には$f_c \pm f_s$が現れます。周波数の低い信号波$f_s$は鉄心(コア)入りのトランスのa b端子間に加えます。 (正解：2)

**Ⅲ-21-9** (D)のところは中間周波増幅器で、(E)のところが検波器です。(D)と(E)が逆です。 (正解：4)

**Ⅲ-21-10** FM送信機において、大きな音声入力が入ったとき、周波数の偏移を一定内に収めるのは「IDC回路」の働きです。
(正解：1)

**Ⅲ-21-11** 前問同様に、「IDC回路」の働きです。 (正解：2)

**Ⅲ-21-12** 「IDC回路」の働きです。 (正解：1)

**Ⅲ-21-13** PLLの構成図の空欄には、「低域フィルタ」が入ります。 (正解：3)

### ●第3級・工学〔22〕の解説と正解

**Ⅲ-22-1** 波形と原因とが対応しているのは、選択肢1.の「リレーのチャタリング」です。 (正解：1)

**Ⅲ-22-2** 電信A1Aの電波は無変調波の断続ですから、AM検波では音になりません。そこで中間周波数と800Hzくらい離れた発振器を付けて検波すると、800Hzのピーという音が聞

こえます。この発振器が BFO です。　　　　　　　　（正解：4）

**Ⅲ-22-3**　「高周波増幅部」を設けると、「周波数変換部」で発生する雑音の影響が少なくなり、「信号対雑音比」（S/N）が改善されます。　　　　　　　　（正解：4）

**Ⅲ-22-4**　受信電波のレベル変動を抑えて、スピーカからの出力を一定に保つ働きをするのは AGC 回路です。　　（正解：4）

**Ⅲ-22-5**　図から、波形の最大値 $A$ と最小値 $B$ を出して、

$$M=\frac{A-B}{A+B}\times 100 〔\%〕$$ から算出します。

$A$ は、60×2＝120〔V〕。

$B$ は、(60－40)×2＝40〔V〕。

$$M=\frac{A-B}{A+B}\times 100=\frac{120-40}{120+40}\times 100=\frac{80}{160}\times 100$$

$$=0.5\times 100=50 〔\%〕$$　　　　　　　　（正解：2）

（なお、変調率の算出方法には、ほかにもあります）

【別解】

$$M=\frac{b}{a}\times 100$$

$$=\frac{20}{40}\times 100=50 〔\%〕$$

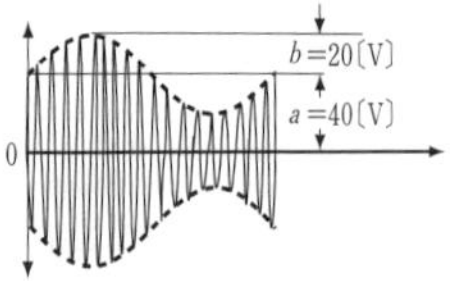


**Ⅲ-22-6**　受信している電波の近くに強力な電波があると、その電波のため AGC が働いて「感度が抑圧」されます。

（正解：3）

**Ⅲ-22-7**　「周波数」の変化を「振幅」の変化に変換して、FM 波から音声を取り出す「復調」に用いられます。　（正解：1）

**Ⅲ-22-8**　図の波形は、「寄生振動」が生じています。寄生振動とは、主に電力増幅器で、配線やその回りの容量とで共振回路ができ、目的の周波数とまったく関係のない高い周波数で発振することです。　　　　　　　　（正解：4）

**Ⅲ-22-9**　「周波数」の変化を振幅の変化に変換して、FM 波か

ら音声を取り出す「復調」に用いられます。　(正解：1)

**Ⅲ-22-10**　周波数逓倍器はひずみの「大きい」C級増幅を用いて、その出力に含む「高調波」成分を取り出します。　(正解：2)

**Ⅲ-22-11**　PLL の構成図の空欄には、「低域フィルタ」が入ります。位相比較器の出力に含まれる不要な高調波成分を除去します。　(正解：2)

●第３級・工学〔23〕の解説と正解

**Ⅲ-23-1**　BFO 回路はビート周波数発振器のことで、受信信号と BFO の信号を混ぜて、ビート (うなり) を起こさせます。このビートを人間が聞くことのできる音 (周波数) にすると、電信の復調 (検波) ができます。もし、BFO なしで A1A の電波を聞くと“サ、サー”というだけで音 (?) になりません。BFO を働かせると“ピ、ピー”と聞こえます。　(正解：3)

**Ⅲ-23-2**　図の波形は「寄生振動」が生じています。(正解：4)

**Ⅲ-23-3**　図の波形はキークリックですが、選択肢の中に見あたりません。しかし、「電けん回路のフィルタが不適当」だとキークリックが発生します。　(正解：1)

**Ⅲ-23-4**　図の波形は、「電源の容量不足」です。　(正解：2)

**Ⅲ-23-5**　この回路は、ラジオのボリューム (音量調整) です。ボリュームの a 側となっていますから、検波出力側になり音が大きくなり、「低周波出力が増大」します。　(正解：1)

**Ⅲ-23-6**　ボリュームの b 側に移動させると、アース側になり音が小さくなります。すなわち、「低周波出力が減少」します。

(正解：3)

**Ⅲ-23-7**　電けんを押すと送信、離すと受信になる方式を「ブレークイン方式」と呼びます。　(正解：2)

**Ⅲ-23-8**　中間周波増幅器は、「増幅」と同時に「近接周波数」妨害を除去 (選択度の向上) の働きをします。　(正解：4)

**Ⅲ-23-9**　受信している電波の近くに強力な電波があると、その電波のため AGC が働いて「感度が抑圧」されます。

(正解：4)

**Ⅲ-23-10** 中間周波増幅の帯域が極端に「狭」いと、オーディオの帯域の一部(高音)がカットされ、「忠実度」が悪くなります。
**(正解：2)**

**Ⅲ-23-11** 一般に局部発振周波数は、受信周波数に中間周波数を加えたものです。455〔kHz〕は0.455〔MHz〕です。

21.350〔MHz〕+0.455〔MHz〕=21.805〔MHz〕**(正解：2)**

**Ⅲ-23-12** 搬送波電力 $P=200$〔W〕、変調度 $M=60$〔%〕、このときの平均電力 $P_m$ を求める問題です。

$$P_m=P\left(1+\frac{M^2}{2}\right)=200\left(1+\frac{0.6^2}{2}\right)=200\left(1+\frac{0.36}{2}\right)$$

$=200+36=236$〔W〕。 **(正解：3)**

**Ⅲ-23-13** 逓倍器は、ひずみの「大きい」C級増幅を用いて、その出力の「高調波」成分を取り出します。 **(正解：1)**

**Ⅲ-23-14** 搬送波の振幅が10V、信号波の振幅は $B=15-10=5$〔V〕です。

変調度 $M=\frac{B}{A}\times 100$〔%〕　　$M=\frac{5}{10}\times 100=50$〔%〕

(Ⅲ -22-5の解説を参照) **(正解：3)**

**Ⅲ-23-15** 電離層は、地球を取り巻く大気が「太陽光線」によって(電気)分解されて生じます。 **(正解：2)**

**Ⅲ-23-16** [A]には、SSBの一方の側波帯のみを通す「帯域フィルタ」が入ります。[B]には「電力増幅器(パワーアンプ)」が入ります。 **(正解：4)**

**Ⅲ-23-17** ダイオードが4個リング(環)の形になっているリング変調回路は平衡変調器で、出力には $f_c\pm f_s$ が現れます。a－bは鉄心(コア)入りのトランスですから周波数の低い信号波 $f_s$ を加え、設問の搬送波 $f_c$ はc－dに加えます。**(正解：3)**

**Ⅲ-23-18** 図から、波形の最大値 $A$ と最小値 $B$ を出して、

$M=\frac{A-B}{A+B}\times 100$〔%〕から算出します。

$A$ は、$60\times 2=120$〔V〕。$B$ は、$(60-40)\times 2=40$〔V〕。

$$M=\frac{A-B}{A+B}\times100=\frac{120-40}{120+40}\times100=\frac{80}{160}\times100$$

$$=0.5\times100=50\,〔\%〕$$

（正解：2）

## ●第３級・工学〔24〕の解説と正解

**Ⅲ-24-1** 高周波ミシンや火花の出る機器は電波障害を起こしやすく、反対に「白熱電球」や電気コンロは電波障害の原因にはなりません。 （正解：4）

**Ⅲ-24-2** 「キークリックを生じている電波」には、たくさんの高調波が含まれています。これがBCIの原因になることがあります。 （正解：4）

**Ⅲ-24-3** 結合部を静電結合（コンデンサ結合）にしても、電波障害の対策にはなりません。 （正解：2）

**Ⅲ-24-4** BCIを防ぐため、送信機とアンテナを「疎結合」にして、「キークリック」を避けます。 （正解：3）

**Ⅲ-24-5** テレビ障害はTVIといいます。 （正解：4）

**Ⅲ-24-6** 高調波が発射されると、他局に妨害を与えます。 （正解：2）

**Ⅲ-24-7** この現象を「混変調」と呼びます。TVIやBCIを起こす原因になります。 （正解：4）

**Ⅲ-24-8** 電波障害はInterferenceを略してI（アイ）といいます。ラジオ（Broadcast）に入る障害はBCIです。 （正解：4）

## ●第３級・工学〔25〕の解説と正解

**Ⅲ-25-1** 第３高調波（28×3＝84〔MHz〕）がFM放送バンドに入ります。「第３高調波が強く発射」されると電波障害を起こします。 （正解：4）

**Ⅲ-25-2** 「高調波が発射された」ときに受信妨害を与えます。 （正解：3）

**Ⅲ-25-3** 「電けん回路でのキークリック」には、たくさんの高調波が含まれTVIやBCIの発生原因になります。 （正解：3）

**Ⅲ-25-4** 給電線との結合部は電磁誘導結合で疎結合にすることが好ましく、「静電結合」は誤りです。 （正解：3）

**Ⅲ-25-5** 空電（雷）による雑音妨害は、周波数が低くなるほど受けやすくなり、「短波帯以下」が正解です。 **（正解：4）**

**Ⅲ-25-6** 送信機の高周波回路の配線は最短距離で行い、各種の配線を束にすることはトラブルの元になり、選択肢の 2. は誤りです。 **（正解：2）**

**Ⅲ-25-7** D層は、地上約「60 ～ 90」〔km〕の付近に発生します。スポラジックE層は「100」〔km〕付近に、「夏」の昼間、突発的に発生します。 **（正解：2）**

**Ⅲ-25-8** ブラウンアンテナ（グランドプレーンアンテナ）は無指向性ですから円が1つになります。 **（正解：1）**

**Ⅲ-25-9** リチウムイオン電池は1個の電圧が 3.6〔V〕です。 **（正解：2）**

**Ⅲ-25-10** 半波長ダイポールアンテナの放射抵抗は「約 75〔Ω〕」です。間違いは選択肢の 4. です。 **（正解：4）**

**Ⅲ-25-11** この現象を「混変調」と呼んでいます。 **（正解：3）**

**Ⅲ-25-12** ディップメータは、「同調回路の共振周波数の測定」ができます。 **（正解：4）**

**Ⅲ-25-13** 7〔MHz〕の波長は 40〔m〕です。垂直接地アンテナは 1/4 波長の長さが標準です。7,050〔kHz〕のとき約 10〔m〕の長さになりますが、8〔m〕ですから、これに「コイルを直列」にして、7,050〔kHz〕に共振させます。このコイルを延長（ローディング）コイルといいます。 **（正解：4）**

**Ⅲ-25-14** 前問と同様、電気的な長さを延長したいので、コイルを直列に接続します。 **（正解：4）**

**Ⅲ-25-15** 435〔MHz〕帯の基本波を阻止するトラップフィルタを挿入します。 **（正解：4）**

**Ⅲ-25-16** 電源回路で交流入力電圧、電流は「実効値」を表します。正弦波（サイン波）交流では、平均値は最大値の「$2/\pi$」倍で、実効値は最大値の「$1/\sqrt{2}$」倍になります。 **（正解：2）**

### ●第３級・工学〔26〕の解説と正解

**Ⅲ-26-1** CH と $C_1$、$C_2$ を組み合わせた回路を電源の平滑回路といい、交流を直流に直すとき、残っている交流成分を除いてきれいな直流にする働きをします。CH では「直流のみを通して」交流成分をストップし、$C_1$ と $C_2$ で「交流成分をバイパス」し（通し）ます。

**（正解：3）**

**Ⅲ-26-2** 給電線は、送信機の電力をムダなくアンテナに供給する働きをします。それが、給電線自体で電波を放射してしまうと、アンテナへ行く電力が減ってしまいます。選択肢の 3. は、誤りです。

**（正解：3）**

**Ⅲ-26-3** $r=50$〔kΩ〕、$N=20$ にするための倍率器 $R$ を求める問題です。$r$ の単位を〔kΩ〕のまま使えば、$R$ の単位も〔kΩ〕で算出されます。

$$R=(N-1)\times r=(20-1)\times 50=19\times 50=950\ 〔\mathrm{k\Omega}〕$$

**（正解：3）**

**Ⅲ-26-4** 電流の測定範囲を拡大する分流器の問題です。分流器 $R$ を求める式

$$R=\frac{1}{N-1}\times r$$

に数値を代入します。$r=81$〔Ω〕と与えられていますが、$N$ が見当たりません。ところが 5〔mA〕を 50〔mA〕に拡大したい、すなわち、10 倍にしたいわけです。$N=10$ です。

$$R=\frac{1}{N-1}\times r=\frac{1}{10-1}\times 81=\frac{81}{9}=9〔\Omega〕$$

**（正解：3）**

**Ⅲ-26-5** 電流の測定範囲を分流器により拡大する問題です。倍率 $N$ は 5〔mA〕を 100〔mA〕にするわけですから、$N=100/5=20$〔倍〕、内部抵抗 $r=38$〔Ω〕、分流器 $R$ は、

$$R=\frac{1}{N-1}\times r=\frac{1}{20-1}\times 38=\frac{38}{19}=2〔\Omega〕$$

**（正解：3）**

**Ⅲ-26-6** 3.5MHz の半波長の長さを求めるには、波長を先に計算し、その 1/2 が答になります。

$$波長\lambda〔\mathrm{m}〕=\frac{300}{f〔\mathrm{MHz}〕}\quad から\quad \frac{300}{3.5}=85.7〔\mathrm{m}〕$$

$$\frac{8.57}{2} = 43〔m〕$$

（正解：3）

**Ⅲ-26-7** 電力 12〔W〕、放射抵抗 75〔Ω〕のとき、アンテナ電流 $I$ は、

$P=I^2R$ から、$I=\sqrt{\dfrac{P}{R}}=\sqrt{\dfrac{12}{75}}=\sqrt{0.16}=0.4$〔A〕

（正解：4）

**Ⅲ-26-8** このアンテナの放射抵抗 $R$（インピーダンス）は 75〔Ω〕です。電力 $P$ は 8〔W〕ですから、アンテナ電流 $I$ は、

$I=\sqrt{\dfrac{P}{R}}=\sqrt{\dfrac{8}{75}}\fallingdotseq\sqrt{0.107}\fallingdotseq0.33$〔A〕

（正解：1）

**Ⅲ-26-9** 前問と同様に、電力 $P$ に 10〔W〕を代入すると、

$I=\sqrt{\dfrac{P}{R}}=\sqrt{\dfrac{10}{75}}\fallingdotseq\sqrt{0.133}\fallingdotseq0.37$〔A〕

（正解：3）

**Ⅲ-26-10** 八木空中線は単一指向性です。導波器（D）の方向に強く、反射器（R）のほうには電波は出ません。（正解：2）

**Ⅲ-26-11** 選択肢の 1.、3.、4. は、八木アンテナについての正しい説明です。八木アンテナやダイポールアンテナは非接地アンテナです。接地アンテナとは、$\lambda/4$ の垂直アンテナのように接地（アース）と組み合わせて働かせるアンテナです。（正解：2）

**Ⅲ-26-12** 容量〔Ah〕は電流〔A〕×時間〔h〕ですから、

30〔Ah〕÷ 3〔A〕＝ 10〔h〕（正解：3）

**Ⅲ-26-13** 電流の測定範囲を分流器により拡大する問題です。倍率 $N$ は 1〔mA〕を 5〔mA〕にするわけですから、$N=5/1=5$〔倍〕、内部抵抗 $r=0.4$〔Ω〕

$$分流器\ R=\frac{1}{N-1}\times r=\frac{1}{5-1}\times 0.4=\frac{0.4}{4}=0.1〔\Omega〕$$

（正解：3）

**Ⅲ-26-14** 電力 27〔W〕、放射抵抗 75〔Ω〕のとき、アンテナ電流 $I$ は、

$P=I^2R$ から、$I=\sqrt{\dfrac{P}{R}}=\sqrt{\dfrac{27}{75}}=\sqrt{0.36}=0.6$〔A〕（正解：3）

**Ⅲ-26-15** 〔Ⅲ-26-7〕と同じ設問ですが、選択肢を一部変えての出題です。電力 12〔W〕、放射抵抗 75〔Ω〕のとき、アンテナ電流 $I$ は、

$P=I^2R$ から、$I=\sqrt{\dfrac{P}{R}}=\sqrt{\dfrac{12}{75}}=\sqrt{0.16}=0.4$〔A〕 （正解：2）

**Ⅲ-26-16** 前問と同じ設問ですが、選択肢を一部変えての出題です。$P=I^2R$ から 0.4〔A〕 （正解：1）

**Ⅲ-26-17** 電流の測定範囲を分流器により拡大する問題です。倍率 $N$ は1〔mA〕を10〔mA〕にするわけですから、$N=10/1=10$〔倍〕、内部抵抗 $r=0.9$〔Ω〕

$$分流器\ R=\frac{1}{N-1}\times r=\frac{1}{10-1}\times 0.9=\frac{0.9}{9}=0.1〔Ω〕$$

（正解：3）

### ●第3級・工学〔27〕の解説と正解

**Ⅲ-27-1** 分流器は「電流」の拡大器です。計器に「並列」に接続します。 （正解：3）

**Ⅲ-27-2** 分流器の計算です。分流器 $R$ が内部抵抗 $r$ の 4 分の 1 ですから、分流器の計算式にその関係を代入します。

そして、$N$ を求めます。

$$R=\frac{1}{N-1}\times r \qquad \frac{1}{4}\times r=\frac{1}{N-1}\times r$$

$$\therefore\ \frac{1}{4}=\frac{1}{N-1} \qquad \therefore N-1=4 \qquad N=4+1=5〔倍〕$$

（正解：2）

**Ⅲ-27-3** 給電線は、送信機の出力をアンテナに供給するためのものですから、給電線から電波を放射してはいけません。

（正解：3）

**Ⅲ-27-4** 半波整流は交流のプラスの半サイクルだけ整流し、全波整流はプラスの半サイクルとマイナスの半サイクルを休みなく整流します。全波整流の場合、出力の直流に含まれる交流分（リプル）の周波数は半波整流の２倍になり、選択肢の２.の「同じ」というのは誤りです。 （正解：2）

**Ⅲ-27-5** 順方向電圧を加えると内部抵抗は小さくなり、電流がよく流れます。逆方向では流れません。これが整流作用です。
（正解：3）

**Ⅲ-27-6** 7〔MHz〕の波長は 40〔m〕です。垂直接地アンテナは 1/4 波長の長さが標準です。7,050〔kHz〕のとき約 10〔m〕の長さになりますが、8〔m〕ですから、これに「コイルを直列」にして、7,050〔kHz〕に共振させます。このコイルを延長(ローディング) コイルといいます。
（正解：4）

**Ⅲ-27-7** 夜間は高い周波数ではE層とF層を突き抜けてしまうので、低い周波数を用います。
（正解：3）

**Ⅲ-27-8** 容量は〔Ah〕で、アンペア×時間ですから、$h=20\div 2=10$〔時間〕です。
（正解：3）

**Ⅲ-27-9** 電力 18〔W〕、放射抵抗 75〔Ω〕のとき、アンテナ電流 $I$ は、

$$I=\sqrt{\frac{P}{R}}=\sqrt{\frac{18}{75}}=\sqrt{0.24}\fallingdotseq 0.5\text{〔A〕}$$

（正解：3）

**Ⅲ-27-10** 高調波の発射防止は、「低域フィルタ」です。遮断周波数は、基本波より「高く」なります。
（正解：4）

**Ⅲ-27-11** Aは「吸収性フェージング」のことです。Bは、だ円軸がともに変化するため生ずる「偏波性フェージング」です。
（正解：2）

**Ⅲ-27-12** 水平面内が無指向性のアンテナは「垂直半波長ダイポールアンテナ」です。
（正解：3）

**Ⅲ-27-13** 電力 3〔W〕、放射抵抗 75〔Ω〕のとき、アンテナ電流 $I$ は、

$$I=\sqrt{\frac{P}{R}}=\sqrt{\frac{3}{75}}=\sqrt{0.04}=0.2\text{〔A〕}$$

（正解：4）

## ●第３級・工学〔28〕の解説と正解

**Ⅲ-28-1** 電波の波長がアンテナの「固有」波長より短いときは、「短縮コンデンサ」を入れて「電気的」な長さを短くして共振させます。
（正解：2）

**Ⅲ-28-2** その「アンテナの固有周波数より低い周波数で使用したいとき」は、アンテナに直列にコイルを入れて、電気的に長

さを長くした働きをさせます。このコイルを延長コイルと呼びます。　（正解：4）

**Ⅲ-28-3**　短波帯で、発射された電波が「地表波」が減衰して受信されなくなった地点から「電離層反射波」が最初に戻ってくるまでの地点を不感地帯(スキップゾーン)といいます。

（正解：4）

**Ⅲ-28-4**　水平面指向性は、アンテナを真上から見た指向性です。図は、全方向に同じ強さで電波が発射されます(無指向性)。これは、垂直系アンテナです。ダイポールアンテナは、「8の字特性」と覚えているかもしれませんが、それは水平に張ったときで、垂直に張ると無指向性になります。　（正解：3）

**Ⅲ-28-5**　「臨界周波数」より「高い」と電離層を突き抜け、これより「低い」と反射して地上に戻ってきます。　（正解：4）

**Ⅲ-28-6**　aがプラスですから$D_1$を通り、$R$に流れ、bに返ります。　（正解：4）

**Ⅲ-28-7**　F層は中心が300〔km〕で2層になっていて、高いほうが$F_2$、低いほうが$F_1$です。　（正解：3）

**Ⅲ-28-8**　八木空中線は単一指向性です。導波器(D)の方向に強く、反射器(R)のほうには電波は出ません。　（正解：4）

**Ⅲ-28-9**　臨界周波数は、電波を電離層に垂直に打ち上げたときに反射する限界の周波数で、特定の2点間において、電波が斜めに入射すると臨界周波数よりも高い周波数でも反射するので、最高使用可能周波数（MUF）は「臨界周波数より高く」なります。　（正解：1）

**Ⅲ-28-10**　アンテナの長さを変えずに、アンテナの途中にコンデンサやコイルを入れて電気的に共振させて使用します。空欄のAに「固有」、Bに「短縮コンデンサ」、Cに「電気的」が入ります。　（正解：2）

**Ⅲ-28-11**　水平面指向性は、アンテナを真上から見た指向性です。図は、全方向に同じ強さで電波が発射されます(無指向性)。これは、垂直系アンテナです。　（正解：3）

**Ⅲ-28-12** 半波長ダイポールアンテナの放射抵抗は「約 75〔Ω〕」です。50〔Ω〕が間違いです。 **（正解：1）**

**●第３級・工学〔29〕の解説と正解**

**Ⅲ-29-1** 商用電源とは、家庭に来ている交流（AC）電源です。12〔V〕とか 13.8〔V〕といった、送受信機（トランシーバ）にはAC100〔V〕をそのまま加えられませんから、「変圧器」（トランス）で希望の電圧に下げて、それを「整流回路」で直流にし、さらに「平滑回路」で交流成分（リプル）を除いて、完全な直流にしてから供給します。 **（正解：1）**

**Ⅲ-29-2** 送信の場合、給電線には高周波電流が流れていて危険です。「容易に触れられる構造ではいけません」ので、選択肢の 3. が誤りです。 **（正解：3）**

**Ⅲ-29-3** 昼間は、電離層の電子密度が大きいため、21〔MHz〕帯の電波はよく反射されますが、夜間になると電離層の電子密度が小さくなるため、F層を突き抜けてしまいます。そこで、夜間は 7〔MHz〕のような低い周波数にすれば反射されて通信が可能になります。 **（正解：1）**

**Ⅲ-29-4** E層のあたりに、「電子密度の高い電離層」が突然発生することがあり、VHF 帯の電波を反射し、思わぬ遠方の局と交信することができます。この突発性のE層をスポラジックE層といいます。夏季の昼間によく発生します。 **（正解：3）**

**Ⅲ-29-5** メータ（テスタ）で電流や電圧を測定するときの方法です。「電流」の測定は、回路を切り離してその回路に流れる電流を測ります。すなわち、直列接続になります。「電圧」の測定は、回路と並列につなぎます。「直流」回路の測定のときは、メータの＋－の端子を合わせないと針が逆振れして測定できません。 **（正解：2）**

**Ⅲ-29-6** 電離層は、夜間になるとその電子密度が低下して高い周波数ではE層とF層を突き抜けてしまいますから、夜間には「低い周波数」を使います。 **（正解：4）**

**Ⅲ-29-7**　内部抵抗 $r$＝18〔Ω〕で、5〔mA〕を10倍に拡大するのですから、$N$＝10です。

$$R=\frac{r}{N-1}=\frac{18}{10-1}=\frac{18}{9}=2\ 〔\Omega〕$$

（正解：4）

**Ⅲ-29-8**　最適使用周波数（FOT）は、08時におけるMUFの値の85〔%〕になります。グラフより、MUFは約21〔MHz〕です。この85〔%〕は、21×0.85＝17.85≒18〔MHz〕。（正解：4）

**Ⅲ-29-9**　電源回路で交流入力電圧、電流は「実効値」を表します。正弦波（サイン波）交流では、平均値は最大値の「$2/\pi$」倍で、実効値は最大値の「$1/\sqrt{2}$」倍になります。（正解：2）

**Ⅲ-29-10**　熱電対形電流計は直流、交流の「実効値」が測定でき、測定端子のインピーダンスが「小さい」のが特徴です。アンテナ電流の測定によく用いられます。（正解：2）

**Ⅲ-29-11**　最高使用可能周波数（MUF）は「臨界周波数より高く」なります。（正解：4）

**Ⅲ-29-12**　負荷の脈流電圧（出力電圧）$E_o$は、$E_o=2E_m/\pi$で求めることができます。$E_m$は入力電圧$E$の最大値。最大値$E_m$は、実効値入力電圧30〔V〕の$\sqrt{2}$倍（約1.4倍）ですから、$E_m=E\times\sqrt{2}=30\times1.4=42$〔V〕。$E_o=\dfrac{2\times42}{3.14}\fallingdotseq27$〔V〕

（正解：2）

**Ⅲ-29-13**　周波数$f$、周期$T$との関係は$f=1/T$。図から1目盛り1〔ms〕、1つの波形は2目盛りで繰り返されていますから、

$T=1\times2=2$〔ms〕$=2\times10^{-3}$〔sec〕となり、周波数$f$は、

$$f=\frac{1}{T}=\frac{1}{2\times10^{-3}}=0.5\times10^{3}=0.5\ 〔\mathrm{kHz}〕$$

（正解：4）

**Ⅲ-29-14**　容量〔Ah〕は電流〔A〕×時間〔h〕ですから、

30〔Ah〕÷3〔A〕＝10〔h〕（正解：3）

**Ⅲ-29-15**　最適使用周波数は、MUFギリギリのところでなく、そこから85〔%〕の周波数がFOTとして用いられます。12時のMUFは約21〔MHz〕ですから、21×0.85＝17.85≒18〔MHz〕になります。（正解：2）

**Ⅲ-29-16**

$R=\dfrac{r}{N-1}$、 内部抵抗 1.8〔Ω〕、倍率 $N=\dfrac{50}{5}=10$〔倍〕

より、 $R=\dfrac{1.8}{10-1}=\dfrac{1.8}{9}=0.2$〔Ω〕

（正解：４）

**●第３級・工学〔30〕の解説と正解**

**Ⅲ-30-1** 周波数が低いと通り抜けにくいので減衰は「大」です。反射は、周波数が低い方がよく反射しますので、減衰は「小」です。 （正解：２）

**Ⅲ-30-2** 倍率 $N$ を求める問題です。内部抵抗 $r=60$〔kΩ〕、倍率器 $R=480$〔kΩ〕から $N$ を求めます。

$R=(N-1)\times r$ に代入します。$480=(N-1)\times 60$

$\therefore N-1=\dfrac{480}{60}=8 \quad \therefore N-1=8 \quad N=8+1=9$

（正解：２）

**Ⅲ-30-3** ゼロ点調整は、「テスト棒の先端を接触させ」抵抗値０の状態にし、ゼロ点調整ツマミを回してメータをいっぱいに振らせ、０位置を合わせます。 （正解：１）

**Ⅲ-30-4** アンテナに 25〔W〕供給して、アンテナで反射して、5〔W〕が戻ってきたのですから、実際にアンテナに供給された電力は 25－5＝20〔W〕になります。 （正解：２）

**Ⅲ-30-5** 周波数カウンタの働きは、「１秒間に繰り返すサイクル数を数えて数値（周波数）を表示する測定器」です。（正解：４）

**Ⅲ-30-6** 熱電対形電流計で、 a の部分は「熱線」で、 b の部分は「熱電対」であり、指示計は「永久磁石の可動コイル」形計器が用いられます。 （正解：４）

**Ⅲ-30-7** PLL の構成図の空欄には、「低域フィルタ」が入ります。位相比較器の出力に含まれる不要な高調波成分を除去します。 （正解：４）

**Ⅲ-30-8** デジタル電圧計の構成図で、 A にはアナログをデジタルに変換する「A－D 変換器」が入ります。ここでパルスに変換して、Bの「計数回路」でカウントして、その数値を表示します。
（正解：1）

**Ⅲ-30-9** 倍率器$R$の計算式は、倍率$N$、内部抵抗$r$とします。
$R=r(N-1)$、$R=3r$（3倍の$r$）ですから、$3r=r(N-1)$

$$\therefore N-1=\frac{3r}{r}=3、N=3+1=4〔倍〕$$

（正解：3）

**Ⅲ-30-10** SWRメータは、アンテナを給電線との整合状態を調べます。
（正解：2）

**Ⅲ-30-11** 周期$T$は0.5〔ms〕×2〔目盛〕ですから、
$T=0.5\times10^{-3}\times2=1\times10^{-3}$〔sec〕　となり、

$$周波数\ f=\frac{1}{T}=\frac{1}{1\times10^{-3}}=1\times10^{3}=1〔kHz〕$$

（正解：4）

**Ⅲ-30-12** 倍率器$R$の計算式は、倍率$N$、内部抵抗$r$とします。
$R=r(N-1)$、$R=2r$（2倍の$r$）ですから、$2r=r(N-1)$

$$\therefore N-1=\frac{2r}{r}=2、N=2+1=3〔倍〕$$

（正解：2）

**Ⅲ-30-13** ディップメータは、「同調回路の共振周波数の測定」ができます。
（正解：4）

## いろいろなアマチュア無線の楽しみ

マイクに向かって「CQ, CQ, CQ……」としゃべっているのを聞いたことはありますか。これは、アマチュア無線(ハム)の呼出しの合い言葉で、「どなたか、交信しましょう」という呼びかけです。

短波帯(HF帯ともいう)では、日本全国のアマチュア局と交信することができます。ローカル色いっぱいのおしゃべりが楽しめ、電波のコンディションにもよりますが、海外の局と交信することもできる、大変楽しいバンドです。

また、超短波帯(VHF帯)や極超短波帯(UHF帯)で利用されているFM(FM放送のFMと同じ変調方式)波ではきれいな音質で交信できます。このバンドは、比較的近距離の通信に利用されています。アンテナの素子は短いので、利得の高い八木アンテナなどを利用すると通信距離を延ばすことができます。少し遠いところの人とお話ができるとうれしくなりますね。

また、自宅からのオンエアだけでなく、自動車やヨットなどからの交信も楽しいものです。そして、移動運用といって、小高い山に登れば小型のハンディー機などでも遠方まで電波が届き、珍しがられていろいろな局と交信できます。第3級以上では、「トン・ツー」のモールス符号を使用した交信も楽しめます。

交信した証として、お互いに「交信証(QSLカードという)」を発行します。交信したあとにQSLカードが届くと、「あのとき、技術的なお話をしてくれた方だ」とか「○×地方の特産物の話をした方だ」とか、いろいろと思い出されます。QSLカードには、相手局名や交信日、時間、信号の強さ、電波の周波数・型式などが記載されています。文字だけでなく、きれいなイラストや写真のデザインだったりと、QSLカードを受け取る楽しみがあります。

また昨今、世界的な異常気象にあい、台風や集中豪雨などで災害が多発しています。携帯電話や有線(固定)電話での連絡が不可能になったときは、アマチュア無線が活躍している報道があり、災害時にアマチュア無線は社会的な貢献をしています。ぜひ、アマチュア無線の免許を取得しましょう。

# 第3級 第4級　受験体験「お便り」を！

第３級・第４級アマチュア無線の国家試験はコンピュータを利用したCBT方式になり、試験用紙がなくなりましたが、受験を体験した中で新しい問題・類問や試験の方法などで気の付かれたことがありましたら、これから受験される方への情報として「お便り」をお寄せください。

「お便り」採用の場合は、粗品を差し上げます。お待ちしています。

（宛先）　〒113-0033　東京都文京区本郷３-３-11
（株）誠文堂新光社
『完マル』新問題情報・2025年版係

『2024年版』新問題用紙投稿の当選者の方々です。

図書カード

○大阪府吹田市・桜本三咲様

○岐阜県加茂郡・伊積孝明様

# 完《かん》全《ぜん》丸《まる》暗《あん》記《き》
# 初《しょ》級《きゅう》アマチュア無《む》線《せん》
# 予《よ》想《そう》問《もん》題《だい》集《しゅう》 2024 年《ねん》版《ばん》

2023 年 11 月 18 日　発　行　　NDC547.61

編　　　者　初《しょ》級《きゅう》ハム国《こく》試《し》問《もん》題《だい》研《けん》究《きゅう》会《かい》
発 行 者　小川雄一
発 行 所　株式会社 誠文堂新光社
〒113-0033 東京都文京区本郷 3-3-11
電話 03-5800-5780
https://www.seibundo-shinkosha.net/
印刷・製本　広研印刷 株式会社



ISBN978-4-416-62390-9

# 解答用紙

| | 1. | 2. | 3. | 4. |
|---|---|---|---|---|
| 問 1 | | | | |
| 問 2 | | | | |
| 問 3 | | | | |
| 問 4 | | | | |
| 問 5 | | | | |
| 問 6 | | | | |
| 問 7 | | | | |
| 問 8 | | | | |
| 問 9 | | | | |
| 問 10 | | | | |
| 問 11 | | | | |
| 問 12 | | | | |
| 問 13 | | | | |
| 問 14 | | | | |
| 問 15 | | | | |
| 問 16 | | | | |
| 問 17 | | | | |
| 問 18 | | | | |
| 問 19 | | | | |
| 問 20 | | | | |
| 問 21 | | | | |
| 問 22 | | | | |
| 問 23 | | | | |
| 問 24 | | | | |

法　　規　　12 問
無線工学　　12 問　} 24 問　1 時間　　(注) 解答は、答えとして正しいと判断したも

## 法　　規

〔1〕日本の国籍を有する人が開設するアマチュア局の免許の有効期間は、次のどれか。

1. 無期限
2. 無線設備が使用できなくなるまで
3. 免許の日から起算して 5 年
4. 免許の日から起算して 10 年

〔2〕アマチュア局の免許人が、あらかじめ総合通信局長（沖縄総合通信事務所長を含む。）の許可を受けなければならない場合は、次のどれか。

1. 無線局を廃止しようとするとき。
2. 免許状の訂正を受けようとするとき。
3. 無線局の運用を休止しようとするとき。
4. 通信事項を変更しようとするとき。

〔3〕次の文は、電波の質に関する電波法の規定であるが、［　］内に入れるべき字句を下の番号から選べ。

「送信設備に使用する電波の周波数の偏差及び幅、［　］等電波の質は、総務省令で定めるところに適合するものでなければならない。」

1. 変調度
2. 空中線電力
3. 高調波の強度
4. 信号対雑音比

〔4〕30 メガヘルツを超える周波数の電波を使用する無線設備では、第 4 級アマチュア無線技士が操作を行うことができる最大空中線電力は、次のどれか。

1. 10 ワット
2. 20 ワット
3. 25 ワット
4. 50 ワット

〔5〕免許人は、電波法に違反して運用した無線局を認めたとき、電波法の規定により、どのようにしなければならないか。次のうちから選べ。

1. 総務大臣に報告する。
2. その無線局の電波の発射を停止させる。
3. その無線局の免許人にその旨を通知する。
4. その無線局の免許人を告発する。

〔6〕アマチュア局の免許人は、無線局の免許を受けた日から起算してどれほどの期間内に、また、その後毎年その免許の日に応当する日（応当する日がない場合は、その翌日）から起算してどれほどの期間内に電波法の規定により電波利用料を納めなければならないか、次のうちから選べ。

1. 10 日
2. 30 日
3. 2 か月
4. 3 か月

## 工　学

〔19〕受信機に電波障害を与えるおそれが最も低いものは、次のうちどれか。

1．高周波ミシン
2．電気溶接機
3．電波時計
4．自動車の点火プラグ

〔20〕アマチュア局から発射された435〔MHz〕帯の基本波が、地デジ（地上デジタルテレビ放送470 ～ 710〔MHz〕）のアンテナ直下型受信用ブースタに混入し電波障害を与えた。この防止対策として、地デジアンテナと受信用ブースタとの間に挿入すればよいのは、次のうちどれか。

1．ダミーロード（擬似負荷）
2．ラインフィルタ
3．同軸避雷器
4．トラップフィルタ（BEF）

〔21〕次の記述は、リチウムイオン蓄電池の特徴について述べたものである。［　］内に入れるべき字句の組合せで、正しいのはどれか。

　リチウムイオン蓄電池は、小型軽量で電池1個当たりの端子電圧は1.2〔V〕より［A］。また、自然に少しずつ放電する自己放電量が、ニッケルカドミウム蓄電池より少なく、メモリー効果がないので継ぎ足し充電が［B］。破損・変形による発熱・発火の危険性が［C］。

1．A：低い　B：できない　C：ある
2．A：低い　B：できる　C：ない
3．A：高い　B：できない　C：ない
4．A：高い　B：できる　C：ある

〔22〕八木アンテナ(八木･宇田アンテナ)をスタック（積重ね）に接続することがあるが、この目的は何か。

1．指向性を広くするため
2．指向性を鋭くするため
3．固有波長を短くするため
4．固有波長を長くするため

〔23〕次の記述の［　］内に入れるべき字句の組合せで、正しいものはどれか。

　送信所から発射された短波（HF）帯の電波が、［A］で反射されて、初めて地上に達する地点と送信所との地上距離を［B］という。

1．A：大地　B：焦点距離
2．A：大地　B：跳躍距離
3．A：電離層　B：焦点距離
4．A：電離層　B：跳躍距離

〔24〕次のうち、ディップメータが使用できないのはどれか。

1．送信周波数を測定するとき
2．寄生発射の有無を調べるとき
3．共振回路の共振周波数を測定するとき
4．空中線電力を測定するとき

# 実力模擬試験　解説と正解

〔法　規〕

〔1〕有効期間は、免許の日から起算して5年です。　(正解：3)

〔2〕通信事項も免許状の指定（記載）事項の変更なので、申請して許可を受けます。　(正解：4)

〔3〕電波の質の1つである「高調波の強度」が入ります。　(正解：3)

〔4〕30メガヘルツ以上では、最大20ワットの空中線電力を操作できます。　(正解：2)

〔5〕違反して運用した無線局を見つけたときは、文書により「総務大臣に報告」します。　(正解：1)

〔6〕電波利用料は30日以内に納めます)。　(正解：2)

〔7〕電波の型式は「免許状」に記載されたところにより運用します。　(正解：2)

〔8〕空欄には、「傍受」が入ります。　(正解：2)

〔9〕TVIやBCIが発生したら、「速やかに電波の発射を中止」します。　(正解：4)

〔10〕確実に連絡がとれる場合の簡易化応答になりますから、「相手局の呼出符号…3回以下」を省略でき、「こちらは」と「自局の呼出符号」1回になります。　(正解：2)

〔11〕空欄には「周波数帯幅」が入ります。　(正解：4)

〔12〕無線通信の用語は、「できる限り簡潔」にします。　(正解：2)

〔工　学〕

〔13〕$R=4$〔Ω〕、$P=100$〔W〕、$E=?$ の問題です。$P=E^2/R$ の式から20〔V〕になります。　(正解：3)

〔14〕出力は、2つの周波数 $f$ と $f_0$ の和（$f+f_0$）と差（$f-f_0$）になります（$f\pm f_0$）。　(正解：1)

〔15〕SSBの「電力」増幅器には「ALC」回路を使用します。　(正解：4)

〔16〕検波器で音声を取り出し、低周波増幅器で増幅するので(E)と(F)が逆です。　(正解：3)

〔17〕FMの振幅制限器は、「振幅を一定にして、振幅変調成分を取り除く働き」をします。　(正解：4)

〔18〕低周波増幅器の前段は、「検波器」です。　(正解：4)

〔19〕「電波時計」は、超長波の電波を受信する機器です。　(正解：3)

〔20〕435〔MHz〕帯の基本波を阻止する「トラップフィルタ」を挿入します。　(正解：4)

〔21〕リチウムイオン蓄電池の電圧は約3.6〔V〕で、継ぎ足し充電ができ、破損・変形による発熱・発火の危険性があります。　(正解：4)

〔22〕スタックの目的は、「指向性を鋭くするため」です。　(正解：2)

〔23〕「電離層」で反射して、初めて地上に達する地点までの距離を「跳躍距離」といいます。　(正解：4)

〔24〕選択肢の4.は、電力計（SWR計でも可）の役目です。(正解：4)

# 直前仕上げ
# 第４級
# 実力模擬試験

あなたの、いままでの勉強の成果を試す実力テストです。本番の試験はCBT（コンピュータ利用試験）方式です。試験の前日に、左の「切り取り線」から切り取ってチャレンジしてください。

あとは、自信をもって本番にのぞみましょう。

## 答

| | 1. | 2. | 3. | 4. |
|---|---|---|---|---|
| 問 1 | □ | □ | ■ | □ |
| 問 2 | □ | □ | □ | ■ |
| 問 3 | □ | □ | ■ | □ |
| 問 4 | □ | ■ | □ | □ |
| 問 5 | ■ | □ | □ | □ |
| 問 6 | □ | ■ | □ | □ |
| 問 7 | □ | ■ | □ | □ |
| 問 8 | □ | ■ | □ | □ |
| 問 9 | □ | □ | □ | ■ |
| 問 10 | □ | ■ | □ | □ |
| 問 11 | □ | □ | □ | ■ |
| 問 12 | □ | ■ | □ | □ |
| 問 13 | □ | □ | ■ | □ |
| 問 14 | ■ | □ | □ | □ |
| 問 15 | □ | □ | □ | ■ |
| 問 16 | □ | □ | ■ | □ |
| 問 17 | □ | □ | □ | ■ |
| 問 18 | □ | □ | □ | ■ |
| 問 19 | □ | □ | ■ | □ |
| 問 20 | □ | □ | □ | ■ |
| 問 21 | □ | □ | □ | ■ |
| 問 22 | □ | ■ | □ | □ |
| 問 23 | □ | □ | □ | ■ |
| 問 24 | □ | □ | □ | ■ |

のを一つだけ選んで下さい。

## 法　規

アマチュア局を運用する場合にお
て、電波の型式は、遭難通信を行う
合を除き、次のどれに記載されたと
ろによらなければならないか。
1．免許証
2．免許状
3．無線局事項書
4．無線局免許申請書

次の文は、秘密の保護に関する電
法の規定であるが、［　］内に入れ
べき字句を下の番号から選べ。
「何人も法律に別段の定めがある場
を除くほか、特定の相手方に対して
われる無線通信を［　］してその存
若しくは内容を漏らし、又はこれを
用してはならない。」
1．聴守
2．傍受
3．使用
4．盗聴

アマチュア局は、自局の発射する
波がテレビジョン放送又はラジオ放
の受信等に支障を与えるときは、非
の場合の無線通信等を行う場合を除
どのようにしなければならないか、
のうちから選べ。
1．注意しながら電波を発射する。
2．障害の状況を把握し、適切な措
置をしてから電波を発射する。
3．空中線電力を小さくする。
4．速やかに当該周波数による電波
の発射を中止する。

〔10〕空中線電力10ワットの無線電話を使用して応答を行う場合において、確実に連絡の設定ができると認められるとき、応答は、次のどれによることができるか。

1．どうぞ　1回
2．(1) こちらは　1回
(2) 自局の呼出符号　1回
3．相手局の呼出符号　3回以下
4．(1) 相手局の呼出符号　1回
(2) 自局の呼出符号　1回

〔11〕次の文は、アマチュア局における発射の制限に関する無線局運用規則の規定であるが、［　］内に入れるべき字句を下の番号から選べ。

「アマチュア局においては、その発射の占有する［　］に含まれているいかなるエネルギーの発射も、その局が動作することを許された周波数帯から逸脱してはならない。」

1．周波数
2．特性周波数
3．基準周波数
4．周波数帯幅

〔12〕無線局運用規則において、無線通信の原則として規定されているものは、次のどれか。

1．無線通信は、長時間継続して行ってはならない。
2．無線通信に使用する用語は、できる限り簡潔でなければならない。
3．無線通信は、有線通信を利用することができないときに限り行うものとする。
4．無線通信を行う場合においては、略符号以外の用語を使用してはならない。

## 工　学

〔13〕4〔Ω〕の抵抗に直流電圧を加えたところ、100〔W〕の電力が消費された。抵抗に加えられた電圧は幾らか。

1．0.2〔V〕
2．5〔V〕
3．20〔V〕
4．400〔V〕

〔14〕周波数 $f$ の信号と、周波数 $f_0$ の局部発振器の出力を周波数混合器で混合したとき、出力側に流れる電流の周波数は、次のうちどれか。ただし、$f > f_0$ とする。

1．$f \pm f_0$
2．$f \times f_0$
3．$(f+f_0)/2$
4．$f/f_0$

〔15〕次の記述の［　］内に入れるべき字句の組合せで、正しいものはどれか。

SSB (J3E) 送信機では、［A］増幅器の入力レベルを制限し、送信出力がひずまないように、［B］回路が用いられる。

1．A：緩衝　B：IDC
2．A：電力　B：IDC
3．A：緩衝　B：ALC
4．A：電力　B：ALC

〔16〕図に示すDSB (A3E) スーパへ
ロダイン受信機の構成には誤った部
がある。これを正しくするにはどう
ればよいか。

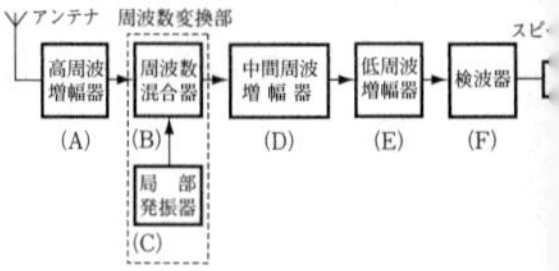


1．(A) と (D) を入れ替える。
2．(B) と (C) を入れ替える。
3．(E) と (F) を入れ替える。
4．(D) と (F) を入れ替える。

〔17〕FM (F3E) 受信機の振幅制限
の働きについて記述しているのは、
のうちどれか。
1．受信電波が無くなったときに
ずる大きな雑音を消す。
2．選択度を良くし近接周波数に
る混信を除去する。
3．受信電波の周波数の変化を振
の変化に変換し、信号を取り出
4．受信電波の振幅を一定にし
振幅変調成分を取り除く。

〔18〕SSB (J3E) 受信機において、
調波から音声信号を得るため、空欄
部分に用いるものは次のうちどれか。

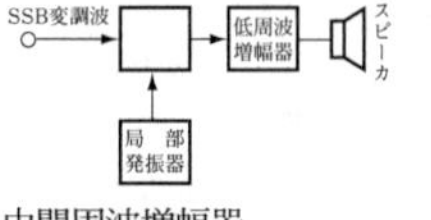


1．中間周波増幅器
2．クラリファイヤ（又はRIT）
3．帯域フィルタ（BPF）
4．検波器